全国高职高专“十二五”规划教材

C程序设计

主　编　林成文

副主编　孙丰伟　赵海侠　张玉华　张春英

内 容 提 要

本书根据高等职业教育和教学的特点，并充分考虑高等职业院校学生的学习基础、认知规律与培养目标，按照“项目导向、任务驱动”的原则编写。

全书以“学生成绩管理信息系统”项目为导向，按照能力递进的原则将整个项目分解为由简单到复杂的一系列学习任务，每个学习任务对应C程序设计的不同知识点，在学生完成任务的同时，逐步培养学生的程序设计能力。

本书取材新颖、概念清楚、语言简洁流畅、结构合理、通俗易懂、实用性强，便于教师指导教学和学生自学，适合作为高等职业院校相关专业教材，也可作为计算机等级考试及IT从业人员和爱好者的参考用书。

本书配有免费电子教案和源代码，读者可以到中国水利水电出版社和万水书苑的网站上免费下载，网址为：http://www.waterpub.com.cn/softdown/和 http://www.wsbookshow.com。

图书在版编目（CIP）数据

C程序设计 / 林成文主编. -- 北京 : 中国水利水电出版社，2012.9（2019.7 重印）
全国高职高专“十二五”规划教材
ISBN 978-7-5170-0057-0

Ⅰ. ①C… Ⅱ. ①林… Ⅲ. ①C语言－程序设计－高等职业教育－教材 Ⅳ. ①TP312

中国版本图书馆CIP数据核字(2012)第190251号

策划编辑：石永峰　　责任编辑：李　炎　　加工编辑：郭　赏　　封面设计：李　佳

书　名	全国高职高专“十二五”规划教材 C 程序设计
作　者	主　编　林成文 副主编　孙丰伟　赵海侠　张玉华　张春英
出版发行	中国水利水电出版社 （北京市海淀区玉渊潭南路 1 号 D 座　100038） 网址：www.waterpub.com.cn E-mail：mchannel@263.net（万水） sales@waterpub.com.cn 电话：（010）68367658（营销中心）、82562819（万水）
经　售	全国各地新华书店和相关出版物销售网点
排　版	北京万水电子信息有限公司
印　刷	三河市铭浩彩色印装有限公司
规　格	184mm×260mm　16 开本　16.5 印张　407 千字
版　次	2012 年 9 月第 1 版　2019 年 7 月第 2 次印刷
印　数	3001—4000 册
定　价	30.00 元

前　言

C 语言是目前世界上使用最多、应用范围最广的高级程序设计语言，而“C 程序设计”课程也是高等职业院校计算机相关专业的必修课。本教材正是笔者在多年职业教育经验及开发经验基础上经过精心的调研与设计而编写的，通过本教材的学习，读者可掌握 C 语言及结构化程序设计方法，为以后从事软件开发工作及进一步学习其他程序设计技能奠定良好的基础。

本书面向高等职业院校，基于工作过程系统化的课程开发理念，采取“项目导向、任务驱动”的原则进行设计，课程内容与授课方法适合高职院校学生的学习基础、认知规律与培养目标。在教材编写准备阶段，编者通过行业调查，聘请企业人员进行职业岗位分析，并依据职业资格标准，按照真实工作流程设计了 8 个能力递进式的学习项目，每个学习项目又分为不同的学习任务。全书按照从简单到复杂的层次设计教学过程，将“教、学、做”融为一体，并编写配套项目实训与习题集，真正实现了“做中学、学中做”的工学结合教学模式，非常符合高职高专培养高素质技能型人才的教学特点。本书中的所有程序已在 Visual C++ 6.0 开发环境中测试通过。

全书的 8 个学习项目为：

学习项目一：利用简单 C 程序计算学生总成绩与平均成绩

学习项目二：基于选择结构实现将学生成绩转化为相应的等级

学习项目三：基于循环结构实现学生成绩统计

学习项目四：基于数组实现学生成绩管理

学习项目五：基于自定义函数实现学生成绩汇总

学习项目六：基于指针优化学生成绩排序

学习项目七：基于结构体开发学生成绩管理系统

学习项目八：基于文件实现学生成绩存储

本书由林成文任主编，孙丰伟、赵海侠、张玉华、张春英任副主编，由孙丰伟统稿。参加本书编写与校对工作的还有张钢、张云青、李英文、战祥德、张海艳、郑明秋、钟大伟、王石光等。由于编者水平有限及教材编写时间紧迫，书中难免有不足之处，敬请专家和读者批评指正。

编　者

2012 年 6 月

目　录

学习项目一　利用简单C程序计算学生总成绩与平均成绩

学习情境：

软件技术专业进行了一次考试，为了准确、方便地统计学生成绩，需要设计一个简单成绩管理程序，主要实现如下功能：

1. 按照指定的格式输入/输出学生成绩；
2. 计算学生的总成绩和平均成绩，并按照要求输出。

学习目标：

同学们通过本项目的学习，了解C程序基本结构，熟悉Turbo C和VC++ 6.0集成开发环境，能够在开发环境中根据要求设计简单的C程序，实现数据的输入/输出与简单的数据计算。

学习框架：

任务一：学生成绩的输入与输出
任务二：总分与平均分的计算

1.1　任务一　学生成绩的输入与输出

知识目标	（1）C程序的基本结构及知识点 （2）C语言的数据类型 （3）标识符、常量、变量的概念 （4）输入/输出语句
能力目标	（1）学会使用Turbo C和VC++ 6.0集成开发环境设计与运行C程序 （2）学会C语言格式化输入与输出
素质目标	（1）培养学生对新事物的接受能力 （2）培养学生的自我学习能力
教学重点	（1）C语言的数据类型 （2）标识符、常量、变量的概念 （3）输入/输出语句
教学难点	基本概念和数据类型较多，不容易理解和记忆
效果展示	请输入3个学生的成绩：78 84 93 输出3个学生的成绩：x=78,y=84,z=93 图1-1　任务一运行效果图

1.1.1 任务描述

软件技术专业学生进行了一次考试，要求设计一个简易成绩管理程序，用来完成学生信息的输入与输出功能。该任务要求如下：

（1）新建 1-1.c 文件；

（2）以 3 个学生成绩为例进行格式化输入与输出；

（3）程序要求具有良好的提示与注释。

1.1.2 任务实现

```
/****************************************
* 任务一：学生成绩的输入与输出
****************************************/
#include <stdio.h>                              //文件预处理
main()                                          //函数名
{                                               //函数体开始
    int x,y,z;                                  //定义 3 个整型变量 x,y,z
    printf("请输入 3 个学生的成绩：");
    scanf("%d%d%d",&x,&y,&z);                   //输入 3 个学生的成绩,存入 x,y,z
    printf("输出 3 个学生的成绩：");
    printf("x=%d,y=%d,z=%d\n",x,y,z);           //输出 3 个变量 x,y,z 的值
}                                               //函数数体结束
```

程序运行效果如图 1-1 所示。

本任务中需要学习的内容是：

- 了解 C 程序的基本结构及特点
- 熟悉 Turbo C 和 VC++ 6.0 开发环境
- 学习 C 语言数据类型
- 熟悉数据的输入/输出

1.1.3 相关知识

一、C 语言基本知识

1. C 语言的特点

（1）C 语言简洁、紧凑，使用方便、灵活，ANSI C 规定 C 语言共有 9 个控制语句、32 个关键字，具体内容如表 1-1 所示。

表 1-1 C 语言的关键字

auto	break	case	char	const	continue	default
do	double	else	enum	extern	float	for
goto	if	int	long	register	return	short
signed	static	sizeof	struct	switch	typedef	union
unsigned	void	volatile	while			

关键字就是已被编程语言本身使用的标识符，不能再用作变量名、函数名等其他用途，在C语言中，关键字都是小写的。

（2）运算符丰富，共有34种。C把括号、赋值号、逗号等都作为运算符处理。从而使C的运算类型极为丰富，可以实现其他高级语言难以实现的运算。

（3）数据结构类型丰富。

（4）具有结构化的控制语句。

（5）语法限制不太严格，程序设计自由度大。

（6）C语言允许直接访问物理地址，能进行位（bit）操作，能实现汇编语言的大部分功能，可以直接对硬件进行操作。因此有人把它称为中级语言。

（7）生成目标代码质量高，程序执行效率高。

（8）与汇编语言相比，用C语言写的程序可移植性好。

但是，C语言对程序员要求也高，程序员用C语言写程序会感到限制少、灵活性大、功能强，但较其他高级语言在学习上要困难一些。

2. C程序介绍

（1）include是文件包含命令，其意义是把双引号""或尖括号<>内指定的文件包含到本程序中，成为本程序的一部分。扩展名为.h的文件称为头文件，在本任务中包含的文件是“stdio.h”，它表示在程序中要用到这个文件中的函数。“#”是一个标志。

（2）C程序由一个或多个文件组成，其中源文件的扩展名为.c，而每一个文件都可以由一个或多个函数组成，每个函数完成相对独立的功能。任务一的实现程序是由一个称为main()的函数构成的。main是函数名，函数名后面一对圆括号内是写函数参数的，本程序的main()函数没有参数故不写，但圆括号不能省略。一个完整的程序必须有且只能有一个main()函数，它称为主函数，程序总是从main()函数开始执行，最后返回main()函数结束。

main()后面必须有一对大括号{}，“{”和“}”分别表示函数执行的起点与终点或程序块的起点与终点。大括号内的部分称为函数体，由两部分组成：变量说明部分和程序语句部分。任务一程序中的int x,y,z;为变量说明部分，定义了三个整型变量，int为关键字，表示整数类型，x,y,z为变量名称，统称为标识符，关键字与标识符之间至少加一个空格以示间隔。

（3）C函数由语句构成，C规定每个语句以分号（;）结束，分号是语句不可缺少的组成部分。但main()、#include不是语句，后面不能用“;”。语句由关键字、标识符、运算符和表达式构成。

（4）任务一程序中的printf()和scanf()是标准库函数，包含在头文件“stdio.h”中，可以在程序中直接调用。其中printf()函数的功能是把要输出的内容送到显示器去显示。scanf()函数的功能是在控制台接收数据到程序变量中。函数中出现的“%d”是由%引导的格式控制符，表示十进制整数格式。字符串末尾的“\n”是C语言中规定的一个特殊符号，作为控制代码，其作用是“回车换行”。

（5）C语言有两种注释，一种是单行注释，使用“//”，另一种是多行注释，使用“/*”和“*/”。注释信息对程序运行结果不产生影响，也不被编译，是为了帮助编程人员更好地理解程序内容而写的。

（6）C程序严格区分大小写字母，如a和A是不同的含义。

3. C 语言程序的结构

一个 C 语言程序可以由下面几部分组成：

（1）文件包含部分；

（2）预处理部分；

（3）变量说明部分；

（4）函数原型声明部分；

（5）主函数部分；

（6）函数定义部分。

关于程序结构的说明：

并不是所有的 C 语言程序都必须包含上面的 6 个部分，一个最简单的 C 语言程序可以只包含两个部分：文件包含部分和主函数部分。

下面通过一个例子说明最简单的 C 程序。

【例 1-1】输出"Hello World"。

```
#include <stdio.h>
main()
{
    printf("Hello World!\n");
}
```

二、C 程序运行环境及运行方法

1. C 语言程序的实现过程

C 语言采用编译的方式将源程序转换为二进制目标代码。编写一个 C 程序到完成运行得到结果一般都要经过以下几个步骤：

（1）编辑。所谓的编辑，包括以下内容：将源程序逐个字符输入到计算机中；修改源程序；将修改好的源程序保存在磁盘文件中。编辑的对象是源程序，它是以 ASCII 代码的形式输入和存储的，不能被计算机直接执行。编辑后的源程序扩展名为.c。

（2）编译。编译就是将已编辑好的源程序（已存储在磁盘文件中）翻译成二进制的目标代码。在编译时，还要对源程序进行语法检查，如发现错误，则在屏幕上显示出错信息。根据错误信息，重新进入编辑状态，对源程序进行修改后再重新编译，直到通过编译为止。编译后生成扩展名为.obj 的同名文件。

（3）连接。经过编译以后得到的二进制代码还不能直接执行，因为每个模块往往是单独编译的，必须把经过编译的各个模块的目标代码与系统提供的标准模块（如 C 语言中的标准函数库）装配连接到一起，得到具有绝对地址的可执行文件后才能运行，可执行文件的扩展名为.exe。

（4）执行。执行一个经过编译和连接的可执行文件。只有在操作系统的支持和管理下才能执行它。图 1-2 描述了从一个 C 程序到生成可执行文件的全过程。

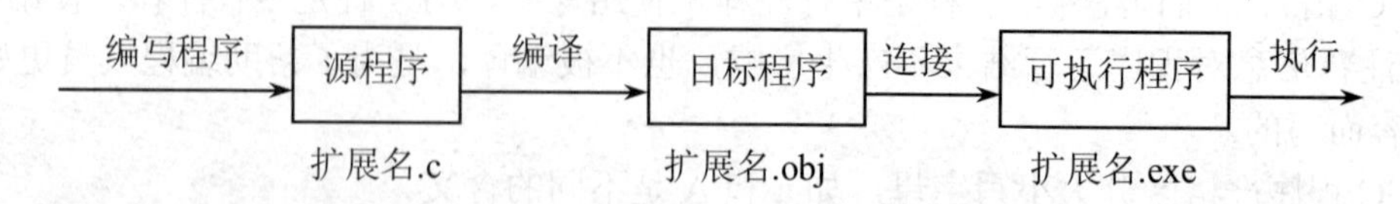

图 1-2 C 程序实现过程示意图

2．在 Turbo C 编译系统环境中实现 C 程序

（1）进入 Turbo C 的编辑环境。

首先将 Turbo C 开发环境安装到 C 盘的 TURBO 目录下，然后在 MS-DOS 环境下输入 C:\TURBO\tc<回车>，进入如图 1-3 所示的界面。界面上有一行“主菜单”，其中包括八个菜单项：File、Edit、Run、Compile、Project、Options、Debug、Break/watch，分别代表文件、编辑、运行、编译、项目、选项、调试、中断或观察等功能。

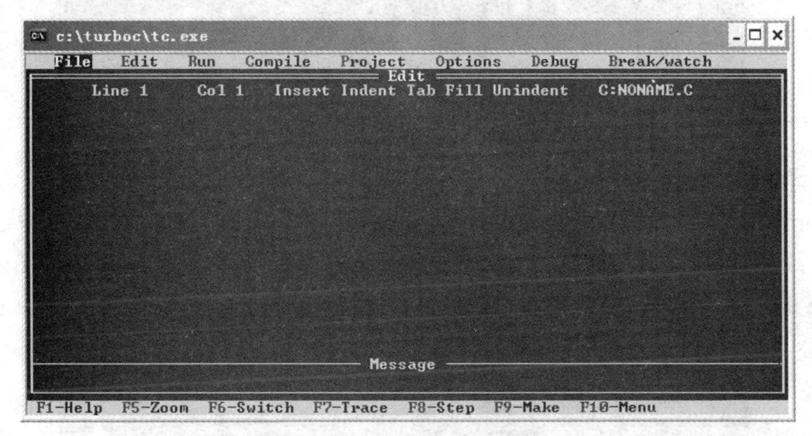

图 1-3　Turbo C 主界面

每个菜单项可用键盘中的←键和→键进行选择。选择 File 菜单并按 Enter 键后出现如图 1-4 所示的下拉菜单。

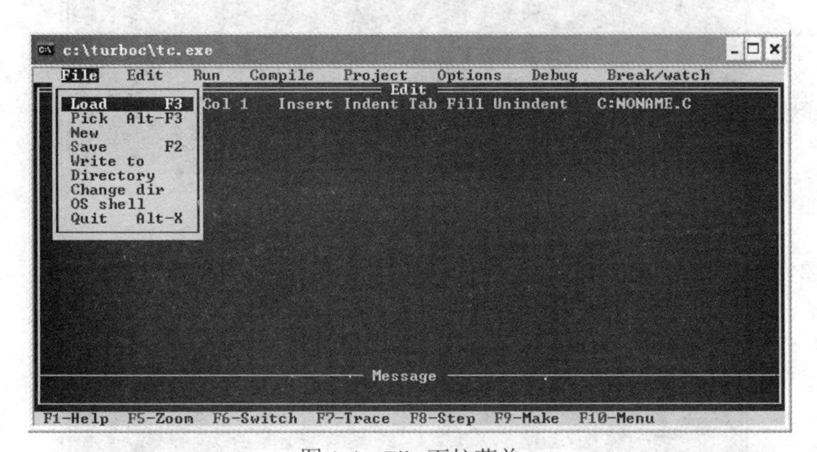

图 1-4　File 下拉菜单

利用键盘中↓键选择 New 命令，并按 Enter 键，则新建一个 C 源程序，如图 1-5 所示。

Turbo C 主界面中常用的快捷键如下：

F10 键：切换主菜单和编辑方式。

F2 键：保存。

F3 键：调用一个已存在的源文件。

（2）编辑源文件。

在 Edit 状态下根据需要输入或修改源程序。编辑界面如图 1-5 所示。

```
c:\turboc\tc.exe
 File  Edit  Run  Compile  Project  Options  Debug  Break/watch
                              Edit
     Line 5     Col 2   Insert Indent Tab Fill Unindent * C:NONAME.C
#include <stdio.h>
main()
{
        printf("Hello C Programe!");
}
                            Message
F1-Help  F5-Zoom  F6-Switch  F7-Trace  F8-Step  F9-Make  F10-Menu
```

图 1-5　新建一个 C 程序

（3）编译/连接程序。

选择 Compile 菜单，可打开如图 1-6 所示的下拉菜单。在此下拉菜单中，若选择 Compile to OBJ 命令可得到扩展名为.obj 的目标程序；在此下拉菜单中若选择 Link EXE file 命令可得到扩展名为.exe 的可执行文件。用户也可将编译和连接合为一个步骤；选择 Make EXE file 命令或按 F9 键，即可一次完成编译和连接操作。

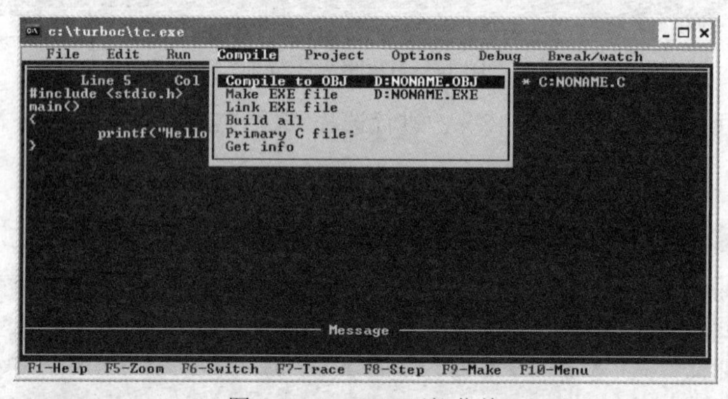

图 1-6　Compile 下拉菜单

如果在编译和连接时出现错误，将出现如图 1-7 所示的界面。

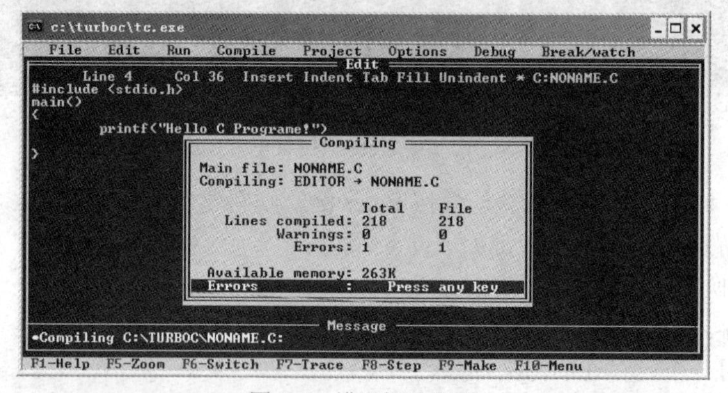

图 1-7　错误提示界面

出现错误后需要反复修改，再次进行编译和连接，直到不再显示错误为止。

编译和连接程序中常用的快捷键为 F9。

（4）运行程序。

选择 Run 菜单，弹出如图 1-8 所示的下拉菜单，选择 Run 命令，并按 Enter 键后即可运行一个已编译和连接的 C 程序。

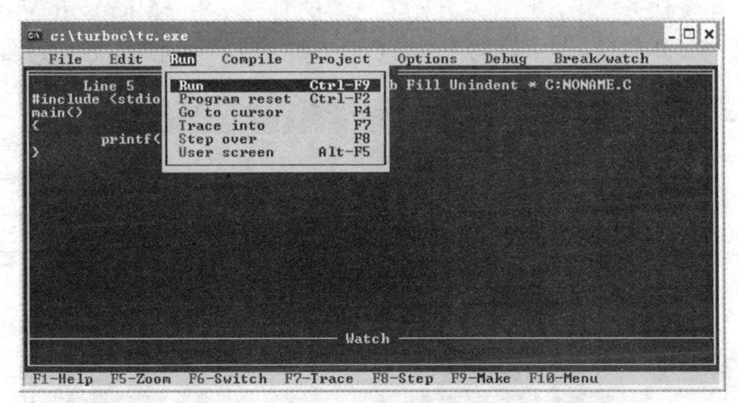

图 1-8　Run 下拉菜单

运行程序常用的快捷键如下：

Ctrl+F9 组合键：运行。

Alt+F5 组合键：显示程序运行结果，在按任意键返回编辑界面。

Ctrl+Break 或 Ctrl+C 组合键：中断程序执行。

（5）退出 Turbo C。

选择 File 菜单，弹出如图 1-9 所示的下拉菜单，选择 Quit 命令后按 Enter 键，即可退出 C 程序编辑环境。

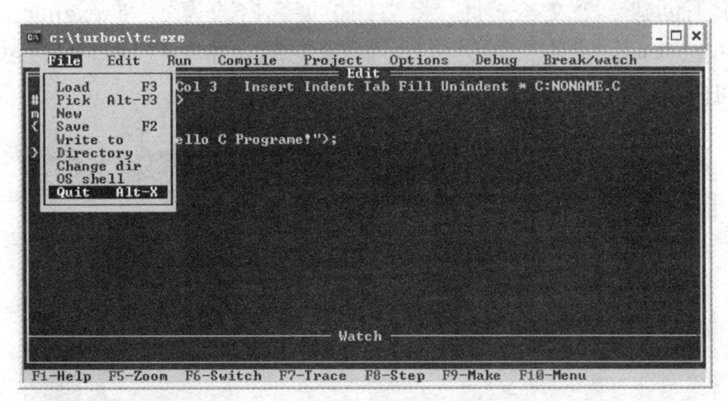

图 1-9　退出 Turbo C 的命令

退出 Turbo C 常用的快捷键为 Alt+X。

另外，F6（窗口切换）和 Esc（中断）这两个快捷键也经常用到。

3. 在 Visual C++环境中实现 C 程序

C 程序除了可以在 Turbo C 中编译外，还可以使用 Visual C++ 6.0 集成开发环境进行编译和运行。

Visual C++ 6.0（简称为 VC++或 VC）提供了可视化的集成开发环境，主要包括文本编辑器、资源管理器、工程创建工具、Debugger 调试器等使用开发工具。Visual C++ 6.0 分为标准版、专业版和企业版三种，但其基本功能是相同的，本书以简体企业版作为开发环境。

下面，我们来系统地学习如何在 Visual C++ 6.0 中实现 C 程序的编辑运行。

（1）VC++ 6.0 主框架窗口。

在 Windows 系统任务栏中，选择“开始”→“所有程序”→Microsoft Visual Studio 6.0→Microsoft Visual C++ 6.0 命令，即可启动 Visual C++ 6.0 集成开发环境，启动界面如图 1-10 所示。

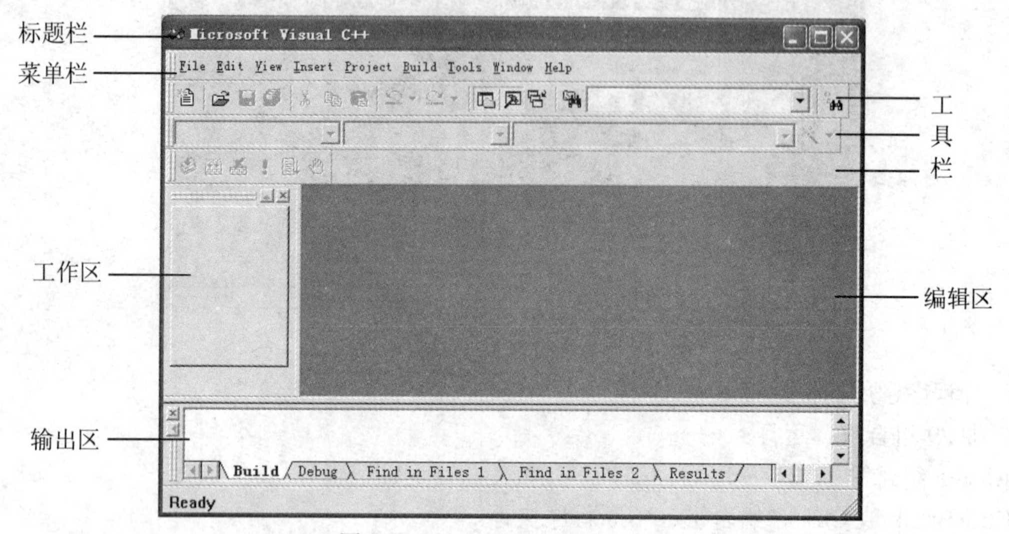

图 1-10 Visual C++ 6.0 启动界面

（2）创建文件。

在 Visual C++ 6.0 开发环境中创建 C 程序文件有多种方式，常用两种方法如下：

①在硬盘目录下创建一个文本文件，将文件扩展名修改为.c，如 exam.c。启动 VC++环境，选择菜单栏中的 File→Open 命令，在弹出的“打开”对话框中选择创建的 exam.c 文件，单击“打开”按钮，即可进入 VC++的代码编辑窗口，如图 1-11 所示。

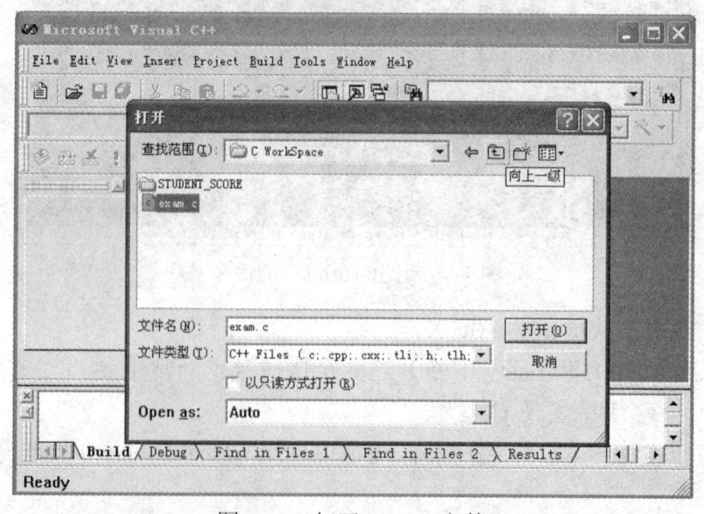

图 1-11 打开 exam.c 文件

②启动 VC++开发环境，选择菜单栏中的 File→New 命令，在 New 对话框中选择 Files 选项卡。在左边列出的选项中，选择 C++ Source File 或 Text File 选项，在右边 File 文本框中输入 exam.c（扩展名必须为.c），单击 Location 文本框右侧的...按钮修改保存位置，如图 1-12 所示。单击 OK 按钮，即可进入 VC++的代码编辑窗口。

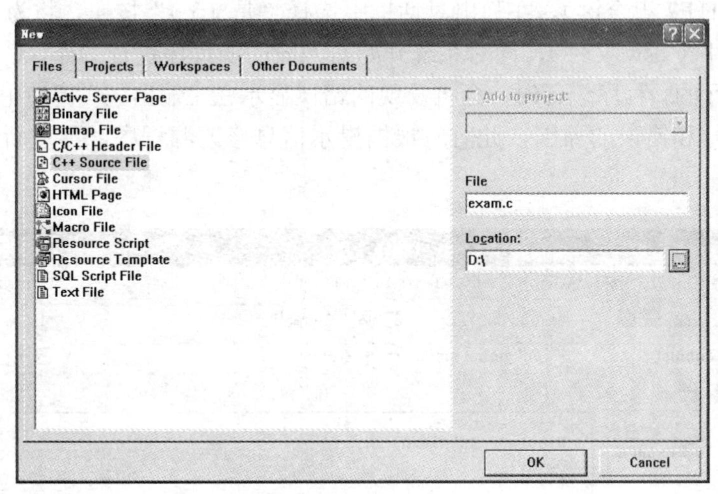

图 1-12　创建 exam.c 文本

（3）编辑代码并保存。

①编辑代码：在 VC++代码编辑区中输入 exam.c 的源代码，完成后如图 1-13 所示。

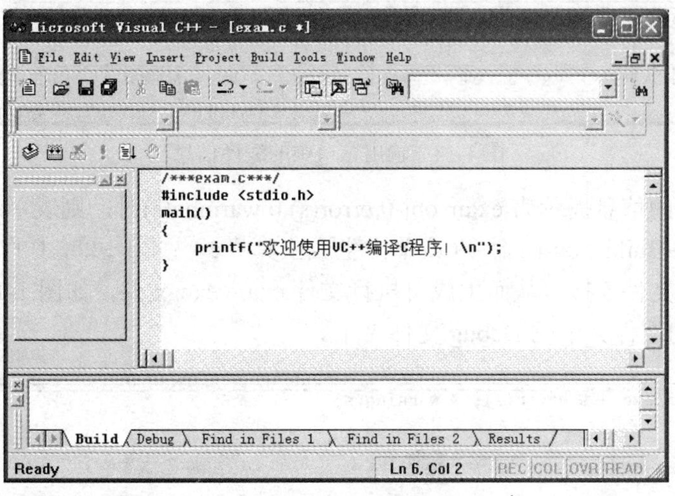

图 1-13　编辑代码窗口

源代码如下：

```
/***exam.c***/
#include <stdio.h>
main()
{
    printf("欢迎使用 VC++编译 C 程序！\n");
}
```

②保存：选择菜单栏中的 File→Save 命令（Save As…命令可以修改原默认存储路径），也可单击工具栏中的“保存”按钮或按 Ctrl+S 组合键来保存文件。

（4）编译、连接、运行程序。

①选择 Build→Compile exam.c 命令（或单击生成工具栏上的 Compile 命令按钮，或按 Ctrl+F7 组合键）。在弹出对话框中选择“是（Y）”按钮，将为 C 程序生成一个默认的工作区文件（.dsw 文件），同时系统开始对当前的源程序进行编译。C 程序就是在这个工作区环境下运行的。程序编译时，会将发现的错误显示在“输出区”窗口中，错误信息中包含错误所在的行号和错误的原因，此时应根据提示信息修改源程序，再重新进行编译，如图 1-14 所示。

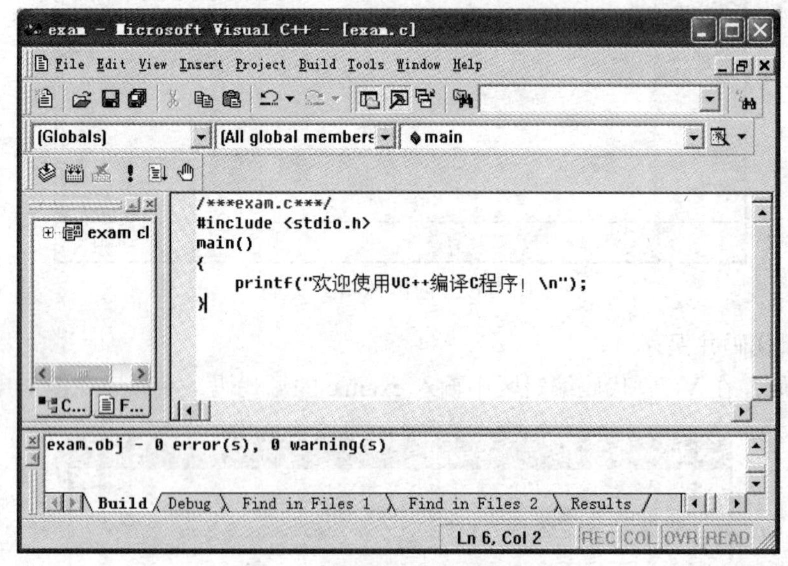

图 1-14 输出窗口中的编译信息

当输出窗口中的信息提示为 exam.obj-0 error(s),0 warning(s)时，则表示编译正确。

②选择 Build→Build exam.c 命令（或单击生成工具栏中的 Build 命令按钮，或按 F7 键），进行文件连接，从而生成可执行文件 exam.exe 文件，如图 1-15 所示。该文件保存在与 exam.c 相同文件夹下的 Debug 文件夹中。

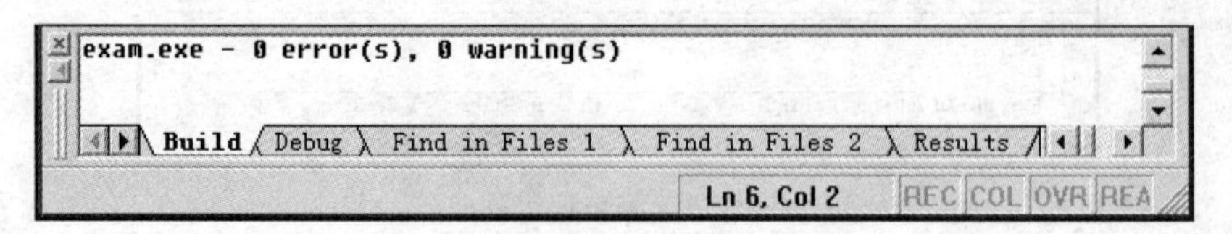

图 1-15 输出窗口中的连接信息

③选择 Build→Execute Program exam.c 命令（或单击生成工具栏中的 BuildExecute 命令按钮!，按 Ctrl+F5 组合键），执行连接生成的可执行文件。可以看到如图 1-16 所示的运行效果。

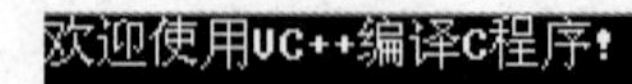

图 1-16 程序 exam.c 的运行效果图

（5）关闭工作区。

C程序运行结束后应正确使用关闭工作区命令来终止工程，这样确保建立的应用程序与数据能完整地保存下来。

选择 File→Save Workspace 命令，可以将工作区的信息保存；选择 File→Close Workspace 命令，可以终止工程、保存工作区信息、关闭当前工作区；选择 File→Exit 命令，可退出 Visual C++ 6.0 环境。

三、C语言的数据类型

1. C的数据类型简介

众所周知，计算机语言是用来设计程序的工具，而程序又是由算法与数据结构组成的，换言之，如果要设计一个程序解决实际应用问题，首先要通过对问题进行分析、抽象，然后用算法描述解决问题的步骤，再用数据结构描述问题的属性。总之，现实问题虽然纷繁复杂，但它们都具有共性的本质，都可以用相应的数据来描述。C语言提供了10种数据类型，可以用来描述复杂的现实问题。C语言的数据结构是以数据类型形式出现的，如图1-17所示。

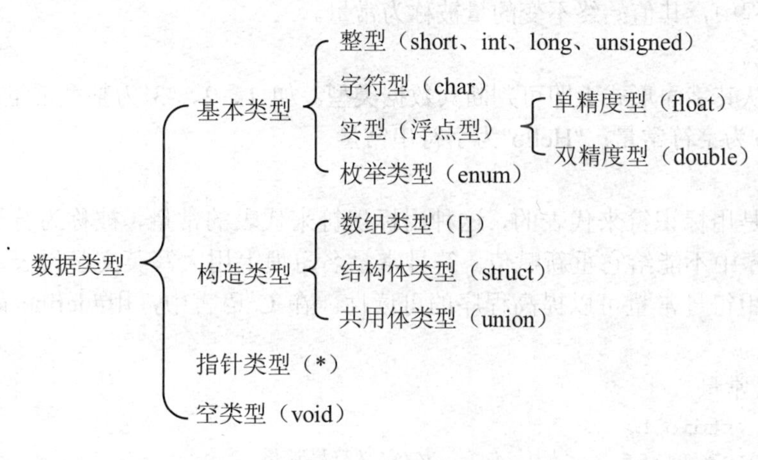

图1-17　C语言的数据结构

在C语言程序中对所有用到的数据都必须指定其数据类型。C语言中数据分常量和变量两种，它们分别属于以上这些类型。下面来学习几个基本概念：标识符、常量、变量。

2. 标识符

（1）标识符的概念。

标识符用来标识源程序中某个对象的名字。这些对象可以是数据类型、变量、常量、函数、数组、结构体等。简单的说标识符就是一个名称。

（2）标识符分类。

C语言标识符分为三类：

①关键字，亦称保留字，共32个。

②预定义标识符，如C语言提供的库函数名（如printf）和编译预处理命令（如include）等。建议不要将预定义标识符另做他用。

③用户标识符，即用户根据需要自已定义的标识符。一般用来给变量、常量、函数、数组等命名。

（3）C 语言的标识符应遵循以下规则。

①C 语言规定标识符只能由字母、数字和下划线等组成，且第一个字符必须是字母或下划线。例如，Day、month、student、name_1、s2、_12、_t13 是合法的标识符，stu.1、$12、3as、a df、-y7u、s?a 是不合法的标识符。通常以下划线开头的标识符是编译系统专用的，因此在编写 C 语言源程序时一般不要使用以下划线开头的标识符，而将下划线用作分段符。

②不允许使用关键字或预定义标识符作为用户标识符的名称。

③ANSI C 标准没有规定标识符的长度（即字符个数），但 Turbo C 2.0 中最长允许 32 个字符，许多系统通常取前 8 个字符。

④标识符取名时建议采用"见名知义"的原则，以方便程序阅读。如用 name 表示姓名，用 student 表示学生等。

⑤C 语言是大小字符敏感的一种高级语言，即标识符严格区分大小写，如 sum、Sum、SUM 是三个不同的标识符。

3. 常量

在程序运行过程中，其值始终不变的量被称为常量。

（1）直接常量。

直接常量一般从其字面形式上即可判断其数据类型。如 1、2、-3 为整型常量；4.1、-4.2 为实型常量；'a'、'b'为字符常量；"Hello"为字符串常量。

（2）符号常量。

还有一类常量是用标识符来代表的，这种用标识符来代表的常量，被称为符号常量，其值固定不变，在程序中不能给它重新赋值。符号常量名习惯上用大写英文字母表示，以便区别于普通变量。使用符号常量可以提高程序的可读性。在 C 语言中，用#define 命令定义符号常量。

【例 1-2】符号常量。

```
#include <stdio.h>
#define PI 3.1415f                    //定义符号常量
main()
{
    float r,l,s;                      //定义圆的周长、面积
    printf("请输入圆的半径：");
    scanf("%f",&r);
    l= 2* PI *r;                      //计算圆的周长
    s= PI *r*r;                       //计算圆的面积
    printf("l=%.2f,s=%.2f\n",l,s);
}
```

说明：这里的 PI 就是符号常量，在程序预处理时，程序中凡是出现标识符 PI 的地方都将用数据 3.1415 来替换。如程序中 s=PI*r*r 就等价于 s=3.1415*r*r。程序运行效果如图 1-18 所示。

```
请输入圆的半径：6
l=37.70,s=113.09
```

图 1-18 例 1-2 运行效果图

4. 变量

在程序运行过程中，其值可以改变的量被称为变量。一个变量被赋予一个变量名称，在内存中占据一定的存储单元，存储单元中存放的是该变量的值。

变量名的定义遵守标识符的命名规则。

（1）变量的定义。

C语言规定，使用变量时必须“先定义，后使用”。

变量的定义形式：

类型标识符 变量名1[,变量名2][,变量名3…];

说明：类型标识符为int、float、char等数据类型；定义多个相同类型的变量时，在变量中间用逗号分隔；最后的分号不可省略。

例如：

```
int x,y,z;              //定义了三个整型变量x,y,z
float a,b,c;            //定义了三个实型变量a,b,c
char c1,c2;             //定义了两个字符型变量c1,c2
```

（2）变量的赋值。

变量定义以后，在使用前需要给变量赋值。

①可以通过赋值运算符“=”给变量赋值。赋值的一般形式如下：

变量=表达式;

例如：

```
int a,b;
a=3;    //给变量a赋值
b=a*5;  //给变量b赋值
```

②变量的初始化：指在定义变量的同时给变量一个初始值。例如：

```
int a=5,b=3;            //给变量a赋初始值5，给变量b赋初始值3
int x,y,z=3;            //给部分变量赋初始值
int m=3,n=3,q=3;        //给变量m、n、q赋同一初始值3
```

但不能写成如下形式进行初始化：

```
int m=n=q=3;
```

可以在定义完成之后，赋值：

```
int m,n,q;
m=n=q=3;
```

注意：“=”是赋值符号，不是等于号；当定义了一个变量而没有给它赋初值时，分配给它的存储单元中是一个不确定的数据，直接使用它没有意义。

下面详细介绍C语言的三种基本数据类型：整型数据、实型数据、字符型数据。

5. 整型数据

（1）整型常量。

整型常量即整数，可以有三种表示形式：

①十进制整数形式。与数学上的整数表示相同，如123、-234、0。

②八进制整数形式。以数字0开头的数是八进制数。如017表示八进制数17，转化为十进制数（按位权展开：$017=1\times8^1+7\times8^0$）为15。要注意八进制数的每一位数的范围为0～7，例如018为不合法的常量。

③十六进制整数形式。以 0x（或 0X）开头的数是十六进制数。如，0x17 表示十六进制数 17，转化为十进制数（按位权展开：$0x17=1\times16^1+7\times16^0$）为 23。十六进制数的每一位数的范围除了数字 0～9 外，还是用英文字母 a～f（或 A～F）表示 10～15，例如，0x1e 为合法的常量。

整型常量分为短整型（short int）、基本整型（int）、长整型（long int）和无符号型（unsigned）。在一个整数后加一个字母 L（l）或 U（u），如 12L 或 45U，则表示该数为 long int 型或 unsigned 型常量。

（2）整型变量。

如果将一个变量的数据类型定义成整型 int，则此变量就称为整型变量。一个整型变量可以保存一个整数。

根据数据所占的二进制位数，整型变量可分为短整型（short）、基本整型（int）和长整型（long），同样存储长度的数据可以分为 Unsigned 和 signed，故可组合出六种类型。在 VC++ 编译器中，短整型占 2 个字节，基本类型占 4 个字节，长整型占 4 个字节，如表 1-2 所示。

表 1-2 整型变量分类

整型变量		所占字节数	所占位数	数的表示范围
短整型	short	2	16	-32768～+32767（$-2^{15}\sim2^{15}-1$）
	unsigned short	2	16	0～65535（$0\sim2^{16}-1$）
基本型	int	4	32	-2147483648～+2147483647（$-2^{31}\sim2^{31}-1$）
	unsigned int	4	32	0～4294967295（$0\sim2^{32}-1$）
长整型	long	4	32	-2147483648～+2147483647（$-2^{31}\sim2^{31}-1$）
	unsigned long	4	32	0～4294967295（$0\sim2^{32}-1$）

注意：不同的系统中 int 型的字节数不一样，如在 Turbo C 2.0 环境下 int 型占 2 个字节。

【例 1-3】整型变量的定义与使用。

```
#include <stdio.h>
main()
{
        int a,b;                    //定义 a,b 为整型变量
        unsigned int t;             //定义 t 为无符号整型变量
        a=1;b=-2;t=5;               //为变量赋值
        a=a+b;                      //将 a+b 的值赋值给 a
        b=b+t;                      //将 b+t 的值赋值给 b
        printf("%d,%d\n",a,b);      //输出变量 a,b 的值
}
```

程序运行效果如图 1-19 所示。

```
-1,3
```

图 1-19 例 1-3 运行效果图

注意：不同类型的数据可以进行算术运算。

程序中使用整型数据时，一定要注意数值表示范围，如果超出表示范围，就会造成数据溢出，出现不可预测的结果。为了避免数据溢出的错误，在程序设计时，要预测出整型数据的最大值，然后选择合适的数据类型。

思考：一个 short 型变量的最大允许值为 32767，如果再加 1，会出现什么情况呢？

【例 1-4】整型数据的溢出。

```
#include <stdio.h>
main()
{
    short int a,b;                  //定义 a,b 为短整型变量
    a=32767;                        //将 32767 赋值给 a
    b=a+1;                          //将 a+1 的值赋值给 b
    printf("%d,%d\n",a,b);          //输出变量 a,b 的值
}
```

程序运行效果如图 1-20 所示。

```
32767,-32768
```

图 1-20　例 1-4 运行效果图

注意：在 VC++ 6.0 开发环境中，一个短整型变量只能容纳-32768~32767 范围内的数。如果超出这个范围，就会造成数据“溢出”现象，但运行时并不报错。它好像钟表一样，达到最大值以后，又从最小值开始计数。所以 32767 加 1 得不到 32768，而是-32768。为了避免数据溢出的错误，在程序设计时，要预测出整型数据的最大值，然后选择合适的数据类型，如将 b 改成 int 型，就可以得到预期结果。

6. 实型数据

实型数据一般占 4 个字节（32 位）内存空间。与整型数据的存储方式不同，实型数据是按照浮点数的表示方法存储的，即把一个实型数据分成小数部分和指数部分，分别存储。因此实型常量可以称为实数，也可以称为浮点数。如实数 1.34159 在内存中的存储形式如下：

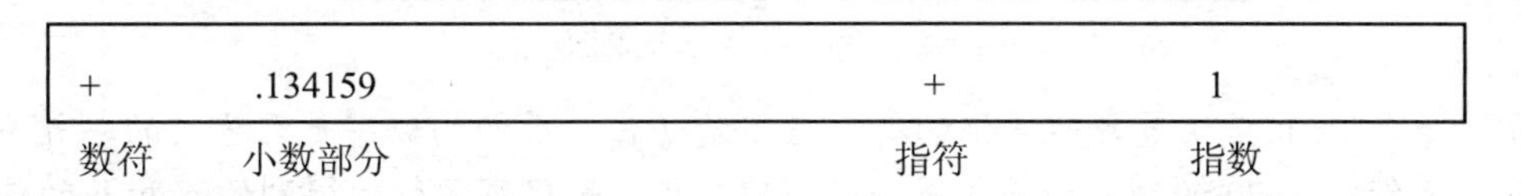

小数部分占的位（bit）数愈多，数的有效数字愈多，精度愈高。

指数部分占的位数愈多，则能表示的数值范围愈大。

实数只能用实型变量来存储。

（1）实型常量。

实型常量有两种表示形式：

①十进制小数形式。由数字和小数点组成，其中小数点不可省略，整数部分和小数部分不可同时省略。例如 3.4、4.、.3 等都是正确的。

②指数形式。“十进制小数”+“e（或 E）”+“十进制整数”，其中 e 或 E 的两边必须有数，且其后面必须为整数。例如 12.5e-6 表示为 12.5×10^{-6} 是合法的，而 6E0.2 和 e5 则是不合法的表示方法。

一个实数，如 3.5，系统将默认为按双精度（double）存储和运算。但是，如果在实数后加字母 F（或 f），如 3.5f，则系统会按单精度（float）来处理，但一定要注意有效数字的位数。

（2）实型变量。

如果将一个变量的数据类型定义成实型，则此变量就称为实型变量。

实型变量分单精度型（float）、双精度型（double）和长双精度型（long double），常用的是单精度型和双精度型。在 C++编译器中单精度实型变量在内存中占 4 个字节，双精度实型变量占 8 个字节，如表 1-3 所示。

表 1-3　实型变量分类表

实型变量	所占字节	所占位数	有效数字	数的表示范围
单精度实型变量（float）	4	32 位	6～7	-10^{38}～10^{38}
双精度实型变量（double）	8	64 位	15～16	-10^{308}～10^{308}
长双精度型变量（long double）	16	128 位	18～19	-10^{4932}～10^{4932}

注意：这里的有效数字是指从左侧第一个非 0 数字算起的位数。

【例 1-5】实型数据的舍入误差。

```
#include <stdio.h>
main()
{
    float a,b;
    a=987654.321e5;
    b=a+20;
    printf("a=%f,b=%f\n",a,b);
}
```

程序运行效果如图 1-21 所示。

```
a=98765430784.000000,b=98765430804.000000
```

图 1-21　例 1-5 运行效果图

注意：一个 float 型变量只能保证的有效数字是 7 位，后面的数字是无意义的，并不准确表示该数。上例中 a+20 的理论值应该是 98765432120，而程序运行后得到的 a 和 b 的值，只有前 7 位是准确的。在实际开发中应当避免一个很大的数和一个很小的数直接运算，也就是尽量避免“大数吃小数”现象，否则就会“丢失”相对较小的数。

7. 字符型数据

字符型数据包括 ASCII 码字符表中的所有字符（可显示字符和非显示字符）。每个字符型数据在内存中占一个字节。

（1）字符型常量。

字符型常量有以下两种：

①用单引号括起来的一个字符。例如'A'、'b'、'2'、'?'等。

②用单引号括起来的由反斜杠（\）引导的转义字符，如表 1-4 所示。

表 1-4　常用转义字符表

字符形式	含义	ASCII 代码
\n	换行，将当前位置移到下一行的开始	10
\t	移到下一个制表位（tab 位，一个制表位为 8 个字符）	9
\b	退格，移到前一列	8
\r	回车，回到本行起始字符位置	13
\f	换页	12
\\	代表字符 \	92
\’	代表字符 ’	39
\”	代表字符 ”	34
\0	空字符	0
\ddd	1～3 位八进制数所代表的字符。如\101 表示'A'	
\xhh	1～2 位十六进制数所代表的字符。如\x41 表示'A'	

例如，字符'A'的 ASCII 码为 65，则 65（十进制）$=(41)_{16}$（十六进制）$=(101)_8$（八进制）所以字符'A'可以表示为'A'、'\101'、'\x41'。

转义字符主要用于控制打印机和屏幕输出，如 printf("\n");代表在屏幕上输出一个空行。需要注意的是转义字符是字符常量，不是字符串常量，如'\x41'代表一个字符。

【例 1-6】转义字符的使用。

```
#include <stdio.h>
main()
{
    printf("ab\tcde\n");
    printf("f\101\n");
}
```

程序运行效果如图 1-22 所示。

图 1-22　例 1-6 运行效果图

例 1-6 程序中没有字符变量，而是用 printf()函数直接输出双引号内的各个字符常量及转义字符。第一个 printf()函数先在第一行左端开始输出 ab，然后遇到 ‘\t’，它的作用是“跳到下一个制表位”，在我们所用系统中一个制表位占 8 列。下一个制表区从第 9 列开始，故在 9~11 列输出 cde。下面遇到 ‘\n’，其作用是跳到下一行的起始位置。第二个 printf()函数在第 1 列输出字符 f，后面的 ‘\101’ 代表大写字母 ‘A’。

注意：在 C 语言中，字符常量具有一个整数值，即该字符的 ASCII 码值（见附录 C）。因此，一个字符常量可以与整型数进行加减运算。如'A'+10 运算是合法的，由于大写字母 ‘A’ 的 ASCII 码值为 65，所以'A'+10 的值是 75，可以代表字符 ‘J’。

（2）字符型变量。

如果将一个变量的数据类型定义成字符型，则此变量就称为字符型变量，但注意字符型变量只能存放一个字符，而不能存放字符串。由于字符的编码大多采用ASCII码，ASCII码是一字节编码，因此，字符变量在内存中占一个字节（8位）。

字符变量的定义如下：

```
char c1;
```

执行此代码后，系统会在内存中分配1个字节的空间给变量c1。当定义了字符变量后，就可将字符常量存放到字符变量中了。

如：c1='a';

那么字符a是如何存放在变量c1中的呢？将一个字符常量存放到一个字符变量中，并不是把该字符本身存放到内存单元中。众所周知，计算机只能识别二进制数，因此，需要一种编码将字符转化成计算机能识别的二进制数，最常用的西文字符编码为ASCII码。所以，在系统分配给变量c1的1字节空间里存放的不是字符a，而是字符a的ASCII码，即97（01100001），如图1-23所示。

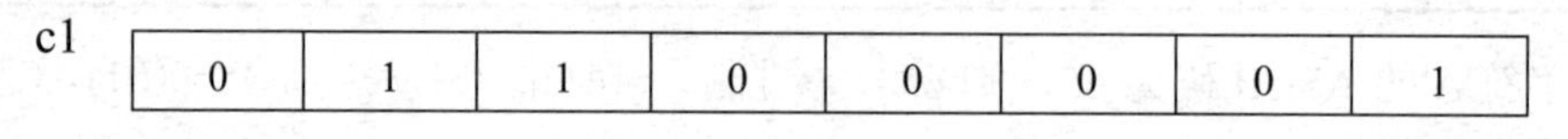

图1-23　字符a的存储方式

既然在内存中，字符数据是以ASCII码存储的，就表明存放的是介于0～255之间的整数。这与整型数据的存储形式类似，只不过它们占据的位数不同、存储的数据范围不同。所以，当数据值在0～255之间时，可赋值给一个整型变量，也可赋值给一个字符变量，可按整数形式输出，也可按字符形式输出。

【例1-7】字符变量的应用。

```
#include <stdio.h>
main()
{
    char c1,c2;
    c1='a';                //将字符'a'赋值给字符变量
    c2=c1+1;               //字符变量与整数运算
    printf("%c,%c,%d,%d\n",c1,c2,c1,c2);        //分别以字符和整数形式输出
    c1=c1-32;              //通过运算将小写字母转为大写字母
    c2=c2-32;
    printf("%c,%c,%d,%d\n",c1,c2,c1,c2);        //分别以字符和整数形式输出
}
```

程序运行效果如图1-24所示。

```
a,b,97,98
A,B,65,66
```

图1-24　例1-7运行效果图

说明：“%c”是用于输出字符使用的格式符；“%d”是用于输出整数使用的格式符。

（3）字符串常量。

C语言中，字符串常量是用双引号括起来的字符序列（0～N个字符）。如"I am a sailor",

"a"，"123.45"都是字符串常量。

字符串常量在内存中以每一个字符的 ASCII 码存放，并且在最后添加一个字符串结束标记'\0'（即空字符，其 ASCII 值为 0）。

字符串常量在内存中占的字节数为该字符串中字符的个数加 1。例如，字符串常量"ab"在内存中的存放情况如图 1-25 所示（3 个字节）。

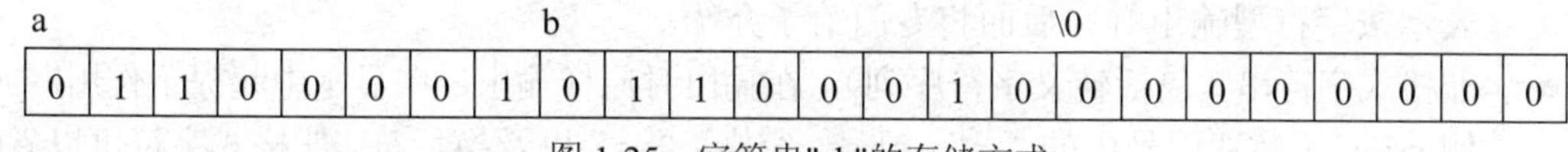

图 1-25　字符串"ab"的存储方式

C 语言中没有专门存放字符串常量的数据类型，但可以用字符数组的形式存放。所以，不要将一个字符串常量赋给一个字符变量。如：

```
char c;
c = "a";  //字符串"a"不能赋给字符变量，该语句错误
```

字符'a'和字符串"a"的区别是：字符'a'在内存中占 1 字节（值为 97），而字符串"a"在内存中占 2 字节（值为 97 和 0）。两个连续的双引号" "也是一个字符串常量，称为“空串”，但要占一个字节的存储空间来存放'\0'。

注意：①字符串的结束符'\0'占内存空间，但在测试字符串长度时不计在内，也不输出。

②'\0'为字符串的结束符，但遇到'\0'不一定是字符串的结束，可能是八进制数组成的转义字符常量，如字符串"abc\067de"表示 6 个字符，并非 3 个，也并非 8 个。

四、数据的输入/输出

对数据的一项重要操作是输入与输出。没有输出的程序是没有用的；没有输入的程序是缺乏灵活性的，因为程序在多次运行时，用到的数据可能是不同的。在程序运行时，由用户临时输入所需的数据，可以提高程序的通用性和灵活性。

C 语言本身不提供输入/输出语句，输入和输出操作是由标准 I/O 库函数来实现的。在 C 的标准函数库（见附录 B）中提供了许多用于实现输入/输出操作的库函数，可以从键盘、显示器、磁盘文件和硬件端口进行输入或输出操作，使用这些标准输入/输出函数时，需要在程序的开始位置加上如下预编译命令：

```
#include <stdio.h>
```

或者

```
#include "stdio.h"
```

以便把I/O函数要使用的信息包含到程序中。h是head的缩写，代表头文件，stdio是standard input & output 的缩写。

1．格式输出函数——printf()函数

（1）函数功能。

printf()函数是格式输出函数，其功能是按用户指定的格式，把指定的若干个任意类型的数据显示到显示器屏幕上。

（2）函数调用的一般形式。

```
printf("格式控制字符串" [,输出项表]);
```

例如：

```
printf("i=%d,c=%c\n",i,c);
```

其中参数包括两个部分：格式控制字符串和输出项表。

①格式控制字符串，要用双引号括起来，用于指定输出项的格式和输出一些提示信息,由格式字符串和非格式字符串组成。

- 格式字符串，由“%”和格式字符组成，用以说明输出数据的类型、形式、长度、小数位数等。如“%d”表示按十进制整型输出，“%ld”表示按十进制长整型输出，“%c”表示按字符型输出等。后面将专门给予介绍。
- 非格式字符串（包括转义字符序列），在输出时原样输出，在显示中起提示作用。如上例 printf 函数双引号内的“i=”、逗号、空格、“c=”以及换行符。非格式字符可以省略。

②输出项表，可以是 0 个、一个或多个输出项，每个输出项可以是常量、变量或表达式，各输出项之间用逗号分隔，输出的数据类型可以是整型、实型、字符型和字符串。要求格式字符串和各输出项在数量和类型上应该一一对应。例如，不能用%f 输出整数。

（3）格式字符串简介。

对不同类型的数据用不同的格式字符。一个格式说明项将引起一个输出参数项的转换与显示，它是由“%”引出并以一个类型描述符结束的字符串，中间是一个可选的附加说明项。

格式字符串的完整格式如图 1-26 所示。

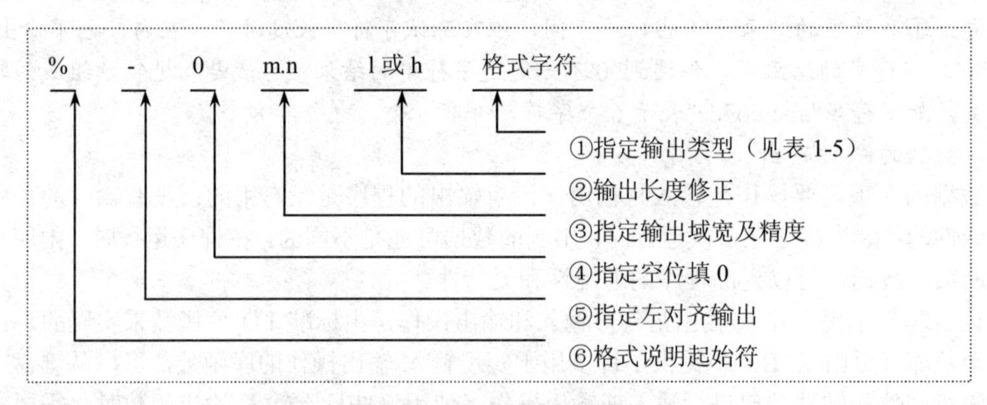

图 1-26　printf 格式控制字符串

下面对组成格式字符串的各项加以说明：

①格式字符，用以表示输出数据的类型和输出格式，共有九种，其格式符和意义如表 1-5 所示。

表 1-5　printf()格式字符

格式字符	输出形式	举例	输出结果
d	十进制整数	int a=123;printf("%d",a);	123
o	八进制整数	int a=123;printf("%o",a);	173
x，X	十六进制整数	int a=123;printf("%x",a);	7B
u	无符号十进制整数	int a=80;printf("%u",a);	80
c	一个字符	int a=69;printf("%c",a);	E
s	输出字符串	char a[]="CHINA";printf("%s",a);	CHINA
f	小数形式的浮点数	float a=123.456;printf("%f",a);	123.456001

续表

格式字符	输出形式	举例	输出结果
e，E	指数形式的浮点数	float a=123.456;printf("%e",a);	123.4560e+002
g，G	e和f中较短的一种，不输出无意义的0	float a=123.456;printf("%g",a);	123.456
%	输出百分号%本身	printf("%%");	%

②附加说明项。

对于格式控制字符串，可以在%和上述格式字符之间插入以下几种附加符号，其使用方法及功能如表1-6所示。

表1-6　printf()的附加格式字符

说明项	字符	说明
长度修正符	l	对整型指long型，如%ld，%lx，%lo，%lu; 对实型指double型，如%lf
	h	只用于将整型的格式字符修正为short型，如%hd，%hx，%ho，%hu
域宽及精度m.n	m	指域宽，即对应的输出项在输出设备上所占的字符数。若实际位数多于定义的宽度，则按实际位数输出，若实际位数少于定义的宽度则补以空格或0
	n	对实数，表示精度，即小数的位数，若实际位数大于所定义的精度数，则截去超过的部分。不指定n时，隐含的精度为n=6位；对字符串，则表示截取的字符的个数
补0	0	用以指定数字前的空位是否用0填补。有此项则空位以0填补，无此项则空位用空格填补。 如float a=1.23f;printf("%08.1f",a); 输出结果为：000001.2
左对齐	-	负号用以指定输出项是否左对齐输出。不加负号或加正号时为右对齐输出

【例1-8】printf函数典型格式输出应用。

程序代码如下：

```
#include <stdio.h>
main()
{
    int a=100;
    float b=12.3456f;
    printf("%d的字符是%3c\n",a,a);
    printf("%d,%o,%x,%u\n",a,a,a,a);
    printf("a=%d,a=%5d,a=%-5d,a=%2d\n",a,a,a,a);
    printf("b=%f,%e,%g\n",b,b,b);
    printf("b=%10f,%10.2f,%-10.2f,%.2f\n",b,b,b,b);
    printf("%.2f%%\n",b);
    printf("%s,%8s,%-8s,%5.3s\n","CHINA","CHINA","CHINA","CHINA");
}
```

程序运行效果如图1-27所示。

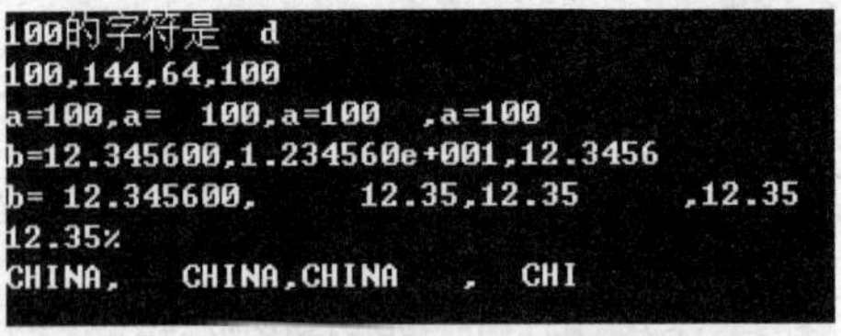

```
100的字符是  d
100,144,64,100
a=100,a=  100,a=100  ,a=100
b=12.345600,1.234560e+001,12.3456
b= 12.345600,     12.35,12.35     ,12.35
12.35%
CHINA,   CHINA,CHINA   ,  CHI
```

图 1-27　例 1-8 运行效果图

分析：

- %d，按实际长度输出 100；%3c，输出 100 的字符格式 d，占 3 位宽度，所以左侧加两个空格。
- %d,%o,%x,%u，分别以十进制、八进制、十六进制和无符号形式输出 100。
- a=%5d，由于 100 只占 3 列，所以前面空两个空格。
- a=%-5d，由于 100 只占 3 列，同时又一个‘-’号，代表左对齐，所以后面空两个空格。
- a=%2d，由于 100 只占 3 列，所以按实际宽度输出 100。
- b=%f,%e,%g，分别以小数、指数和二者择优形式输出 12.3456。其中%f 将小数保留 6 位。
- b=%10f，共输出 10 列，小数位还是默认为 6 位，加上一个小数点，再加上整数位是 2 位，一共 9 位，所以在左边加上一个空格。
- %10.2f，表示一共输出 10 位，其中小数位是 2 位（四舍五入），加上一个小数点，再加上整数位是 2 位，一共 5 位，即 12.35，所以在左边加 5 个空格。
- %-10.2f，同上，只是空格加在右边。
- %.2f，表示整数位原样输出，小数位是 2 位，也就是输出 12.35。
- %.2f%%，表示输出数值和百分号，即 12.35%。
- %s，原样输出字符串"CHINA"。
- %8s，表示一共输出 8 位，而“CHINA”一共 5 位，所以在左边加 3 个空格。
- %-8s，同上，只是空格加在右边。
- %5.3s，表示一共输出 5 位，只截取字符串的前三位“CHI”，所以左侧加 2 个空格。

在使用 printf 函数时，有几点说明：

（1）除了 X、E、G 外，其他格式字符必须用小写字母，如%d 不能写成%D。

（2）可以在 printf 函数中的“格式控制字符串”内包含“转义字符”，如“\n”、“\t”、“\b”、“\r”、“\f”、“\377”等，见【例 1-5】。

2. 格式输入函数——scanf()函数

（1）函数功能。

scanf()函数是格式输入函数，其功能是从标准输入设备（键盘）上读入数据，并将它们按照指定格式进行转换后，存储于地址项所指定的变量中。

（2）函数调用的一般形式。

```
scanf("格式控制字符串",地址表列);
```

例如：

```
scanf("%d,%d\n",&a,&b);
```

其中参数包括两个部分：格式控制字符串和地址表列。

①格式控制字符串和printf函数的格式控制字符串相似，但也有不同之处。格式控制字符串由格式字符串和输入分隔符组成。

②地址表列由一个或多个变量的地址组成，中间用逗号分隔。C语言提供了一个取地址运算符&，如有变量a，则表达式&a的功能便是求变量a的地址。要求格式字符串和地址表列在数量和类型上应该一一对应。

（3）格式字符串。

格式字符串的完整格式如图1-28所示。

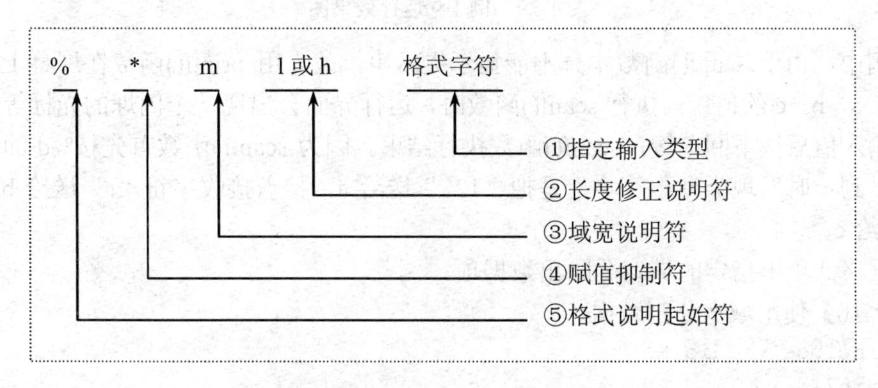

图1-28　scanf格式控制字符串

下面对组成格式字符串的各项加以说明：

①格式字符与printf函数中的使用方式相同，把输入数据分为整型（int型，用d、o、x指定）、字符型（char型，用c指定）、实型（float型，用f、e指定）。

②在整型与实型中可再加长度修正说明符：加h为短整型、加l为长整型及双精度型。

③m（注意没有n）用以指定输入数据的宽度。

④抑制字符*。它的作用是在按格式说明读入数据后不送给任何变量，即“虚读”。

例如：scanf("%3d%*4d%f",&i,&f);

如果输入为：123456789.34↙，则123送给i，4567不送给任何变量，89.34送给f。在利用已有的一批数据时，若有一两个数据不需要，可以用此法“跳过”这些无用数据。

（4）输入分隔符。

scanf函数是从输入数据中接收非空的字符，再转换成格式项描述的格式，传送到与格式项对应的地址中。那么，当操作人员在终端上键入一串字符时，系统怎么知道哪几个字符算作一个数据项呢？有以下几种方法：

①根据格式字符的含义取得数据，当输入数据中数据类型与格式字符要求不符时，就认为这一数据项结束。

【例1-9】用scanf函数输入数据。

```
#include <stdio.h>
main()
{
    int a;
    char b;
```

```
    float c;
    printf("请输入 a,b,c 的值:");        /*提示输入*/
    scanf("%d%c%f",&a,&b,&c);
    printf("a=%d,b=%c,c=%f\n",a,b,c);
}
```

程序运行效果如图 1-29 所示。

```
请输入 a,b,c的值:123r123.456
a=123,b=r,c=123.456001
```

图 1-29 例 1-9 运行效果图

在本例中，由于 scanf()函数本身不能显示提示串，故先用 printf()函数在屏幕上输出提示串“请输入 a，b，c 的值：”。执行 scanf()函数时，运行界面会出现一个闪烁的光标等待用户输入。用户输入值后按下回车键，scanf()函数执行结束。因为 scanf()函数首先按%d 的要求接收数字字符，到 r 时发现类型不符。于是把“123”送给 a，接着接收字符“r”送给 b，最后把 123.456 送给 c。

②根据格式项中指定的域宽分隔出数据项。

【例 1-10】使用域宽分割数据。

```
#include <stdio.h>
main()
{
    int a;
    float b;
    printf("请输入 a,b 的值: ");
    scanf("%2d%3f",&a,&b);
    printf("a=%d,b=%f\n",a,b);
}
```

程序运行效果如图 1-30 所示。

```
请输入a,b的值: 123456789
a=12,b=345.000000
```

图 1-30 例 1-10 运行效果图

由于%2d 只要求读入 2 个数字字符，因此把 12 读入送给变量 a，%3f 要求读入 3 个字符，可以是数字、正负号或小数点，把 345 读入送给 b。

③用分隔符。空格、跳格符（'\t'）、换行符（'\n'）都是 C 语言认定的数据分隔符。这种方法很简单，不再赘述。

④C 语言允许在输入数据时使用自定义的字符（必须是非格式字符）来分隔数据。这时应在格式控制字符串中的相应位置上出现这些字符。

【例 1-11】非格式符分隔数据。

```
#include <stdio.h>
main()
{
    int a;
```

```
    float b,c;
    scanf("%d,%f,%f",&a,&b,&c);
    printf("a=%d,b=%f,c=%f\n",a,b,c);
}
```

程序运行效果如图1-31所示。

```
123,456,789.45
a=123,b=456.000000,c=789.450012
```

图1-31　例1-11运行效果图

可以看出，如果在scanf()函数的两个格式说明项间有一个或多个普通字符，那么在输入数据时，在两个数据之间也必须以这一个或多个字符分隔。

使用scanf()函数时应注意的问题：

- scanf()函数中的“格式控制”后面应当是变量地址，而不应是变量名。但是，应特别指出：当输入的变量是字符型数组时，地址列表中要写变量名称。

例如：

```
char str[20];
scanf("%s",str);
```

在变量名称“str”前不应有“&”，因为数组名本身代表地址。这是C语言与其他高级语言的不同之处。许多初学者常在此出错。

- 如果在“格式控制”字符串中除了格式说明以外还有其他字符，则在输入数据时应输入与这些字符相同的字符。
- 在用“%c”格式输入字符时，空格字符和转义字符都作为有效字符输入。

例如：

```
scanf("%c%c%c",&c1,&c2,&c3);
```

如输入：

```
a b c↙
```

字符'a'送给c1，字符' '送给c2，字符'b'送给c3，因为%c只要求读入一个字符，后面不需要用空格作为两个字符的间隔，因此' '作为下一个字符送给c2。

【例1-12】A和B两个人在数学考试中分别获得87分和76分的成绩，请输入A和B两人的代号及成绩，输出成绩。

问题分析：此题就是考查输入/输出函数，注意整数输入/输出的格式用%d，字符变量的输入/输出格式用%c，同时注意输入函数中的两个数据之间用什么符号隔开，则在程序运行时输入数据时也要用同样的符号隔开两个数据。

```
#include <stdio.h>
main()
{
    char c1,c2;
    int x,y;
    printf("请输入A的成绩及代号：");
    scanf("%d:%c",&x,&c1);
    printf("请输入B的成绩及代号：");
    scanf("%d:%c",&y,&c2);
```

```
        printf("请输出A的代号及成绩：");
        printf("%c:%d\n",c1,x);
        printf("请输出B的代号及成绩：");
        printf("%c:%d\n",c2,y);
    }
```

程序运行效果如图 1-32 所示。

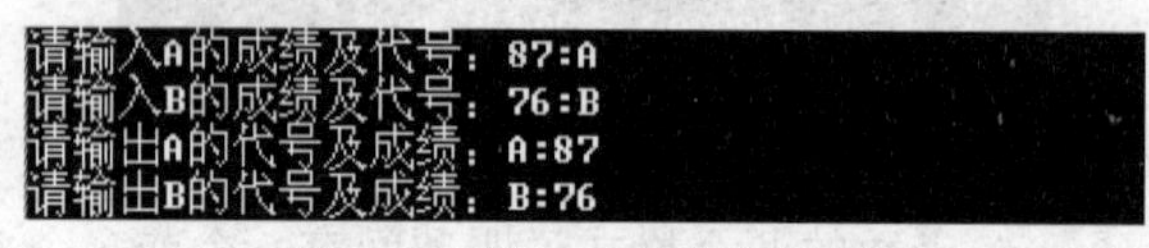

图 1-32 例 1-12 运行效果图

3. 单个字符的输入/输出函数

（1）单个字符输出函数 putchar()。

函数的一般形式：

```
putchar(表达式);
```

该函数将指定的表达式值所对应的字符输出到标准输出终端上。表达式可以是字符型或整型，它每次只能输出一个字符。

例如：

```
putchar('#');   //输出字符 '#'
```

（2）单个字符输入函数 getchar()。

函数的一般形式：

```
getchar();
```

该函数从标准输入设备（一般为键盘）上输入一个可打印字符，并将该字符返回为函数的值。通常把函数返回的字符赋值给一个字符变量，构成赋值语句。

例如：

```
char ch=getchar();
```

需要注意的是，putchar()函数有一个形式参数，而 getchar()函数没有参数。

【例 1-13】输入大写字母，转换成小写字母后输出。

```
#include <stdio.h>
main()
{
    char ch1,ch2,ch3;                   //定义三个字符型变量
    ch1=getchar();                      //接收一个字符并赋值给变量
    ch2=getchar();
    ch3=getchar();
    ch1=ch1+32;                         //通过 ASCII 码值转换大写字母为小写字母
    ch2=ch2+32;
    ch3=ch3+32;
    putchar(ch1);putchar('\n');  //输出转换后的字符，并换行
    putchar(ch2);putchar('\n');
    putchar(ch3);putchar('\n');
}
```

程序运行效果如图 1-33 所示。

图 1-33　例 1-13 运行效果图

说明：在执行 getchar()函数时，虽然是读入一个字符，但并不是从键盘输入一个字符，该字符就被读入送给一个字符变量，而是等到输入完一行按回车键后，才将该行的字符输入缓冲区，然后 getchar()函数从缓冲区中取一个字符给一个字符变量。

可以有这样的形式：

```
putchar(getchar());
```

即读入一个字符然后将它输出到终端。也可以用 printf 函数输出：

```
printf("%c",getchar());
```

使用 getchar()函数应注意几个问题：

①getchar()函数只能接收单个字符，输入数字也按字符处理。输入多于一个字符时，只接收第一个字符。

②该函数没有参数。

③使用本函数前必须包含文件“stdio.h”。

1.1.4　任务小结

本任务实现了学生成绩的输入以及按照格式输出，讲解了 C 语言的程序结构、C 程序的运行环境及方式、数据类型，标准的输入/输出等基本知识点，通过学习本任务，同学们可以了解 C 语言程序的基本知识，掌握格式输入/输出，同时能够熟练使用 VC++ 6.0 集成开发环境。

1.2　任务二　总分与平均分的计算

知识目标	（1）算术、赋值运算符及表达式 （2）自增、自减运算符 （3）混合运算时数据类型的转换
能力目标	能够使用 C 语言对数据进行简单的运算
素质目标	（1）培养学生的沟通能力 （2）培养学生独立分析问题的能力 （3）培养学生的动手实践能力
教学重点	对数据的简单运算
教学难点	对数据的简单运算
效果展示	请输入3个学生的成绩：86 79 93 3个学生的总成绩及平均分为：sum=258.00,avg=86.00 图 1-34　任务二运行效果图

1.2.1 任务描述

软件技术专业学生进行了一次考试，要求设计一个简易的成绩管理程序，用来实现统计若干个学生的总分与平均分功能。该任务要求如下：

（1）新建 1-2.c 文件；

（2）以 3 个学生成绩为例进行格式化输入与输出；

（3）准确计算学生的总分与平均分；

（4）程序要求具有良好的提示与注释。

1.2.2 任务实现

```
/****************************************
* 任务二：总分与平均分的计算
****************************************/
#include <stdio.h>
main()
{
    int x,y,z;
    float sum,avg;                          //定义两个实型变量 sum,avg
    printf("请输入 3 个学生的成绩：");
    scanf("%d%d%d",&x,&y,&z);              //输入 3 个学生的成绩,存入 x,y,z
    sum=x+y+z;                              //将 x+y+z 的值赋给 sum
    avg=sum/3;                              //将 sum/3 的值赋给 avg
    printf("3 个学生的总成绩及平均分为：");  //输出提示
    printf("sum=%.2f,avg=%.2f\n",sum,avg);  //输出两个变量 sum 及 avg
}
```

程序运行效果如图 1-34 所示。

从上面这段程序可分析出：任务二比任务一程序中多定义了两个实型变量 sum 和 avg，因为要将 3 个学生的总分放在 sum 中，而将 3 个学生的平均分放在 avg 中。同时出现了 sum=x+y+x 和 avg=sum/3 语句，即出现了运算符、表达式以及数据类型的转换。

本任务中需要学习的内容是：

- 算术运算和算术表达式
- 赋值运算和赋值表达式
- 不同数据类型的转换

1.2.3 相关知识

C 语言提供了丰富的运算符和表达式，这使编程变得方便和灵活。C 语言运算符的主要作用是与操作数构造表达式，实现某种运算。表达式是使用运算符将运算对象（也称操作数，如常量、变量、函数等）连接起来的且符合语法规则的式子，C 语言中，常用的表达式有算术表达式、逻辑表达式、强制类型转换表达式、逗号表达式、赋值表达式、条件表达式及指针表达式等；通常用表达式加分号组成 C 程序中的语句。

运算符可按其操作数的个数分为三类，分别是单目运算符（一个操作数）、双目运算符（两个操作数）和三目运算符（三个操作数）。

运算符可按其优先级的高低分为 15 类。优先级最高的为 1 级，其次为 2 级，具体见附录 A。

运算符还可以按其功能分为算术运算符、赋值运算符、关系运算符、逻辑运算符、逗号运算符等。

下面就按其运算符的功能分类介绍几种常用的运算符及其所构成的表达式。

一、算术运算符与算数表达式

1. 基本的算术运算符

基本的算术运算符有双目算术运算符（+、-、*、/、%）和正负号运算符，见表 1-7。

表 1-7　算术运算符

运算符	名称	运算规则	运算对象	举例	表达式值
*	乘	乘法	整型或实型	2.5*3.0	7.5
/	除	除法		2.5/5	0.5
%	模（求余）	整数取余	整型	10%3	1
+	加	加法	整型或实型	2.5+1.2	3.7
	正号	取原值		a=2;t=+a;	t=2
-	减	减法		5-4.6	0.4
	负号	取负值		a=2;t=-a;	t=-2

算术运算符的优先级：先乘除、后加减，即*、/、%同级，+、-同级，并且前者高于后者。当+、-作为单目运算符时，优先级高于双目运算符，低于自增和自减运算符。若遇到括号，则括号的优先级最高。

算术运算符的结合性：运算对象两侧的运算符优先级相同时，结合方向自左至右，左结合。

2. 算术表达式

算术表达式：用算术运算符和括号将运算对象连接起来、符合 C 语法规则的式子。

算术表达式的结果：参加运算的运算量是整型，结果为整型；参加运算的运算量是实型，结果为 double 类型。

【例 1-14】输入三角形三边的长，求三角形的周长及面积。

问题分析：输入三角形三边长，显然要定义三个变量 a、b、c，同时还要定义三角形的周长 cc 及面积 s。由于在求三角形面积时要用到海伦公式 $s=\sqrt{l(l-a)(l-b)(l-c)}$，其中 l 是三角形的二分之一周长，所以还要定义 l，可以使用 C 语言标准库函数 sqrt()实现求根。

```
#include <stdio.h>
#include <math.h>
main()
{
    int a,b,c;
    float cc,l,s;
    printf("请输入三角形三边 a,b,c 的长:");
    scanf("%d%d%d",&a,&b,&c);
```

```
        cc=a+b+c;                          //计算周长
        l=cc/2;
        s=sqrt(l*(l-a)*(l-b)*(l-c));       //计算面积
        printf("三角形的周长 cc 为%f\n 三角形的面积 s 为%f\n",cc,s);
    }
```

程序运行效果如图 1-35 所示。

图 1-35 例 1-14 运行效果图

思考：为什么可以写成 l=cc/2，如果 cc 定义为整型，还能写成 l=cc/2 吗？为什么？

3．自增、自减运算符

自增运算符（++）和自减运算符（--）的作用是使变量的值增 1 或减 1。

例如：

```
a++;相当于 a=a+1;
a--;相当于 a=a-1;
```

但++或--运算符放在变量的左面和右面在参与运算时有两种不同的含义：

（1）前置运算：++i，--i。

表示先使变量的值增 1 或减 1，再使用该变量。

（2）后置运算：i++，i--。

表示先使用该变量的值参加运算，再将该变量的值增 1 或减 1。

说明：单独的自增和自减运算，前置和后置等价。如 a++;和++a;等价，相当于 a=a+1。

运算符的优先级：自增和自减运算符同级，且高于算术运算符。

【例 1-15】自增自减运算符的应用。

```
#include <stdio.h>
main()
{
    int a=6,b=4,c,d;
    a--;            //相当于 a=a-1;故 a=5;
    ++b;            //相当于 b=b+1;故 b=5;
    c=++a;          //a 的值先加 1,a=6，再赋给 c，表达式的值为 6
    d=b--;          //先将 b 的值 5 赋给 d，表达式的值为 5，然后 b 减 1，b=4
    printf("c=%d,d=%d,a=%d,b=%d\n",c,d,a,b);
}
```

程序运行效果如图 1-36 所示。

```
c=6,d=5,a=6,b=4
```

图 1-36 例 1-15 运行效果图

注意：自增和自减运算符只能作用于变量，而不能作用于常量或表达式。

例如：

```
5++;                       //错误，不可以对常量进行自增或自减运算
```

```
(a+b)++;                  //错误，不可以对表达式进行自增或自减运算
#define ONE 1; ONE++;     //错误，不可以对符号常量进行自增或自减运算
```

另外自增和自减运算在不同的编译环境（如 Turbo C 和 VC++ 6.0）下运算顺序有所不同，导致结果也有所不同。

思考：（1）设 x=1，执行 y=(++x)+(++x)+(++x)后，x 和 y 的值分别为多少？

因为这是前置运算，所以先自增，然后再参与其他运算。在 Turbo C 环境下可以写为：

++x;++x;++x;y=x+x+x;通过计算，x 的值为 4，y 的值为 12。那么在 VC++ 6.0 环境下呢？

（2）设 x=1，执行 y=(x++)+(x++)+(x++)后，x 和 y 的值分别为多少？

因为这是后置运算，所以变量先参与其他运算，然后再进行自增。在 Turbo C 环境下可以写为：

y=x+x+x;++x;++x;++x;通过计算，x 的值为 4，y 的值为 3。那么在 VC++ 6.0 环境下呢？

二、赋值运算与赋值表达式

1. 赋值运算符

赋值运算符使用赋值符号“=”，它的作用是将一个表达式的值赋给变量。

例如：

```
a=3;          //常数 3 赋给变量 a,常数是特殊的表达式
a=b+c+1;      //b+c+1 的值赋给变量 a
```

赋值运算符的优先级：赋值运算符的优先级比算术、关系、逻辑运算符都低。

赋值运算符的结合性：右结合。

2. 复合的赋值运算符

复合的赋值运算符将其他运算符和赋值运算符结合在一起使用，实现运算、赋值功能的结合，如表 1-8 所示。

表 1-8　复合的赋值运算符

运算符	名称	运算规则	运算对象	举例	表达式值
*=	自反乘	a*=b<=>a=a*b	整型或实型	a=4;a*=2;	a=8
/=	自反除	a/=b<=>a=a/b		a=4;a/=2;	a=2
%=	自反模	a%=b<=>a=a%b	整型	a=4;a%=2;	a=0
+=	自反加	a+=b<=>a=a+b	整型或实型	a=4;a+=2;	a=6
-=	自反减	a-=b<=>a=a-b		a=4;a-=2;	a=2

凡是双目（二目）运算符，都可以与赋值运算符组合成复合赋值运算符。C 语言采用复合运算符有两个目的，一是为了简化程序，使程序精练，二是为了提高编译效率。

注意：如何理解语句 x*=y+8;等价于 x=x*(y+8);而不是 x=x*y+8;。

因为，赋值运算符的优先级比算术、关系、逻辑运算符都低，而复合的赋值运算符也属于赋值运算符，所以，当复合运算符右侧的表达式为算术、关系、逻辑表达式时，先进行表达式的运算，再进行赋值运算。故得出语句 x*=y+8;等价于 x=x*(y+8);而不是 x=x*y+8;。

这里，再次强调，语句 x*=y+8;最好写成 x*=(y+8);的形式，便于理解和阅读。

3. 赋值表达式

赋值表达式：由赋值运算符将一个变量和一个表达式连接起来的式子称为“赋值表达式”。

对赋值表达式的求解过程是：将赋值运算符右侧的“表达式”的值赋给左侧的变量。赋值表达式的值即是被赋值的变量的值。如“a=5”是一个赋值表达式，它表明将 5 赋给变量 a，a 的值此时为 5，赋值表达式的值也为 5。

赋值运算符右侧的表达式，不仅可以为算术表达式、逻辑表达式，还可为赋值表达式、条件表达式等。

例如：

```
a=b=c=5            //表达式值为 5，a、b、c 值均为 5
a=b>c              //表达式值为 0，a 值为 0，代表假
a=5+(b=10)         //表达式值为 15，a 值为 15，b 值为 10
```

赋值运算符不仅仅为“=”，还包括“+=”、“-=”、“*=”、“/=”等复合赋值运算符。

【例 1-16】赋值运算符的应用。

```
#include <stdio.h>
main()
{
        int a=2;
        printf("%d\n",a-=a+=a*a);
}
```

问题分析：

（1）根据优先级，*为算术运算符，高于赋值运算符，所以先计算 a*a，即 a-=a+=4。

（2）-=、+=均为复合赋值运算符，优先级相同，右结合性，所以先计算 a+=4，等价于 a=a+4，注意：a 的初值为 2，所以此表达式的值为 6，变量 a 的值变为 6，即 a-=6。

（3）a-=6，等价于 a=a-6，变量 a 的值为 6，所以此表达式的值为 0，变量 a 的值变为 0，故打印结果为 0。

4. 赋值时的类型转换

如果赋值运算符两侧的数据类型不同，在赋值时需要进行类型转换。

（1）将实型数据（float、double）赋给整型变量，舍弃实型数据的小数部分，将整数部分赋给整型变量（在整型数据的数值范围内有效）。如执行 int a=6.5;语句，a 的值为 6，在内存中以整数形式存储。

（2）将整型数据赋给实型变量，数据值不变，但以浮点数的形式存储到内存中。如执行 float a=6;语句，a 的值为 6.000000，以单精度浮点数的形式存储在内存中。

（3）将一个 double 型数据赋给 float 型变量，截取 double 型数据值的前 7 位有效数字（在 float 型数据的数值范围内有效）。

（4）将一个字符型数据赋给整型变量，整型数据所占字节数大于字符型（占一个字节）数据，所以字符型数据只占整型数据的低 8bit（bit 二进制位）。

（5）将一个整型、实型数据赋给字符变量，截取整型、实型数据（整数部分）值的低 8bit 原封不动地送到字符型变量。

由于 C 语言使用灵活，在不同类型数据之间赋值时，编译系统并不提示出错（如将 12345 赋给字符型变量），所以会出现一些难以意料的结果。

三、逗号运算符及逗号表达式

1. 逗号运算符

逗号运算符即逗号（,)。

逗号运算符在所有运算符中优先级最低，结合性为左结合。

2. 逗号表达式

用逗号运算符（,）把两个表达式连接起来的表达式称为逗号表达式。其一般形式为：

表达式 1,表达式 2...表达式 n

逗号表达式的值等于“表达式 n”的值。

对逗号表达式的求解过程是：先求解表达式 1，再求解表达式 2……，最后求解表达式 n，整个逗号表达式的值为表达式 n 的值。

设 a=5，则：

a=a+5,a+9 的结果为 19。

说明：先执行 a=a+5，赋值运算符的优先级高于逗号运算符，即 10,a+9，此时，变量 a 的值为 10，所以 a+9 的值为 19，整个表达式的值为 19。

C 语言中使用逗号表达式的一般目的是分别获得两个表达式的值，因此，逗号运算符又称为“顺序求值运算符”。

逗号可以作运算符，也可以作分隔符，如：

```
printf("%d,%d,%d",a,b,c);
printf("%d,%d,%d",(a,b,c),b,c);
```

其中，(a,b,c)中的逗号是运算符，其余逗号为分隔符。

四、数据类型的转换

在进行混合运算时，不同类型要先转换成同一种类型，然后再进行运算。在 C 语言中，整型、实型和字符型数据间可以混合运算（因为字符型数据和整型数据是通用的）。

1. 自动类型转换

如果一个运算符两侧的操作数的数据类型不同，则系统按“先转换，后运算”的原则，首先将数据转换为同一类型，转换时按照“类型提升”原则，即先将较低类型的数据提升为较高类型，然后在同一类型数据间进行运算，其结果是较高类型的数据。类型的高低是根据其数据所占用的空间大小来判定的，占用空间越多，类型越高；反之越低。各种类型数据之间的转换规则如图 1-37 所示。

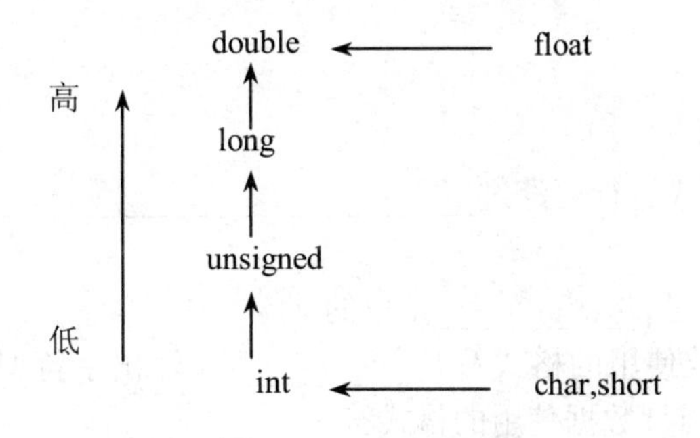

图 1-37　标准数据类型转换规则

说明：(1）横向向左的箭头，表示必须的转换。float 类型必须转换成 double 类型，char

和 short 类型必须转换成 int 类型。

（2）纵向向上的箭头，表示不同类型的转换方向。例如，int 类型和 float 类型进行混合运算，先将 int 类型转换成 double 类型，float 类型转换成 double 类型，然后在两个同类型的数据间进行运算，结果为 double 类型。

注意：箭头方向只表示数据类型由低向高转换，不要理解为 int 类型先转换成 unsigned 类型，再转换成 long 类型，最后转换成 double 类型。

2．强制转换

除了自动转换外，C 语言也允许强制转换。通过强制类型转换运算符（类型）实现。

数据类型强制转换的一般格式为：

(要转换成的数据类型)(被转换的表达式)

当被转换的表达式是一个简单表达式时，外面的一对圆括号可以省略。

例如：

```
(double)x  等价于 (double)(x)        //将变量 x 的值转换成 double 类型
(int)(x+y)                          //将 x+y 的结果转换成 int 类型
(float)7/2   等价于(float)(7)/2      //将 7 转换成实型，再除以 2，等于 3.5
(float)(7/2)                        //将 7 整除 2 的结果 3 转换成实型 3.0
```

说明：当较高类型的数据转换成较低类型的数据时，称之为降格。C 语言中类型提升时，一般其值保持不变；但类型降格时就可能失去一部分信息。

注意：强制转换类型得到的是一个所需类型的中间量，原表达式类型并不发生变化。如：

```
float f=1.5f;
int a;
a=(int)f;
```

执行该代码后 a 的值为 1，但是变量 f 的值仍为 1.5，数据类型仍为 float 类型。

1.2.4 任务小结

本任务实现了学生成绩总分及平均分的计算，运用了 C 语言中的算术运算符和赋值运算符，同时讲解了 C 语言中表达式的概念，以及在混合运算中涉及到的类型转换，通过学习本任务，同学们可以了解 C 语言的各种运算符以及 C 语言能够进行的各种运算。

习题一

一、填空题

1．编写好的 C 程序到完成运行要经过__________、__________、__________和__________这几个步骤。

2．C 语言程序的语句都是以__________结束的。

3．输出一个十进制整数使用的格式符是__________；输出字符型数据使用的格式符是__________；输出单精度浮点型数据使用的格式符是__________。

4．C 语言规定，标识符只能由__________、__________、__________三种字符组成，而且，第一个字符必须是__________或__________。

5．假设 m 是一个三位数，则从左到右用 a、b、c 表示各位上的数字的表达式是百位为__________十位为__________个位为__________。

6．C 语言中最简单的数据类型包括__________、__________、__________和枚举类型。

7．在内存中，字符'a'要占用 1 个字节，存储字符串"A"要占用__________个字节。

8．语句 printf("%d\n",13*(9/4));的输出结果为__________。

9．若 int a=077; 则 printf("%d\n",--a);的输出结果是__________。

二、选择题

1．下面合法的标识符为（　　）。

A．int　　B．_a12　　C．3ce　　D．stu#

2．以下常量正确的是（　　）。

A．"abc"　　B．'abc'　　C．3.1E-1.5　　D．12B

3．若 int a=2;double b=2.2;char c='\0';正确输出 a，b，c 三个变量的方法（　　）。

A．printf("%d,%f,%f",a,c,b);　　B．printf("%f,%f,%d",c,b,a);

C．printf("%c,%f,%c",a,b,c);　　D．printf("%d,%x,%f",a,b,c);

4．已知 int x=7,y=3，表达式 x/y 的值是（　　）。

A．1　　B．2　　C．0　　D．不确定

5．已知 int x=023，表达式++x 的值是（　　）。

A．17　　B．18　　C．19　　D．20

6．已知 int x=10，表达式 x+=x-=x-x 的值是（　　）。

A．10　　B．20　　C．30　　D．40

7．执行下面程序片段的输出结果是（　　）。

```
int x=4294967296;printf("%d\n",x);
```

A．65536　　B．0

C．-1　　D．有语法错误，无输出结果

8．设 int a=10，则执行完语句 a+=a-=a*a 后，a 的值是（　　）。

A．99　　B．110　　C．100　　D．-180

9．下面代表一个十六进制整数的是（　　）。

A．'A'　　B．65　　C．0101　　D．0x41

10．已知 char c;则下列表达式中正确的是（　　）。

A．c='a'　　B．c="a"　　C．c="97"　　D．c='97'

11．以下对 i、j、k 进行说明并赋值的方法中，错误的是（　　）。

A．int i=j=k=1;　　B．int i,j,k;i=j=k=1;

C．int i=1,j=1,k=1;　　D．int i,j=1,k=1;i=j;

12．若有定义 int y=2;float z=5.5,x=-4.3;，则表达式 y+=abs(x)+x+z 的值为（　　）。

A．6　　B．7　　C．8　　D．9

13．设 x、y、z 和 k 都是 int 型变量，则执行表达式 x=(y=4,z=16,k=32)后，x 的值为（　　）。

A．4　　B．16　　C．32　　D．52

14．设有如下的变量定义：int i=8,k,a,b;unsigned long w=5;double x=1.42,y=5.2;则以下符合

C语言语法的表达式是（　　）。

A．a+=a-=(b=4)*(a=3)　　　　B．x/(-3)

C．a=a*3=2　　　　D．y=float(i)

15．假设有如下的变量定义：int k=7,x=12;则值为3的表达式是（　　）。

A．x%=(k%=5)　　B．x%=(k-k%5)　　C．x%=k-k%5　　D．(x%=k)-(k%=5)

16．以下程序的输出结果是（　　）。

```
main()
{
    int a=12,b=12;
    printf("%d%d\n",--a,++b);
}
```

A．1010　　B．1212　　C．1110　　D．1113

17．下列语句中符合C语言语法的赋值语句是（　　）。

A．a=0x7bc=a7;　　B．a=0x7b=a7;　　C．a=0x7b,b,a7;　　D．a=0x7bca7;

18．在C语言中，下列不正确的转义字符是（　　）。

A．'\\'　　B．'\t'　　C．'074'　　D．'\0'

19．若有说明语句：int a=5,c;c=a++;此处c的值是（　　）。

A．7　　B．6　　C．5　　D．4

20．若x和y都是int型变量x=100,y=200，且有下面的程序片段：

```
printf("%d\n",(x,y));
```

程序片段的输出结果是（　　）。

A．200　　　　B．100

C．100　200　　　　D．输出格式符不够，输出不确定的值

三、判断题

1．不同类型的变量可以在一个表达式中。（　　）

2．在赋值表达式中等号左边和右边的值可以是不同类型。（　　）

3．大写字母和小写字母的意义相同。（　　）

4．C语言中的基本数据类型有整型、实型、字符型和枚举型。（　　）

5．标识符中可以出现下划线和数字，它们都可以放在标识符的开头。（　　）

6．在C语言中，变量必须先定义后使用。（　　）

7．构成C程序的基本单位是函数。（　　）

8．C 语言中并不提供输入输出语句，但可以通过输入输出函数来实现数据输入输出。（　　）

四、上机操作题

1．编译如下程序并运行，记录程序的输出结果，体会格式输出的使用。

```
#include <stdio.h>
main()
{
```

```
    printf("%d\n",42);
    printf("%5d\n",42);
    printf("%f\n",123.45);
    printf("%12f\n",123.45);
    printf("%8.3f\n",123.45);
    printf("%8.1f\n",123.55);
    printf("%8.0f\n",123.55);
}
```

2．编译如下程序，并上机运行 3 次，在每次运行提供输入数据时分别采用数据之间插入空格、每输入一个数据就按 Enter 键、数据之间用 Tab 键分隔，看结果有什么不同。

```
#include <stdio.h>
main()
{
    int x,y,t;
    printf("Enter x & y:\n");
    scanf("%d%d",&x,&y);
    printf("x=%d  y=%d\n",x,y);
    t=x;
    x=y;
    y=t;
    printf("x=%d  y=%d\n",x,y);
}
```

3．改错题。下列程序多处有错，请通过上机改正，使之符合下面的要求。

```
#include <stdio.h>
main()
{
    float a,b,c,s,v;
    printf("input a,b,c:");
    scanf("%d%d%d",a,b,c);
    s=a*b;
    v=a*b*c;
    printf("a=%d b=%d c=%d\n",a,b,c);
    printf("s=%f\n",s,"v=%f\n",v);
}
```

当本程序运行时，要求按如下方式显示和输入：

```
input a,b,c:2.0 2.0 3.0 （此处的2.0 2.0 3.0为用户输入的）
a=2.000000 b=2.000000 c=3.000000
s=4.000000 v=12.000000
```

4．编译如下程序：

```
#include <stdio.h>
main()
{
    char c1,c2;
    c1='a';
    c2='b';
```

```
    printf("%c%c\n",c1,c2);
}
```

（1）运行此程序，记录运行结果。

（2）在最后增加一条语句：printf("%d%d\n",c1,c2);再运行，并记录分析结果。

（3）再将第 4 行 char c1,c2;改为 int c1,c2;后使之运行，并观察记录结果。

（4）再将第 5、6 行改为：

```
c1=a;        //不用单引号
c2=b;
```

再运行，记录分析其运行结果。

（5）再将第 5、6 行改为：

```
c1="a";      //用双引号
c2="b";
```

再运行，记录分析其运行结果。

（6）再将第 5、6 行改为：

```
c1=300;      //用大于255的整数
c2=400;
```

再运行，记录分析其运行结果。

五、分析结果题

1．写出下面赋值的结果，其中填写了数值的是要将它赋值给其他类型变量，请将所有空格填上赋值后的数值。

int	99					42	
char		'd'					
unsigned int			76				65535
float				53.65			
long int					68		

2．求下面算术表达式的值。

（1）x+a%3*(int)(x+y)%2/4　　　（设 x=2.5，a=7，y=4.7）

（2）(float)(a+b)/2+(int)x%(int)y　　　（设 a=2，b=3，x=3.5，y=2.5）

3．写出下面表达式运算后 a 的值，设原来 a=12，且 a 和 n 已定义为整型变量。

（1）a+=a　（2）a-=2　（3）a*=2+3　（4）a/=a+a

（5）a%=(n%=2)，n 的值等于 5　　（6）a+=a==a*=a

4．下面程序的输出结果是__________。

```
#include <stdio.h>
void main()
{
    int i,j,m,n;
    i=8;
    j=10;
```

```
    m=++i;
    n=j++;
    printf("%d,%d,%d,%d\n",i,j,m,n);
}
```

5．下列程序的运行结果是__________。

```
#include <stdio.h>
void main()
{
    char c1='a',c2='b',c3='c',c4='\101',c5='\116';
    printf("a%cb%c\tc%c\tabc\n",c1,c2,c3);
    printf("\t\b%c%c\n",c4,c5);
}
```

六、编程题

1．编写程序：对于任意输入的两个整数，求出它们的商和余数。

2．要将"China"译成密码。密码规律是：用原来的字母在字母表中后面第4个字母代替原来的字母。例如，字母'A'后面第4个字母是'E'，则用'E'代替'A'。因此"China"应译为"Glmre"。请编写一程序，用赋初值的方法使c1、c2、c3、c4、c5五个变量的值分别为'C'、'h'、'i'、'n'、'a'，经过运算，使c1、c2、c3、c4、c5分别变为'G'、'l'、'm'、'r'、'e'，并输出。

3．设圆半径r=1.5，圆柱高h=3，求圆周长l、圆面积s、圆柱体积v、圆柱表面积vs。用scanf输入数据，输出计算结果，输出时要求有文字说明，取小数点后两位数字。请编写程序。

4．输入一个华氏温度，输出摄氏温度。公式为

$$C=5*(F-32)/9$$

其中，C为摄氏温度，F为华氏温度，输出要有文字说明，取两位小数。

5．用getchar函数读入两个字符并赋给变量c1、c2，然后分别用putchar()函数和printf()函数输出这两个字符。思考以下问题：

（1）变量c1、c2应定义为字符型还是整型？或者二者皆可？

（2）要求输出c1和c2值的ASCII码，应如何处理？用putchar()函数还是printf()函数？

学习项目二　基于选择结构实现将学生成绩转化为相应的等级

学习情境：

软件技术专业进行了一次阶段测试，试题成绩为百分制，教务处要求软件技术专业教师设计一个简单程序将成绩折算为五级制，具体要求如下：

1. 按照指定的格式输入/输出学生成绩；

2. 输入考试成绩有效范围为 0~100;

3. 90~100 分的转变为 A，80~89 分的转变为 B，70~79 分的转变为 C，60~69 分的转变为 D，60 分以下的转变为 E。

学习目标：

同学们通过本项目的学习，学会对程序的分析，能够熟练地编写分支程序。

学习框架：

任务一：输入学生成绩，判断其合法性

任务二：输入学生成绩并将其转化为等级

2.1　任务一　输入学生成绩并判断其合法性

知识目标	（1）了解算法的概念、特点及描述方式 （2）掌握关系运算符、逻辑运算符、条件运算符的应用 （3）了解 C 语句 （4）掌握 if、if~else 语句
能力目标	（1）能正确使用关系运算符、逻辑运算符、条件运算符 （2）能熟练使用 if、if~else 语句
素质目标	（1）培养学生分析问题能力 （2）培养学生解决问题能力
教学重点	（1）关系运算符、逻辑运算符、条件运算符 （2）if、if~else 语句
教学难点	if 语句
效果展示	请输入一个学生的成绩：89 输入成绩合法 请输入一个学生的成绩：112 输入成绩不合法 图 2-1　任务一运行效果图

2.1.1　任务描述

软件技术专业学生进行了一次考试，要求设计一个简易成绩管理程序，用来完成学生成绩的输入（成绩采用百分制），并判断其合法性。该任务要求如下：

（1）新建 2-1.c 文件；

（2）输入学生成绩并判断其合法性；

（3）程序要求具有良好的提示与注释。

方法一：首先判断输入的成绩是否在 1 到 100 之间，若是，输出提示信息“输入成绩合法”；再判断输入的成绩是否在 0 到 100 以外，若是，输出提示信息“输入成绩不合法”。程序 N-S 流程图如图 2-2 所示。

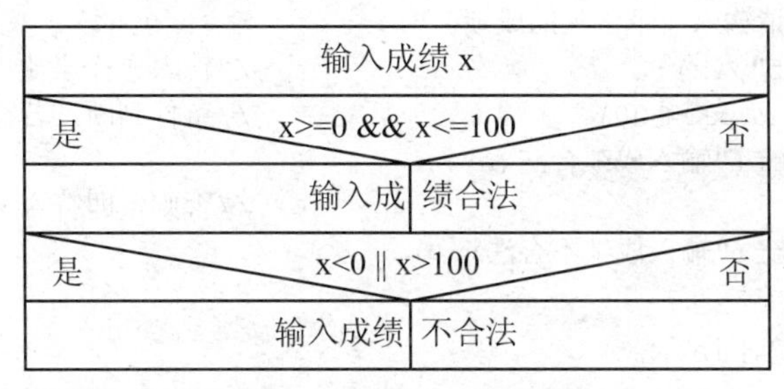

图 2-2　程序 N-S 流程图

方法二：判断输入的成绩是否在 1 到 100 之间，若是，输出提示信息“输入成绩合法”；否则输出提示信息“输入成绩不合法”。

程序 N-S 流程图如图 2-3 所示。

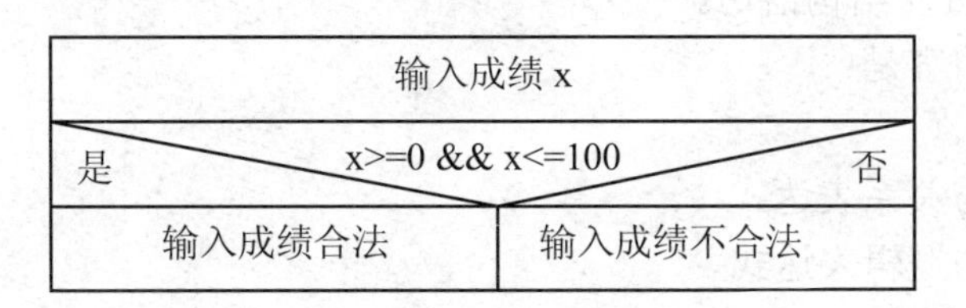

图 2-3　程序 N-S 流程图

2.1.2　任务实现

```
/*******************************************
* 任务一：输入学生成绩并判断其合法性
* 方法一：if 语句
*******************************************/
#include <stdio.h>
main()
{
    float x;                              //定义 1 个实型变量 x
    printf("请输入一个学生的成绩：");
    scanf("%f",&x);                       //输入 1 个学生的成绩,存入 x
    if(x>=0 && x<=100)                    //条件判断符合 x>=0 && x<=100
```

```
        printf("输入成绩合法\n");
    if(x<0 || x>100)                      //条件判断符合 x<0 || x>100
        printf("输入成绩不合法\n");
}

/****************************************
* 任务一：输入学生成绩并判断其合法性
* 方法二：if~else 语句
****************************************/
#include <stdio.h>
main()
{
    float x;                              //定义 1 个实型变量 x
    printf("请输入一个学生的成绩：");
    scanf("%f",&x);                       //输入 1 个学生的成绩,存入 x
    if(x>=0 && x<=100)                    //条件判断，若符合 x>=0 && x<=100
        printf("输入成绩合法\n");
    else                                  //否则，即符合 x<0 || x>100
        printf("输入成绩不合法\n");
}
```

程序运行效果如图 2-1 所示。

在上述程序中，两种方法在实现之前都用到了一种图示方式来描述任务的实现步骤，这种图示方式就是算法的一种描述方法；另外程序中用到的“x>=0”和“x<=100”是关系表达式，“>=”和“<=”是关系运算符；“x>=0 && x<=100”和“x<0 || x>100”是逻辑表达式，“&&”和“||”是逻辑运算符。if 和 if~else 是 C 语言三种基本结构（顺序结构、选择/分支结构、循环结构）之一：选择/分支结构语句。

本任务中需要学习的内容是：

- 算法及描述
- 关系运算符与关系表达式
- 逻辑运算符与逻辑表达式
- 选择/分支结构
- 条件运算符与条件表达式

2.1.3 相关知识

一、算法及描述

1. 算法的基本概念

广义地讲，算法就是解决某个具体问题采取的方法和步骤。计算机算法就是用计算机解决问题时所使用的一系列合乎逻辑的、简洁的步骤。

算法具有有穷性、确定性、有效性、零个或一个输入、一个或多个输出这五个特性。

一个程序应包括以下两方面内容：

（1）数据的描述。确定程序要处理的数据对象，以及数据的类型和数据的组织形式，即数据结构（Data Structure）。

（2）算法（Algorithm）。即操作的指令、操作的步骤。

因此，著名计算机科学家沃思（Niklaus Wirth）提出一个公式表达程序的实质：

数据结构 + 算法 = 程序

计算机的算法不仅仅局限于算术数值计算，例如数的正弦、余弦，求方程的根等，还包含大量的非数值运算的算法，例如人事管理、图书检索、商品库存管理等。

2. 算法设计的步骤

（1）分析问题：分析问题是解决问题的第一步。通过对具体问题表面现象的分析，可以加深对问题的认识和理解，从中找出有用的数据信息。对复杂问题的分析，应采取自顶向下、逐步细化的手段及合理的逻辑思维方法去弄清所要解决的问题。

（2）建立数学模型：通过对问题的分析综合，抽象出数据项，弄清数据项间的关系，选择恰当的数据结构。

（3）算法设计：由人脑为电脑设计解决问题的方法，确定实现算法的一系列操作步骤。不同的模型有不同的算法，相同的模型也可有不同的算法。

（4）算法实现：将算法翻译成特定的计算机语言程序，并在计算机上调试、运行。

（5）算法分析：算法分析是对算法占用的计算机资源（运算时间和存储空间）进行度量和估计，并以此作为评价不同算法优劣的标准。

【例 2-1】求两数之和。

问题分析：这个问题要处理的数据是两个数，对数据的操作是两数求和。那么，程序设计者就会问“求哪两个数的和？”，就是说算法要经过以下三步：由程序运行者输入两个数，两数求和，把结果输出显示。

算法设计：

S1：输入要求和的两个数 a 和 b

S2：a+b → c，c 为两数之和

S3：将结果 c 显示输出

【例 2-2】判定一个整数的奇偶性。

问题分析：如果一个整数能被 2 整除，即除 2 的余数为 0 则该数为偶数，否则为奇数。

算法设计：

S1：输入要判定的整数 n

S2：n 除以 2 得到余数

S3：如果余数为 0

S4：　　输出结果：“整数 n 为偶数”

　否则

S5：　　输出结果：“整数 n 为奇数”

说明：由上例可以看出，对不同的情况做不同的处理，被称为分支。判断分支的语句被称为分支语句。上例中判断余数是否为 0 的 S3 步骤就是一个分支判断，如果条件成立，向下执行 S4 步，输出 n 为偶数。如果分支条件不成立，则执行步骤 S5，输出 n 为奇数。S4 和 S5 步骤在程序每次运行时不可能同时被执行，具体执行哪个步骤，要取决于用户输入的整数 n 和 S3 步对余数的分支判断。

【例 2-3】计算 5!。

问题分析：5！=1×2×3×4×5，计算过程是：先求出 1×2 的结果，再把该结果乘以后面的数

3。依次计算，直至乘以5得到最终结果。这个过程实际上是一个重复求积的处理过程，被乘数总是前面求积结果，乘数每次求积后增1。所以，可以引入两个变量，一个代表被乘数t，一个代表乘数i，t初始被赋值为1，i初始被赋值为2，然后重复执行：t×i，并将结果赋给被乘数t，以及乘数i 增1这两个步骤，直至i大于n。

算法设计：

S1：输入n值（假设值为5）

S2：1→t，2→i

S3：t × i → t

S4：i + 1 → i

S5：若i≤n成立，返回重新执行S3和S4；否则退出循环，向下执行S6

S6：输出n!的结果t，算法结束

说明：由上例中可以看到，重复执行程序的某一部分是很常见的，重复执行的语句部分被称为循环。循环一定要有结束循环的条件，这样程序才能继续向下进行，否则就会形成死循环，造成计算机死机。

3. 算法的表示方法

先写算法，再写程序，是程序员应养成的良好编程习惯。算法描述对初学者来说尤为重要。可以采取自顶向下、逐步细化的方法，先描述出问题的框架，再逐步写出各部分的细节步骤。写出算法就已经找到了解决问题的方法和步骤，再编写程序，其实就是使用不同的计算机语言的语法规则，对算法进行翻译的过程。为了表示一个算法，可以用不同的方法。常用的有：自然语言、流程图、N-S图、伪代码等。

（1）自然语言表示算法。

自然语言是人们日常使用的语言，它可以是汉语、也可以是英语或其他语言。例2-1至例2-3中的算法，就是用自然语言描述的。用自然语言表达算法通俗易懂，但文字冗长，含义往往不太严格，容易出现“歧义性”，要根据上下文才能判断其正确含义。而且用自然语言描述包含分支和循环的算法很不方便。因此，除了一些简单的问题外，一般不用自然语言描述。

（2）流程图表示算法。

流程图是一种图解表示，它以图解方式说明实现一个解决方案所需完成的一系列操作。用流程图表示算法，直观形象，易于理解。

美国国家标准化协会ANSI（American National Standard Institute）规定了一些常用的流程图符号（见图2-4），已为世界各国程序设计者普遍采用。

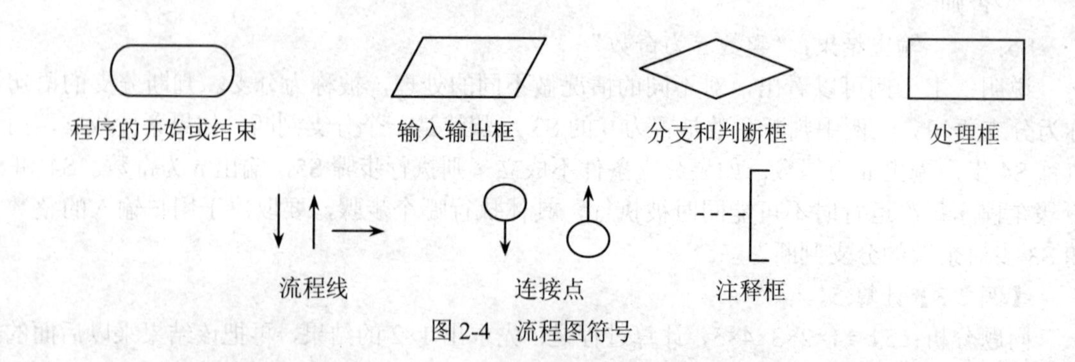

图2-4 流程图符号

接下来将通过这些符号表示以上的例子，来进一步理解这些符号的用法。

例 2-1 求两数之和的流程图表示参见图 2-5。

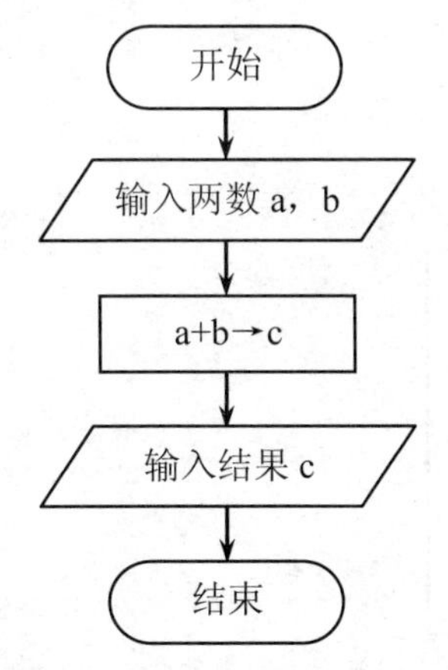

图 2-5　求两数之和的流程图表示

例 2-2 判定一个整数的奇偶性的流程图表示参见图 2-6。

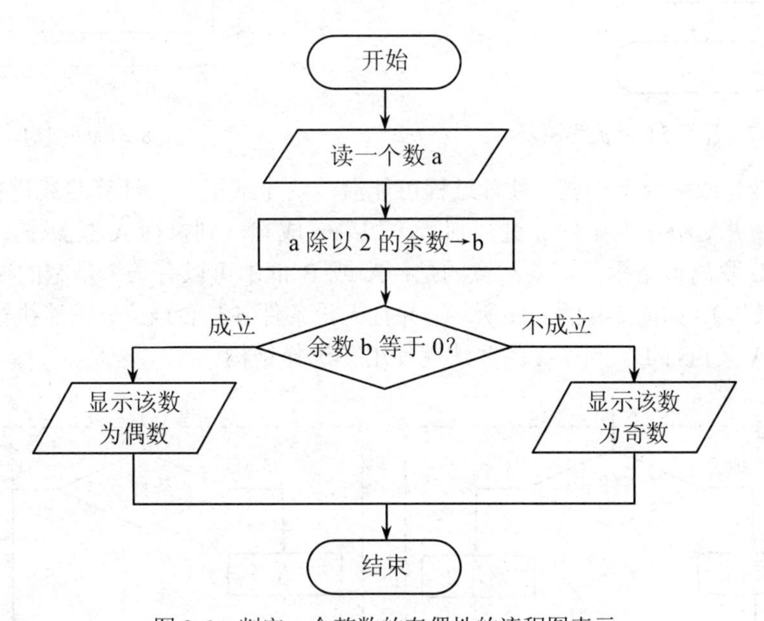

图 2-6　判定一个整数的奇偶性的流程图表示

例 2-3 计算 5！的流程图表示，见图 2-7。

（3）用流程图表示结构化程序设计的三种基本结构。

传统流程图用流程线指出各框的执行顺序。由于传统流程图对流程线的使用没有严格限制，设计者可能毫无规律地随意将流程转来转去，造成算法的逻辑难以理解，大大降低了算法的可靠性和可维护性。为了提高算法的质量，必须规定出几种基本结构，然后由这些基本结构按一定规律组成一个算法，整个算法的结构是由上而下地将各个基本结构顺序排列起来。

1966 年，Bohra 和 Jacopini 提出了以下三种基本结构，这三种基本结构是表示一个良好算法的基本单元。

①顺序结构。从a进入，顺序地先执行A框操作，然后再执行B框操作，最后从b脱离该结构，如图2-8所示。顺序结构是最简单的一种基本结构。例2-1的算法全部都是顺序结构。

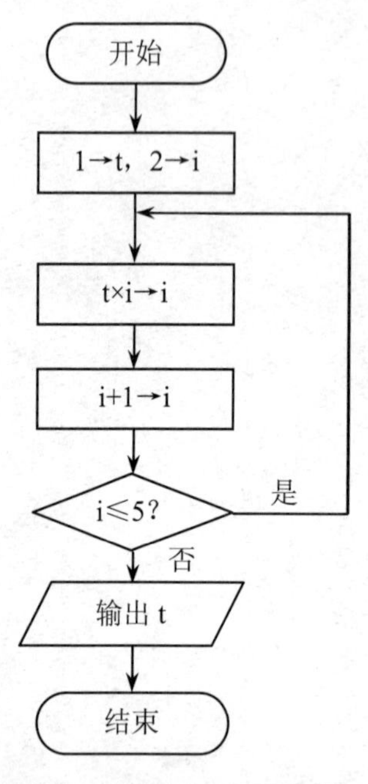

图2-7 计算5！的流程图表示

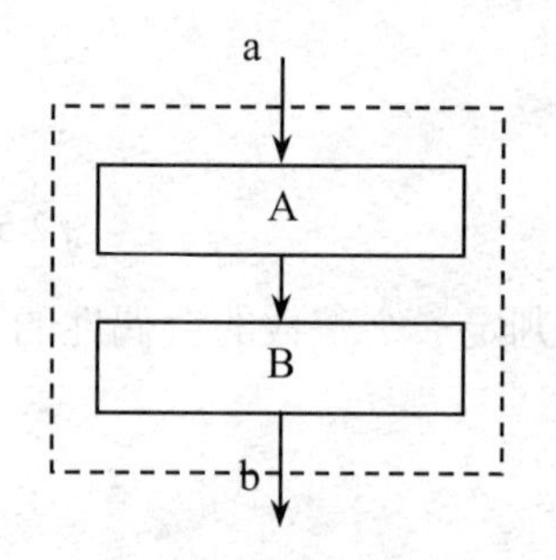

图2-8 顺序结构

②选择结构。或称分支结构，处理过程可能沿着两个或更多的计算路线进行，如图2-9所示。从a进入，并对给出的条件p进行判断，如果p成立，则执行A框操作，否则执行B框操作，最后从b脱离该结构。需要注意的是：A或B框中可以有一个是空的（即不执行任何操作，称为空操作），如图2-9的右图所示。并且无论条件p是否成立，只能执行A或B之一，不可能既执行A又执行B。例2-2的算法就使用了选择结构。

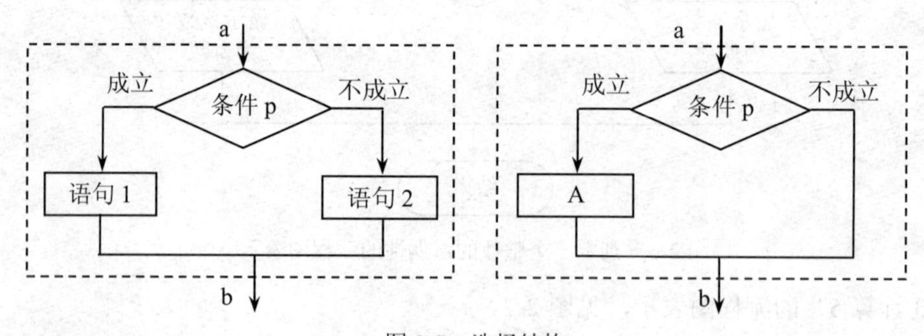

图2-9 选择结构

③循环结构。循环是指反复地执行一个或多个步骤。循环在程序中非常重要，分析问题时，如果某个动作需要重复操作，就要考虑是否用循环结构实现。它在三种结构中最为复杂，所以，在使用循环时应明确地知道循环的开始，循环在什么条件下结束和需要循环执行哪些步骤。

循环可分为当型循环结构和直到型循环结构两类：

- 当型循环结构

如图2-10所示，从a进入，并对给出的条件p进行判断，如果p成立，则执行A框操作；

执行完 A 后重新对条件 p 进行判断，如果 p 仍然成立，再次执行 A 框操作；如此反复“判断—执行”，直至条件 p 不成立为止，从 b 脱离该结构，退出循环。

- 直到型循环结构

如图 2-11 所示，从 a 进入，首先执行 A 框操作，然后对给出的条件 p 进行判断，如果 p 不成立，则再次执行 A 框操作；执行完 A 后重新对条件 p 进行判断，如果 p 仍然不成立，重复执行 A 框操作；如此反复“执行—判断”，直到条件 p 成立为止，从 b 脱离该结构，退出循环。

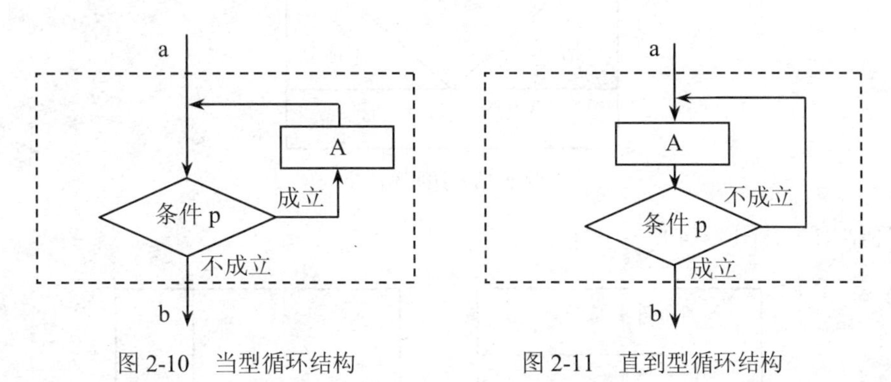

图 2-10　当型循环结构　　　图 2-11　直到型循环结构

循环中重复执行的操作 A 称为循环体，是否继续循环的判断条件 p 称为循环条件。例 2-3 的算法使用了循环结构。

比较两种循环结构的异同：

- 两种循环结构都能处理需要重复执行的操作。
- 当型循环是“先判断，后执行”，而直到型循环是“先执行，后判断”。所以使用当型循环时，如果一开始循环条件就不成立，循环一次都不执行就结束循环操作，而直到型循环的循环体至少会执行一次，这也是它们的一个主要区别。

以上三种基本结构，有以下共同点：

①只有一个入口，图 2-8 至图 2-11 中的 a 为入口点。

②只有一个出口，图 2-8 至图 2-11 中的 b 为出口点。请注意，一个菱形判断框有成立和不成立两个出口，而一个选择结构只有一个出口。不要将菱形框的出口和选择结构的出口混淆。

③结构内的每一部分都有机会被执行。也就是说，对每一个框来说，都应当有一条从入口到出口的路径通过它。

（4）结构内不存在“死循环”。

由以上三种基本结构所构成的算法属于“结构化”算法，由这三种基本结构组合而成的算法结构可解决任何复杂问题。基本结构并不一定只限以上三种，只要具有以上四个特点都可以作为基本结构，并由这些基本结构组成结构化程序。

（5）N-S 流程图。

1973 年美国学者 I.Nassi 和 B.Shneiderman 提出了一种新的流程图形式。这种流程图完全去掉了带箭头的流程线，全部算法写在一个矩形框内，在该框内还可以包含其他从属它的框。这种流程图适于结构化程序设计，因而很受欢迎。

①顺序结构（见图 2-12）。

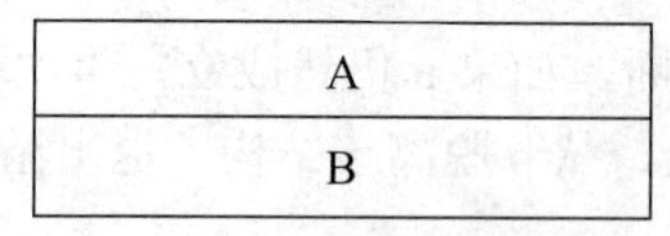

图 2-12 顺序结构

②选择结构（见图 2-13）。

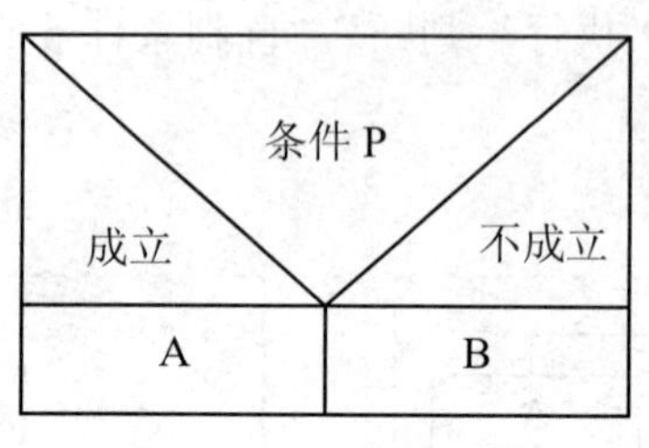

图 2-13 选择结构

③循环结构（见图 2-14）。

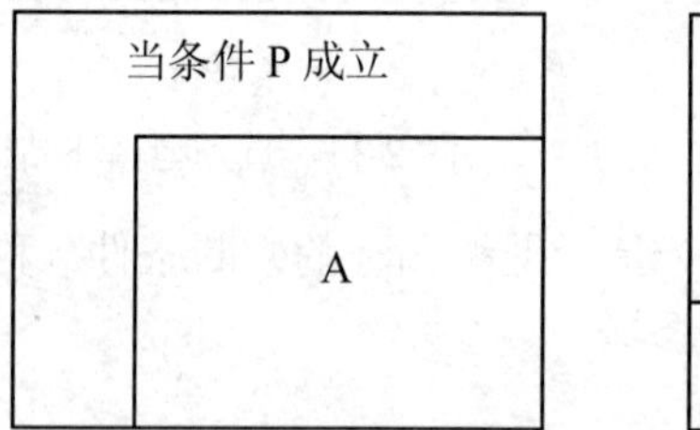

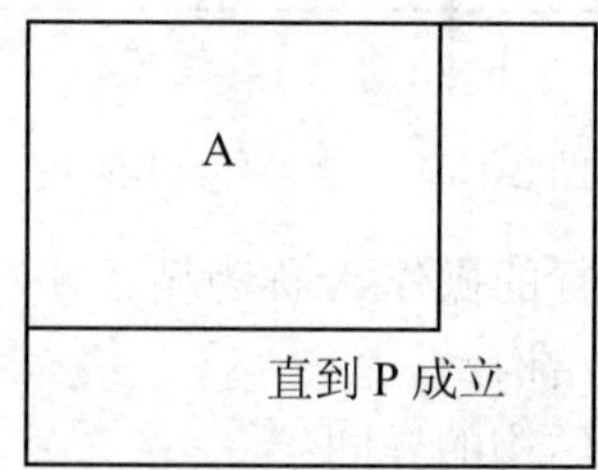

图 2-14 当型循环和直到型循环结构

下面将通过 N-S 图表示前面例题，来进一步理解 N-S 图的用法。

例 2-1 求两数之和的 N-S 流程图如图 2-15 所示。

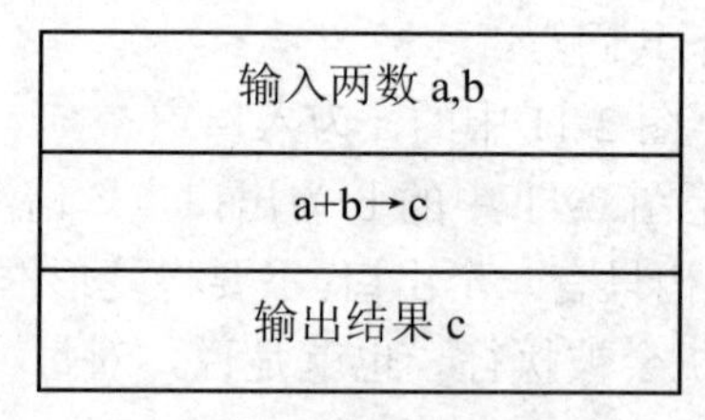

图 2-15 求两数之和的 N-S 流程图

例 2-2 判定一个整数的奇偶性的 N-S 流程图如图 2-16 所示。

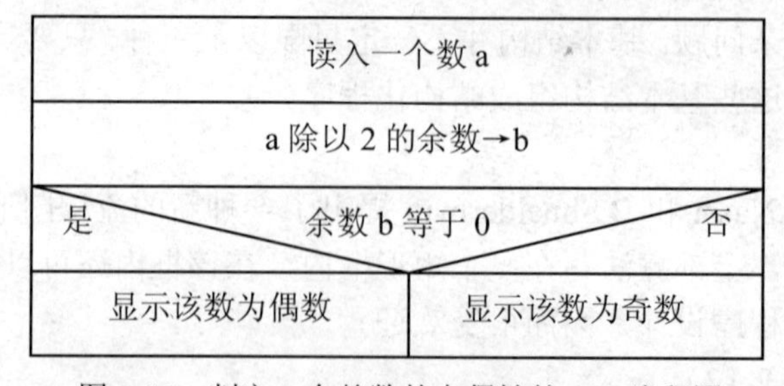

图 2-16 判定一个整数的奇偶性的 N-S 流程图

例 2-3 计算 5！的 N-S 流程图如图 2-17 所示。

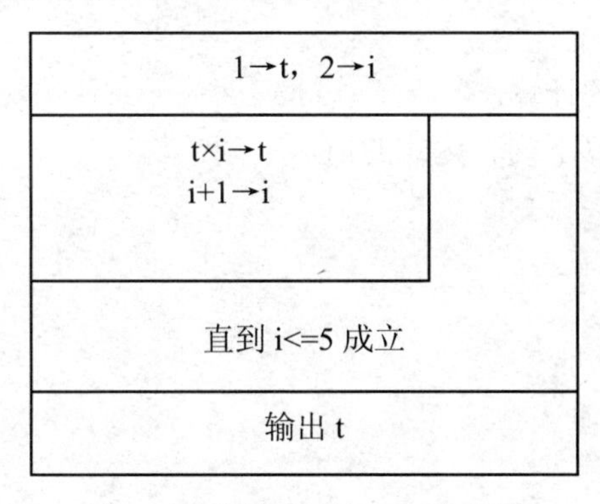

图 2-17　计算 5！的 N-S 流程图

二、关系运算符与关系表达式

在计算机程序中，除了对数据的输入、输出、计算等处理外，经常需要对数据进行判断，实现判断的运算就要用到关系运算。所谓“关系运算”实际上是比较运算，将两个值进行比较，判断其比较的结果是否符合给定的条件。

1. 关系运算符

关系运算符如表 2-1 所示。

表 2-1　关系运算符

运算符	名称	运算规则	运算对象	运算结果	举例	表达式值
<	小于	成立则为真，结果为 1；不成立则为假，结果为 0	整型、实型或字符型	逻辑值（整型）	a=1;b=2;a<b	1
<=	小于或等于				a=1;b=2;a<=b	1
>	大于				a=1;b=2;a>b	0
>=	大于或等于				a=1;b=2;a>=b	0
==	等于				a=1;b=2;a==b	0
!=	不等于				a=1;b=2;a!=b	1

关系运算符的优先级：先<、<=、>、>=，后==、!=。低于算术运算符，高于赋值运算符。

关系运算符的结合性：自左至右，左结合。

2. 关系表达式

关系表达式：用关系运算符将两个表达式（可以是算术表达式、关系表达式、逻辑表达式、赋值表达式、字符表达式）连接起来的式子，称关系表达式。例如，下面都是合法的关系表达式：a>b，a!=b，a+b>a+c，'a'>'b'。

关系表达式的值：是一个逻辑值，即真或假，在 C 语言中，没有逻辑（布尔）型数据，所以使用 0 代表假，1 或非 0 代表真。

例如，若 a=1，b=4，则：

（1）a>b 的值为 0。因为 a>b 的值不成立，所以 a>b 的值为假，即表达式 a>b 的值为 0。

（2）a!=b 的值为 1。

（3）a==b>=0 的值为 1。因为“>=”优先级比“==”的优先级要高，所以先计算 b>=0，结果为 1；再做==运算，a==1 成立，所以整个表达式的值为 1。

（4）b>=0==a 的值为 1。

【例 2-4】关系表达式的计算。

若 a=1,b=2,c=3;，请计算下列表达式的值。

（1）c>a+b

（2）a>b==c

（3）a==b<c

（4）a=b>c

（5）b+3>c

（6）a>b<c

（7）(a=b+6)<c

（8）'a' < 'b'

上述表达式的计算结果分别为：0，0，1，0，1，1，0，1。

注意：在内存中，由于实型数的小数部分不完全精确，所以建议对实型数据不用==进行等于的比较。例如：比较实型变量 x 和 0.67 是否相等，可以采用如下形式：

fabs(x-0.67)<0.0001 而不是 x==0.67

其中，fabs()是一个数学函数，作用是取得表达式的绝对值，使用该函数需要用#include 命令包含头文件“math.h”。

三、逻辑运算符与逻辑表达式

1. 逻辑运算符

逻辑运算符如表 2-2 所示。

表 2-2 逻辑运算符

运算符	名称	运算规则	运算对象	运算结果	举例	表达式值
!	非	逻辑非	整型、实型或字符型	逻辑值（整型）	a=1;!a	0
&&	与	逻辑与			a=1;b=0;a&&b	0
||	或	逻辑或			a=1;b=0;a||b	1

逻辑运算符的优先级：除了逻辑非外，逻辑运算符低于关系运算符。逻辑非运算符比较特殊，其优先级高于算术运算符。逻辑运算符优先级由高到低的顺序为!、&&、||。

逻辑运算符的结合性：自左至右，左结合。

表 2-3 为逻辑运算符的“真值表”。

表 2-3 真值表

a	b	!a	!b	a&&b	a||b
真	真	假	假	真	真
真	假	假	真	假	真
假	真	真	假	假	真
假	假	真	真	假	假

2．逻辑表达式

逻辑表达式：用逻辑运算符将关系表达式或逻辑量连接起来的式子就是逻辑表达式。

逻辑表达式的值：是一个逻辑量真或假。C 语言编译系统在给出逻辑运算结果时，以数值 1 代表真，以 0 代表假，但在判断一个量是否为真时，以 0 代表假，以非 0 代表真，即“非零即真”。

逻辑与运算：只要是进行“与”运算的对象中有一个为“假”，则运算结果为“假”。

逻辑或运算；只要是进行“或”运算的对象中有一个为“真”，则运算结果为“真”。

逻辑非运算：对进行逻辑非运算的对象求反。

例如：

（1）若 a=2，b=4，则 a&&b 的值为 1。因为 a，b 的值均为非 0，被认为是“真”，因此 a&&b 的值为“真”，表达式 a&&b 的值为 1。

（2）若 a=5，则 x>=0&&x<10 的值为 1。因为“>=”和“<”的优先级比“&&”的优先级高，先计算 x>=0 和 x<10 表达式，结果都为 1，而 1&&1 的结果为 1，因此 x>=0&&x<10 的值为 1。

（3）若 a=5，则 x>=0&&x<3 的值为 0。表达式 x>=0 的结果为 1，表达式 x<3 的结果为 0，因此 1&&0 的结果为 0。

（4）若 x=5，则 x>=0||x<3 的值为 1，因为 1||0 的结果为 1。

（5）若 x=5，则！(x>=0||x<3)的值为 0。

【例 2-5】逻辑表达式的计算。

若 a=2,b=3,x=4,y=5;，请计算下列表达式的值。

（1）a>b&&x>y

（2）(a==b)||(x==y)

（3）(!a)||(a>b)

（4）'a' && 'b'

（5）a&&(a-b)

（6）(a+b)&&a||b

（7）!(a+b)&&-2

上述表达式的计算结果分别为：0，0，0，1，1，1，0。

注意：在逻辑表达式的求解中，并不是所有的逻辑运算符都被执行，只有在必须执行下一个逻辑运算符才能求出表达式的解时，才执行该运算符。例如：

（1）a&&b。只有 a 为真（非 0）时，才需要判断 b 的值，来确定整个表达式的值；只要 a 为假，就不必判断 b 的值，此时整个表达式已确定为假。

（2）a||b。只要 a 为真（非 0），就不必判断 b 的值，此时整个表达式已确定为真。

也就是说，对&&运算符来说，只有 a≠0，才继续进行右面的运算。对运算符||来说，只有 a=0，才继续进行右面的运算。因此，如果有下面的逻辑表达式：

若 i=3，则表达式 0&&++i 执行之后，i 的值仍为 3，因为第一个操作数为 0（即假），因此不再向右继续求解，所以不执行++i，i 的值不发生改变。

四、C 语句概述

算法的每一步操作都要由计算机语言的一条或多条语句来实现。和其他高级语言一样，C

语言的语句用来向计算机系统发出操作命令。C语句可以分为表达式语句、函数调用语句、控制语句、复合语句、空语句五大类。

1. 表达式语句

表达式语句由表达式加上分号“;”组成。其一般形式为：

```
表达式;
```

执行表达式语句就是计算表达式的值。

2. 函数调用语句

函数调用语句由函数名、实际参数加上分号“;”组成。其一般形式为：

```
函数名(实际参数表);
```

例如：printf("C Program.");语句表示调用库函数printf()。

3. 控制语句

控制语句由特定的语句定义符组成。控制语句用于控制程序的流程，以实现程序的各种结构方式。C语言有九种控制语句，可分成以下三类：

（1）条件判断语句。

- if( )～else～，用于条件判断
- switch，用于多分支选择

（2）循环语句。

- for( )～循环语句
- while( )～循环语句
- do～while( )循环语句

（3）转向语句。

- continue语句，用于结束本次循环
- break语句，用于中止执行switch或循环
- goto语句，用于在程序中跳转
- return语句，用于从函数返回

4. 复合语句

把多条语句用括号{}括起来组成的一个语句称为复合语句。在程序中应把复合语句看成是单条语句，而不是多条语句，

例如：

```
{
X=y+z;
A=b+c;
printf("%d%d",x,a);
}
```

是一条复合语句。复合语句内的各条语句都必须以分号“;”结尾，在括号“}”外不能加分号。C语言允许一行写几个语句，也允许一个语句拆开写在几行上，书写格式无固定要求。

5. 空语句

只有分号“;”组成的语句称为空语句。空语句是什么也不执行的语句。在程序中空语句可用来作空循环体。例如，while(getchar()!='\n') ; 语句的功能是，只要从键盘输入的字符不是回车则重新输入。这里的循环体为空语句。

五、选择/分支结构

在实际应用中，常常会遇到许多根据不同情况分支计算或处理的问题。对这类问题需要采用选择结构来解决。

选择型程序所解决的问题称为分支判断，它描述了求解规则：在不同的条件下进行不同的响应操作。因此，在书写选择结构之前，应首先确定要判断的是什么条件，进一步确定判断结果为不同的情况（“真”或“假”）时应执行什么样的操作。

在C语言中选择结构是使用if语句或switch语句实现的。C语言提供了三种形式的if语句，即单分支、双分支和多分支if语句。

1. 第一种形式：单分支if语句

```
if（表达式）
    语句
```

这是if语句的基本形式，该语句对程序流程的控制是：如果条件表达式的值为真，则执行其后的语句，否则不执行该语句，继续向下执行。其过程可表示为图2-9右图。

例如，设定学生成绩60分为及格分数线，用单分支语句描述如下：

```
if(grade>=60)
    printf("通过\n");
```

又如，x大于y就输出x，用单分支if语句描述如下：

```
if(x>y)
    printf("%d\n",x);
```

【例2-6】输入两个整数a，b，若a<b则交换a，b的值，再输出a，b。

问题分析：两个数的比较可以用if语句实现，为了完成a，b的交换，这里我们用一个中间变量t，t首先存储其中一个数，如t=a，然后a=b，最后再将t的值赋值给b，即可完成两个数的交换。

算法设计：参见图2-18。

```
#include <stdio.h>
main()
{
    int a,b,t;
    printf("请输入两个数：");
    scanf("%d%d",&a,&b);
    if(a<b)
    {
        t=a;
        a=b;
        b=t;
    }
    printf("a=%d,b=%d\n",a,b);
}
```

开始
读入a，b
a<b
真
假
交换a，b
输出a，b
结束

图2-18　例2-6算法设计

程序运行效果如图2-19所示。

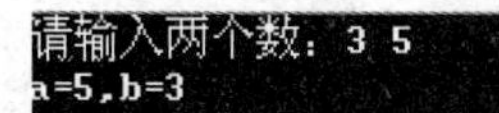

请输入两个数：6 4
a=6,b=4

图2-19　例2-6运行效果图

说明：分别输入了两组不同的数据执行程序，第一组数据3和5，满足a<b，所以执行语句完成两数交换；第二组数据6和4，不满足a<b，所以不执行交换语句，直接输出。

注意：①if语句的所有内嵌语句应为单条语句，如果要想在满足条件时执行多条语句，则必须把这一组语句用{}括起来组成一条复合语句。如上例中完成两个数交换是由3条语句组成，作为if的内嵌语句，必须由{}括起来。

②C语言中，每单个语句的末尾一定要有分号，而复合语句的右大括号后不应有分号。

③if(表达式)后面不应有分号。

如果是下面的代码：

```
if(表达式);
   语句a
```

则表示的是两条语句，if语句和语句a。空语句作为if条件表达式为真时执行的语句。这样不管条件表达式为真还是为假，a语句都会被执行。

2. 第二种形式：双分支if语句

```
if (表达式)
    语句1
else
    语句2
```

该语句对程序流程的控制是：首先测试条件表达式的值是否为真，为真（即值不等于0）则执行语句1，否则（即值为假，值=0）执行语句2 。其过程可表示为图2-9左图。

if～else语句让用户在程序中构造“不是…就是…”的判断点，是一种二路分支选择结构。

例如，为学生成绩做出划分：成绩大于或等于60分时输出“通过”，成绩小于60分时输出“未通过”。用双分支if语句描述如下：

```
if(grade>=60)
    printf("通过\n");
else
    printf("未通过\n");
```

又如，对两数大小的比较，输出大数。用双分支if语句描述如下：

```
if(x>y)
    printf("%d\n",x);
else
    printf("%d\n",y);
```

【例2-7】输入一个年份，判断该年是否为闰年。

问题分析：闰年满足如下两个条件：（1）该年能被4整除，但不能被100整除。（2）该年能被400整除。

只要满足其中的任何一种情况即为闰年，若用Y表示年份，则用来判断闰年的表达式如下：

```
(y%4==0)&&(y%100!=0)||(y%400==0)
```

当表达式的值为1时，该年为闰年，为0时该年不是闰年。

```
#include <stdio.h>
main()
{
    int y;
    printf("请输入一个年份：");
```

```
        scanf("%d",&y);
        if((y%4==0)&&(y%100!=0)||(y%400==0))
            printf("%d 年是闰年\n",y);
        else
            printf("%d 年不是闰年\n",y);
    }
```

程序运行效果如图 2-20 所示。

```
请输入一个年份：1900
1900年不是闰年
```

```
请输入一个年份：2000
2000年是闰年
```

图 2-20　例 2-7 运行效果图

注意：①if 关键字之后必须包含表达式。该表达式通常是逻辑表达式或关系表达式，但也可以是其他表达式，只要表达式的值为非 0，即为“真”。

例如：if(6)　printf("passed\n");

　　　if('A')　printf("OK\n");

这些都是合法的 if 语句，另外：

　　if(a=5) 语句 1　else　语句 2

该选择语句的表达式不是判断 a 值是否恒等于（==）5 的条件判断语句，而是将 5 赋给 a 的赋值语句。表达式返回赋值结果 5，恒为真，所以语句 2 永远执行不到。如果想要判断 a 是否为 5，应将条件表达式改为 if(a==5)。

②else 不能单独构成一个独立语句，必须与对应的 if 匹配。

3. 第三种形式：多分支 if 语句

详见任务二。

六、条件运算符及条件表达式

1. 条件运算符

条件运算符用“?:”来表示，它是 C 语言中唯一的一个三目运算符，即有三个参与运算的量。

条件运算符的优先级比逻辑运算符低，但比赋值运算符高，结合性为右结合。

2. 条件表达式

用条件运算符“? :”把三个表达式连接起来的表达式被称为条件表达式。其一般形式为：

　　<表达式 1>?<表达式 2>:<表达式 3>

条件表达式的求解规则和表达式的值：先求解表达式 1 的值，若表达式 1 的值为真，则求解表达式 2 的值，并将其作为条件表达式的值；若表达式 1 的值为假，则求解表达式 3 的值，并将其作为条件表达式的值。

例如：

```
max=x>y?x:y;
```

分析：由于赋值运算符的优先级低于条件运算符，所以先条件运算，再赋值运算。

条件运算：先求解 x>y 的值，如为真，即 x 大于 y，那么条件表达式的值为 x 的值；如为假，即 x 小于或等于 y，则条件表达式的值为 y 的值。即条件表达式的值为变量 x、y 中的大者。

赋值运算：将条件表达式的值赋给变量 max。

3. 代替 if 语句

条件运算符有时可以代替 if 语句，反之亦然，如上面的示例 max=x>y?x:y;相当于如下 if 语句：

```
if(x>y)
    max=x;
else
    max=y;
```

使用条件表达式，需要注意以下几点：

（1）条件运算符?和:是一对运算符，不能单独使用。

（2）条件运算符的结合方向是自右至左。例如：

```
y=x>10?x/10:x<0?x:-x;等价于 y=x>10?x/10:(x<0?x:-x);
```

2.1.4 任务小结

本任务通过选择/分支语句实现了对输入的学生成绩的合法性判断，详细介绍了选择语句的语法，以及在选择语句中用到的运算符和表达式。为了提高同学们的分析问题和解决问题的能力，还介绍了 C 语言算法的概念及算法的表示方式，以帮助同学们对问题进行分析和理解。通过本任务的学习，同学们能够编写简单分支程序，并在遇到类似的问题时，能够进行独立自主的分析和解决。

2.2 任务二 输入学生成绩并将其转化为等级

知识目标	（1）掌握多分支 if 语句和 if 语句的嵌套 （2）掌握 switch 语句
能力目标	（1）能够熟练地使用 if 语句 （2）能够熟练地使用 switch 语句
素质目标	（1）培养学生的分析和解决问题能力 （2）培养学生的自主学习能力
教学重点	多分支 if 语句和 switch 语句的使用
教学难点	if 语句嵌套
效果展示	请输入1-100内的一个学生的成绩：96 该学生的等级为A 请输入1-100内的一个学生的成绩：56 该学生的等级为E 图 2-21 任务二运行效果图

2.2.1 任务描述

软件技术专业学生进行了一次考试，要求设计一个简易成绩管理程序，用来完成将合法的百分制成绩转换为相应的等级，即 90~100 分的转变为 A，80~89 分的转变为 B，70~79 分的转变为 C，60~69 分的转变为 D，60 分以下的转变为 E。该任务要求如下：

（1）新建 2-2.c 文件；

（2）输入学生成绩并判断其合法性；

（3）将合法的百分制成绩转换为相应的等级；

（4）程序要求具有良好的提示与注释。

方法一：首先判断输入的成绩是否合法，若不合法，输出“输入的成绩不合法”提示信息；若合法再判断成绩是否在 90 分到 100 分之间，若是，将变量 y 赋予相应的值；同样在判断成绩是否在 80 分到 90 分之间，若是，将变量 y 赋予相应的值等。

方法二：首先判断输入的成绩是否合法，若不合法，输出“输入的成绩不合法”提示信息；若合法再判断成绩是否大于等于 90 分，若是，将变量 y 赋予相应的值；否则再判断成绩是否大于等于 80 分，若是，将变量 y 赋予相应的值；否则再判断成绩是否大于等于 70 分，若是，将变量 y 赋予相应的值等。

2.2.2　任务实现

```
/*******************************************
* 任务二：输入学生成绩并将其转化为等级
* 方法一：if 语句
*******************************************/
#include <stdio.h>
main()
{
    float x;
    char y;
    printf("请输入 1-100 内的一个学生的成绩：");
    scanf("%f",&x);
    if(x>=0 && x<=100)            //若成绩合法
    {
        if(x>=90 && x<=100) y='A';
        if(x>=80 && x<90) y='B';
        if(x>=70 && x<80) y='C';
        if(x>=60 && x<70) y='D';
        if(x>=0 && x<60) y='E';
        printf("该学生的等级为%c\n",y);
    }
    else                          //否则，成绩不合法
        printf("输入的学生成绩不合法\n");
}
```

程序运行效果如图 2-21 所示。

```
/*******************************************
* 任务二：输入学生成绩并将其转化为等级
* 方法二：if~else 语句
*******************************************/
#include <stdio.h>
main()
```

```
{
    float x;
    char y;
    printf("请输入1-100内的一个学生的成绩：");
    scanf("%f",&x);
    if(x>=0 && x<=100)          //若成绩合法
    {
        if(x>=90) y='A';
        else if(x>=80) y='B';
        else if(x>=70) y='C';
        else if(x>=60) y='D';
        else y='E';
        printf("该学生的等级为%c\n",y);
    }
    else                        //否则，成绩不合法
        printf("输入的学生成绩不合法\n");
}
/*****************************************
* 任务二：输入学生成绩并将其转化为等级
* 方法三：switch语句
*****************************************/
#include <stdio.h>
main()
{
    float x;
    int t;
    printf("请输入1-100内的一个学生的成绩：");
    scanf("%f",&x);
    if(x>=0 && x<=100)          //若成绩合法
    {
        t=(int)(x/10);
        switch(t)
        {
            case 10:
            case 9: printf("该学生的等级为A\n");break;
            case 8: printf("该学生的等级为B\n");break;
            case 7: printf("该学生的等级为C\n");break;
            case 6: printf("该学生的等级为D\n");break;
            default:printf("该学生的等级为E\n");
        }
    }
    else                        //否则，成绩不合法
        printf("输入的学生成绩不合法\n");
}
```

上述程序中，通过三种方法对任务加以实现，其中第一种方法，通过简单if语句，对每一个分数段加以判断；第二种方法，通过多分支if语句的方式实现，简化了逻辑表达式；第三种

方法，通过数学运算将某个分数段的成绩转化成一个具体数字，然后利用 switch 语句实现。

本任务中需要学习的内容是：

- 多分支 if 语句的用法
- if 语句的嵌套用法
- switch 语句的用法

2.2.3 相关知识

一、if 语句

1. if 语句第三种形式：多分支 if 语句

任务一中介绍的前两种形式的 if 语句一般都用于两个分支的情况。当有多个分支选择时，可采用 if～else if 语句，它是 if～else 语句多重嵌套的一种变形，其一般形式为：

```
if（表达式 1）
    语句 1
else if（表达式 2）
    语句 2
else if（表达式 3）
    语句 3
…
else if（表达式 n-1）
    语句 n-1
else
    语句 n
```

该语句对程序流程的控制是：依次判断各条件表达式的值，当出现某个值为真时，则执行其对应的语句。然后跳出整个 if 语句之外继续执行下面的程序。如果所有的表达式均为假，则执行语句 n。if～else if 语句的执行过程如图 2-22 所示。

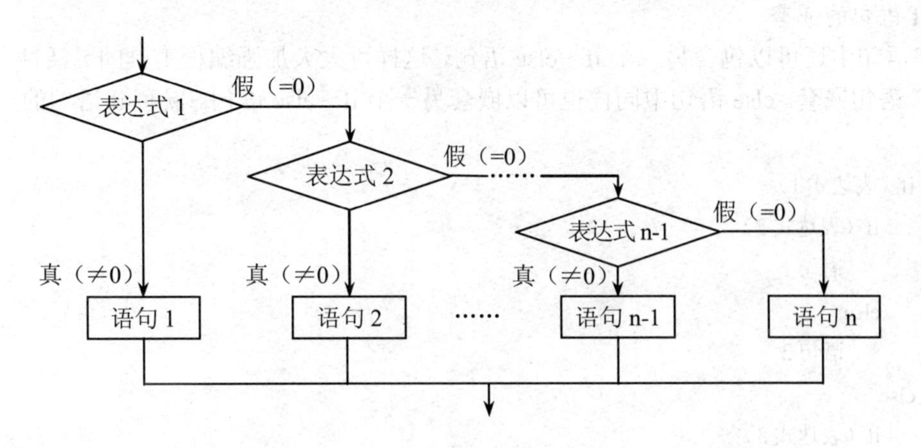

图 2-22 多分支 if 语句

这里实际上只有一个 if~else 语句，只不过 else 后面跟的不是一般的语句，而是一个 if~else 语句。if 和 else 后面可以跟语句组，这个语句组里面当然也可以是 if~else 语句。

【例 2-8】输入一个字符，判断它是小写字母、大写字母、数字还是其他字符，要求输出相应的提示信息。

问题分析：小写字母为“a”～“z”；大写字母为“A”～“Z”；数字为“0”～“9”，可以通过多分支 if 语句实现范围判断。

```
#include <stdio.h>
main()
{
    char ch;
    printf("请输入一个字符：");
    scanf("%c",&ch);
    if(ch>='a' && ch<='z')
        printf("输入的字符是小写字母\n");
    else if(ch>='A' && ch<='Z')
        printf("输入的字符是大写字母\n");
    else if(ch>='0' && ch<='9')
        printf("输入的字符是数字\n");
    else
        printf("输入的字符是其他字符\n");
}
```

程序运行效果如图 2-23 所示。

```
请输入一个字符：M
输入的字符是大写字母
```

图 2-23　例 2-8 运行效果图

由于不论小写字母、大写字母、数字还是其他字符，都有相对应的 ASCII 码值，所以还可以通过 ASCII 码值的范围来实现如上程序，小写字母 a 的 ASCII 码值是 97，其他依次加 1；大写字母 A 的 ASCII 码值是 65，其他依次加 1；数字 0 的 ASCII 码值是 48，其他依次加 1；读者可以试着写出它的实现。

2. if 语句的嵌套

在 if 语句中还可以包含另一个 if～else 语句，这样可大大加强编程工具的灵活性。这种方式称为 if 语句嵌套。else 语句中同样也可以嵌套另一个 if～else 语句。嵌套 if 语句的一般形式如下：

```
if (表达式 1)
    if (表达式 2)
        语句 1
    else
        语句 2
else
    if (表达式 3)
        语句 3
    else
        语句 4
```

该语句对程序流程的控制是：先判断表达式 1 的值，若表达式 1 的值为非 0，再判断表达式 2 的值，若表达式 2 的值为非 0，则执行语句 1，否则执行语句 2；若表达式 1 的值为 1，再判断表达式 3 的值，若表达式 3 的值为非 0，则执行语句 3，否则执行语句 4。if 语句嵌套的流程如图 2-24 所示。

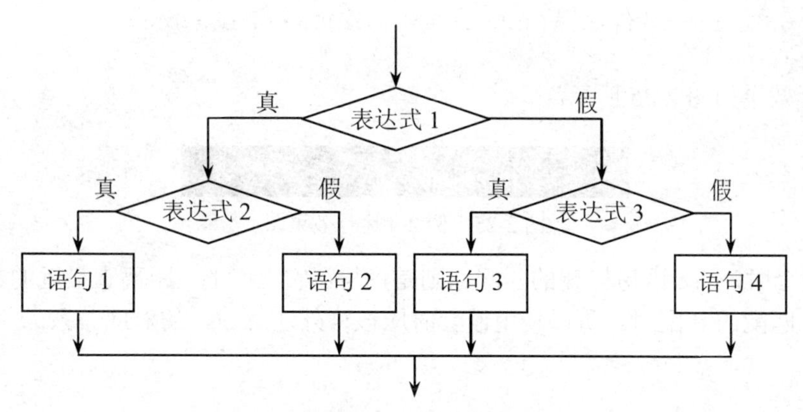

图 2-24　if 语句嵌套

当流程进入某个选择分支后又引出新的选择时，就要用嵌套的 if 语句。

【例 2-9】从键盘上输入三个实数 a、b、c，输出其中最大值。

问题分析：可先找出 a 与 b 之间的较大者，然后再将这个较大者与 c 比较找出较大者，则此数即为 3 个数中的最大数。

方法一：

```
/*本题可以采用多种不同的 if 结构来解决，在此我们选择用嵌套的 if 语句*/
#include <stdio.h>
main()
{
    float a,b,c,max;
    printf("请输入三个实数：");
    scanf("%f%f%f",&a,&b,&c);
    if(a>b)
    {
        if(a>c) max=a;
        else    max=c;
    }
    else
    {
        if(b>c) max=b;
        else    max=c;
    }
    printf("最大值为：%f\n",max);
}
```

方法二：

```
/*本题可以通过条件表达式来解决*/
#include <stdio.h>
```

```
main()
{
    float a,b,c;
    printf("请输入三个实数：");
    scanf("%f%f%f",&a,&b,&c);
    printf("最大值为：%f\n",c>(a>b?a:b)?c:(a>b?a:b));
}
```

程序运行效果如图 2-25 所示。

```
请输入三个实数：3 18 9
最大值为：18.000000
```

图 2-25　例 2-9 运行效果图

if 语句嵌套时，else 语句与 if 的匹配原则是：与在它上面的、距离它最近的、在同一层括号内的尚且未匹配的 if 配对。所以使用嵌套时应该格外注意 else 的对应关系。

例如：

```
if(a<b)
    if(b<c)
        x=y;
else
    x=z;
```

从书写格式上看，编程者原意是让 else 与第一个 if 配对，希望在 a>=b 的情况下执行 x=z 的赋值操作。但实际上 else 与第二个 if 配对。正确的编程格式应为：

```
if(a<b)
{
    if(b<c)
        x=y;
}
else
    x=z;
```

在 C 语言中，为避免任意嵌套 if 语句有不同的理解，约定一个 else 总是与前面最近的一个且没有与其他 else 配对的 if 组成配对关系。而如果某一个 if 分支下嵌套的另一个 if 语句没有 else 分支，则为防止同一个层次的 else 与其配对，内层 if 语句应使用大括号括起来。所以使用嵌套时应该格外注意，过多使用会造成混乱。

二、switch 语句

C 语言还提供了另一种用于多分支选择的 switch 语句，用于某些多个 if 语句并行使用的情况。比如：学生成绩分类（90 分以上为'A'等，80～89 分为'B'等，70～79 分为'C'等……）；人口统计分类（按年龄分为老、中、青、少、儿童）；工资统计分类……都会用到 switch 语句，当然也可以用嵌套的 if 语句实现，但如果分支较多，则嵌套的 if 语句层数多，程序冗长而且可读性降低。用 switch 语句解题的关键是要把多种情况分成若干个有限的值。

一般形式为：

```
switch(表达式)
{
    case 常量表达式 1:语句组 1;break;
```

```
    case 常量表达式 2:语句组 2;break;
        ...
    case 常量表达式 n-1:语句组 n-1;break;
    default:语句组 n;
}
```

该语句对程序的流程控制是：首先计算条件表达式的值，并依次与其后的每个 case 中的常量表达式的值相比较。当表达式的值与某个常量表达式的值相等时， 即从该 case 后面的内嵌语句序列中的第一条语句开始执行，直到遇到 break 语句后跳出 switch 语句为止；如果后面没有出现 break 语句，对其后面的所有 case 不再进行判断，继续执行后面所有 case 后的语句序列，直到遇到 break 语句后跳出 switch 语句为止。如果表达式的值与所有 case 后的常量表达式结果均不相等时，则执行 default 后的语句。switch 语句对程序的流程控制见图 2-26。

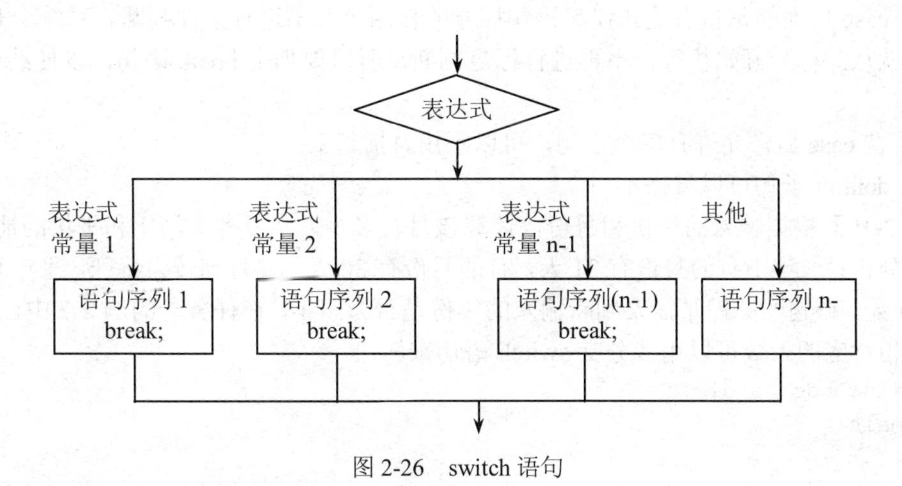

图 2-26　switch 语句

switch 语句的特例：

（1）当 switch 语句为以下形式：

```
switch(表达式)
{
    case 常量表达式 1:
    case 常量表达式 2:
    case 常量表达式(n-1): 语句序列(n-1)   break;
    default:     语句序列 n
}
```

该语句的程序流程是：当构成条件的表达式的值与常量表达式 1 的值或常量表达式 2 的值，…，或常量表达式（n-1）的值之一匹配时，都执行到语句序列（n-1）；否则，执行语句序列 n。

这种 switch 语句形式用于完成多种情况执行相同语句的功能。

（2）当 switch 语句为以下形式：

```
switch(表达式)
{
    case 常量表达式 1:    语句序列 1
    case 常量表达式 2:    语句序列 2
```

```
    …
    case 常量表达式(n-1): 语句序列(n-1)
    default:     语句序列 n
}
```

该语句的程序流程是：将表达式的值依次与每个 case 中的常量表达式的值进行比较，找到第一个相等的 case 常量表达式，从其后的语句序列开始，不再执行判断，继续执行后面所有 case 的语句序列，直到执行完语句序列 n 为止。如果都不匹配，就执行 default 后面的语句序列 n。

在使用 switch 语句时还应注意以下几点：

（1）switch 后面的表达式可以是 int、char 和枚举类型中的一种；

（2）每个 case 后面的表达式必须互不相同，否则会出现矛盾的现象；

（3）case 后面的常量表达式仅起语句标号的作用，并不进行条件判断。系统一旦找到入口标号，就从此标号开始执行，不再进行标号判断，所以要加上 break 语句，以便结束 switch 语句；

（4）在 case 后，允许有多个语句，可以不用{}括起来；

（5）default 子句可以省略不用。

【例 2-10】根据输入的年份和月份，计算该月有多少天（要考虑闰年和平年的情况）？

问题分析：一年中有的月份有 31 天，有的月份有 30 天，二月则较为特殊，平年有 28 天，闰年有 29 天。该题的关键是需要判断输入的年份是否为闰年，在任务一的例 2-7 中已经解决。对于月份相对应的天数可以用多分支 switch 语句来解决。

```
#include <stdio.h>
main()
{
    int year,month,day;
    printf("input the year and month: ");
    scanf("%d%d",&year,&month);
    switch(month)
    {
        case 1:
        case 3:
        case 5:
        case 7:
        case 8:
        case 10:
        case 12: day=31;break;
        case 2: day=(year%4==0&&year%100!=0||year%400==0)?29:28;break;
        case 4:
        case 6:
        case 9:
        case 11:day=30;break;
        default:printf("\ninput error!\n");exit(0);//退出程序
    }
    printf("%d年%d月有%d天\n",year,month,day);
}
```

程序运行效果如图 2-27 所示。

```
input the year and month: 2012 2
2012年2月有29天
```

图 2-27　例 2-10 运行效果图

【例 2-11】输入 4 个学生的成绩，按从高到低的次序输出。

问题分析：前面已经求过 3 个数中的最大值，求 4 个数的最大值只要把前面 3 个数的最大值与第 4 个数进行比较就可以了。求出 4 个数中的最大值后，接下来就是求剩下的 3 个数的最大值；最后再求剩下的两个数的最大值即可。当然可以用不同的分支结构实现，在这里采用单分支 if 语句，交换数据的方式实现。

```
#include <stdio.h>
main()
{
    float a,b,c,d,t;
    printf("请输入 4 个学生的成绩，用逗号分隔: ");
    scanf("%f,%f,%f,%f",&a,&b,&c,&d);
    if(a<b){t=a;a=b;b=t;}    //求出 a,b 这两个数的最大值放在 a 中
    if(a<c){t=a;a=c;c=t;}    //求出 a,b,c 这三个数的最大值放在 a 中
    if(a<d){t=a;a=d;d=t;}    //求出 a,b,c,d 这四个数的最大值放在 a 中
    //通过上面的语句，a 中保存的是四个数的最大值，下面将求 b,c,d 中的最大值
    if(b<c){t=b;b=c;c=t;}
    if(b<d){t=b;b=d;d=t;}    //求出 b,c,d 这三个数的最大值放在 b 中
    //下面将求 c,d 中的最大值
    if(c<d){t=c;c=d;d=t;}    //求出 c,d 这两个数的最大值放在 c 中
    printf("4 个学生的成绩从高到低的次序为: %.1f,%.1f,%.1f,%.1f\n",a,b,c,d);
}
```

程序运行效果如图 2-28 所示。

```
请输入4个学生的成绩，用逗号分隔: 88,79,94,80
4个学生的成绩从高到低的次序为: 94.0,88.0,80.0,79.0
```

图 2-28　例 2-11 运行效果图

当然也可以反过来，先求最小的值，请各位自己完成。

【例 2-12】输入一个数，如果是 7 的倍数，则输出这个数的立方，否则输出这个数的平方。

问题分析：判断是否是 7 的倍数，就是要看能否被 7 整除；a 的立方不能写成 a^3，可以简单地用 a*a*a 来表示，也可以调用 C 语言中提供的库函数 pow(a,3)实现，此时用#include <math.h>命令把包含 pow 函数的库文件 math.h 包含进来。

```
#include <stdio.h>
#include <math.h>
main()
{
    int a,t;
    printf("请输入一个数: ");
    scanf("%d",&a);
    if(a%7==0)
```

```
        t=pow(a,3);
    else
        t=a*a;
    printf("%d\n",t);
}
```

程序运行效果如图 2-29 所示。

图 2-29　例 2-12 运行效果图

【例 2-13】输入一个数，判断它是否是水仙花数（一个三位数，它的各位数字立方之和等于它本身，这个数就是水仙花数。例如 153,370）。

问题分析：要求这个数的三位数字立方之和，首先要分解出这个数的每一位数字，一般通过对数求余或取整等运算来完成。

```
#include <stdio.h>
main()
{
    int x,a,b,c;
    printf("请输入一个三位整数：");
    scanf("%d",&x);
    a=x/100;              //分离出百位数
    b=x/10%10;            //分离出十位数，或者 b=x%100/10
    c=x%10;               //分离出个位数
    if(a*a*a+b*b*b+c*c*c==x)
        printf("%d 是水仙花数\n",x);
    else
        printf("%d 不是水仙花数\n",x);
}
```

程序运行效果如图 2-30 所示。

请输入一个三位整数：371
371是水仙花数

图 2-30　例 2-13 运行效果图

【例 2-14】从键盘输入两个实数及一个运算符（+、-、*、/），求其结果并输出（分别用 if~else 和 switch 语句完成）。

问题分析：首先判断输入的运算符是否符合范围，若符合，再判断是否是‘+’，若是则做加法；否则再判断是否是‘-’，若是则做减法；否则再判断是否是‘*’，若是则做乘法；否则做除法。

方法一：

```
#include <stdio.h>
main()
{
    float s,a,b;
```

```
    char oper;
    printf("请输入算式(仅限于加减乘除，如 1+3): ");
    scanf("%f%c%f",&a,&oper,&b);
    if(oper=='+' || oper=='-' || oper=='*' || oper=='/')
    {
        if(oper=='+')
            s=a+b;
        else if(oper=='-')
            s=a-b;
        else if(oper=='*')
            s=a*b;
        else
            s=a/b;
        printf("%.2f%c%.2f=%.2f\n",a,oper,b,s);
    }
    else
        printf("输入的运算符有误! \n");
}
```

方法二：

```
#include <stdio.h>
main()
{
    float a,b;
    char oper;
    printf("请输入算式(仅限于加减乘除，如 1+3): ");
    scanf("%f%c%f",&a,&oper,&b);
    switch(oper)
    {
        case '+': printf("%.2f%c%.2f=%.2f\n",a,oper,b,a+b);break;
        case '-': printf("%.2f%c%.2f=%.2f\n",a,oper,b,a-b);break;
        case '*': printf("%.2f%c%.2f=%.2f\n",a,oper,b,a*b);break;
        case '/': printf("%.2f%c%.2f=%.2f\n",a,oper,b,a/b);break;
        default:printf("输入的运算符有误! \n");
    }
}
```

程序运行效果如图 2-31 所示。

```
请输入算式(仅限于加减乘除，如1+3): 33/5
33.00/5.00=6.60
```

图 2-31　例 2-14 运行效果图

【例 2-15】运输公司对用户计算运费。路程（s）越远，每公里运费越低。标准如下：

s<254	没有折扣
250<=s<500	2%折扣
500<=s<1000	5%折扣
1000<=s<2000	8%折扣

2000<=s<3000　　10%折扣

s>3000　　　　　15%折扣

设每公里每吨货物的基本费用为p，货物重为w，距离为s，折扣为d，则总运费f的计算公式为

$$f=p*w*s*(1-d)$$

问题分析：公司对不同的路程采用了 5 种折扣，但实际上路程值有无数种，我们要把这无数种路程变为若干个值。通过观察可以把250公里作为一个单元，这样就把所有路程变成了13种情况，分别是0、1、2、…、12。而其中0享受的是没有折扣；1享受的是2%折扣；2、3享受的是5%折扣；4、5、6、7享受的是8%折扣；8、9、10、11享受的是10%折扣；12享受的是15%折扣。

```
#include <stdio.h>
main()
{
    int c;    //路程分类
    float p,w,s,d,f;        //p基本运费，w重量，s距离，d折扣，f总运费
    printf("请输入基本运费，货物重量，距离：");
    scanf("%f%f%f",&p,&w,&s);
    if(s>=3000) c=12;
    else c=s/250;
    switch(c)
    {
        case 0: d=0;break;
        case 1: d=2;break;
        case 2:
        case 3: d=5;break;
        case 4:
        case 5:
        case 6:
        case 7: d=8;break;
        case 8:
        case 9:
        case 10:
        case 11:d=10;break;
        case 12:d=15;break;
    }
    f=p*w*s*(1-d/100.0f);
    printf("总运费=%15.4f\n",f);
}
```

程序运行效果如图2-32所示。

```
请输入基本运费，货物重量，距离：1.5 10 2000
总运费=      27000.0000
```

图2-32　例2-15运行效果图

2.2.4　任务小结

本任务实现了将百分制成绩转换为等级，讲解了多分支if语句、if语句的嵌套使用和switch语句的用法，使用 switch 语句解题的关键是要把多种情况分成若干个有限的值。通过本任务的学习，读者对 if 语句有了进一步理解，同时能够用 switch 语句实现多分支的应用。

习题二

一、填空题

1．算法的特征包括__________、__________、__________、__________、__________。

2．沃思公式：程序=__________+__________。

3．结构化程序的三种基本结构为__________、__________、__________。

4．判断变量 a 是变量 a、b、c 中最大值的逻辑表达式为____________。

5．判断整型变量 m 能被 n 整除的逻辑表达式为____________________。

6．为表示关系 x>=y>=z，应使用 C 语言表达式____________________。

7．表示 x 在 1 和 10 之间或在 20～30 之间的表达式为______________________。

8．a 能同时被 x 和 y 整除的表达式为______________________。

9．设 y 为 int 型变量，描述“y 是偶数”的表达式是______________________。

10. 有定义 int a=4,b=5,c=0,d;则执行 d=!(a=8)&&(b=c)||c+2;后 a=_________，b=_________，d=__________。

11．设 int a=5,b=6;表达式(a++==b--)?++a:--b 的值是__________。

12．逗号表达式(a=3*5,a*4),a+5 正确的结果是__________。

13．当 a=1,b=2,c=3 时，则执行以下 if 语句后，a、b、c 中的值分别为_________。

```
if(a>c) b=c;a=c;c=b;
```

14．已知 A=7.5,B=2,C=3.6，表达式 A>B&&C>A||A<B&&!C>B 的值是__________。

15．若有定义 int a=5,b=4,c=3,d;则执行语句 d=(a>b>c);后，d 的值是__________。

16. C 语句分为__________、__________、__________、__________、__________五大类。

二、选择题

1．在 C 语言中，要求运算对象必须是整型的运算符是（　　）。

A．%　　B．/　　C．>=　　D．&&

2．若 int i=1,j=2;，则表达式 i<j 的值是（　　）。

A．非零数　　B．True　　C．1　　D．0

3．代数式 x<y<z 所对应的 C 语言表达式是（　　）。

A．x<y<z　　B．(x<y)&&(y<z)

C．(x<y)||(y<z)　　D．!(x>=y)||!(y>=z)

4．若 v=1,u=2,w=3;，则表达式 w==(v=-u)执行完后 w 的值是（　　）。

A．3　　B．2　　C．1　　D．0

5．设 x=1,y=2;，执行表达式(x>y)?x++:++y;以后 x 和 y 的值分别为（　　）。

A．1 和 2　　B．1 和 3　　C．2 和 2　　D．2 和 3

6．设有如下定义：int a=1,b=2,c=3,d=4,m=2,n=2;，则执行表达式(m=a>b)&&(n=c>d)以后 n 的值为（　　）。

A．1　　B．2　　C．3　　D．0

7．设 a=1,b=2,c=3,d=4;，则表达式 a<b?a:c<d?a:d 的结果为（　　）。

A．4　　B．3　　C．2　　D．1

8．设 x、y、z、t 均为整型变量，则执行以下语句后，t 的值为（　　）。

x=y=z=1; t=++x||++y&++z;

A．不定值　　B．2　　C．1　　D．0

9．表达式 10!=9 的值是（　　）。

A．True　　B．非零数　　C．0　　D．1

10．设 a=2,b=0,c;，则执行语句 c=b&&a--;后，a 的结果是（　　），c 的结果是（　　）。

A．0，1　　B．1，0　　C．2，0　　D．1，1

11．判断变量 ch 是英文字母的表达式为（　　）。

A．('a'<=ch<='z') || ('A'<=ch<='Z')

B．(ch>='a' && ch<='z') && (ch>='A' && ch<='Z')

C．(ch>='a' && ch<='z') || (ch>='A' && ch<='Z')

D．('a'<=ch<='z') && ('A'<=ch<='Z')

12．对 C 程序在做逻辑运算时判断操作数真、假的表述，下列正确的是（　　）。

A．0 为假，非 0 为真　　B．只有 1 为真

C．-1 为假，1 为真　　D．0 为真，非 0 为假

13．!x==0 等价于（　　）。

A．x==1　　B．x==0　　C．x!=0　　D．x!=1

14．为表示“a 和 b 都不等于 0”，应使用的 C 语言表达式是（　　）。

A．(a!=0) || (b!=0)　　B．a||b

C．!(a=0) &&(b!=0)　　D．a&&b

15．已知 int x=30,y=50,z=80;，以下语句执行后变量 x、y、z 的值分别为（　　）。

```
if(x>y||x<z&&y>z)
    {z=x;x=y;y=z;}
```

A．x=50，y=80，z=80　　B．x=50，y=30，z=30

C．x=30，y=50，z=80　　D．x=80，y=30，z=50

16．读下面程序，从选项中选出正确的输出结果（　　）。

```
#include <stdio.h>
main()
{
    int x=10,y=5;
    switch(x)
    {
        case 1:x+y;
```

```
        default:x+=y;
        case 2:y--;
        case 3:x--;
    }
    printf("x=%d,y=%d",x,y);
}
```

A．x=15,y=5　　B．x=10,y=5

C．x=14,y=4　　D．x=15,y=4

17．设有声明 int a=1,b=0;，则执行下面语句后的输出结果为（　　）。

```
switch(a)
{
    case 1:
        switch(b)
        {
            case 0:printf("**0**");break;
            case 1:printf("**1**");break;
        }break;
    case 2:printf("**2**");break;
}
```

A．**0**　　B．**0****2**

C．**0****1****2**　　D．有语法错误

18．如果有定义语句：int a=1,b=2,c=3,x;则以下选项中各段程序执行后，x 的值不为 3 的是（　　）。

A．if(c<a) x=1;
else if(b<a) x=2;
else x=3;

B．if(c<a) x=1;
else if(b<a) x=2;
else x=3;

C．if(a<3) x=3;
if(a<2) x=2;
if(a<1) x=1;

D．if(a<b) x=b;
if(b<c) x=c;
if(c<a) x=a;

19．运行以下程序，如果输入 5，则输出的结果是（　　）。

```
#include <stdio.h>
main()
{
    int x;
    scanf("%d",&x);
    if(x--<5) printf("%d",x);
    else printf("%d",x++);
}
```

A．3　　B．4　　C．5　　D．6

20．以下程序的执行结果是（　　）。

```
#include <stdio.h>
main()
{
    int i=1,j=1,k=2;
```

```
    if((j++||k++)&&i++)
        printf("%d,%d,%d\n",i,j,k);
}
```

A．1,1,2　　B．2,2,1　　C．2,2,2　　D．2,2,3

三、读程序题

1．当 a=1,b=3,c=5,d=4,x=5 时，执行完下面一段程序后 x 的值是_________。

```
if(a<b)
    if(c<d) x=1;
    else if(a<c)
        if(b<d) x=2;
        else x=3;
    else x=6;
else x=7;
```

2．当 a=100,x=10,y=20,ok1=5,ok2=0 时，执行完下面一段程序后 a 的值是_________。

```
if(x<y)
    if(y!=10)
        if(!ok1)
            a=1;
        else if(ok2) a=10;
        else a=-1;
```

3．程序的运行结果是_________。

```
main()
{
    int x=40,y=4,z;
    x+=y||(z=4);
    printf("%d\n",x);
    x+=(z&&y);
    printf("%d\n",x);
}
```

4．程序的运行结果是_________。

```
#include <stdio.h>
main()
{
    int x=1,y=2,z=9,i=3;
    if(x<y) z=1;
    if(x<i) z=2;
    printf("z=%d",z);
}
```

5．程序的运行结果是_________。

```
#include <stdio.h>
main()
{
    int a=2,b=-1,c=2;
    if(a<b)
```

```
        if(b<0) c=0;
        else c+=1;
    printf("%d",c);
}
```

6．程序的运行结果是__________。

```
#include <stdio.h>
main()
{
    int a=2,b=3,c;
    c=a;
    if(a>b) c=1;
    else if(a==b) c=0;
    else c=-1;
    printf("%d\n",c);
}
```

7．程序的运行结果是__________。

```
#include <stdio.h>
main()
{
    int a=4,b=3,c=5,t=0;
    if(a<b) t=a;a=b;b=t;
    if(a<c) t=a;a=c;c=t;
    printf("%d%d%d\n",a,b,c);
}
```

8．若输入 68，则以下程序的输出结果是__________。

```
#include <stdio.h>
main()
{
    int a;
    scanf("%d",&a);
    if(a>50) printf("%d",a);
    if(a>40) printf("%d",a);
    if(a>30) printf("%d",a);
}
```

9．程序的运行结果是__________。

```
#include <stdio.h>
main()
{
    int p,a=5;
    if(p=a!=0)
        printf("%d\n",p);
    else
        printf("%d\n",p+2);
}
```

10．程序的运行结果是__________。

```
#include <stdio.h>
main()
{
    int a=1,b=3,c=5;
    if(c=a+b)
        printf("Yes\n");
    else
        printf("No\n");
}
```

四、编程题

1．从键盘输入一个英文字母，如果是大写字母，将它变为小写字母输出；如果是小写字母，则将其变为大写字母输出。

2．输入一个数，判断它能否被 3 和 5 整除，并输出以下信息之一：

（1）能同时被 3 和 5 整除。

（2）能被其中一个数（要指出哪个数）整除。

（3）不能被 3 和 5 任一数整除。

3．输入三角形的三边，判断能否构成三角形，若可以则输出三角形的类型（等边三角形、等腰三角形、一般三角形）。提示：三边构成三角形的条件是任意两边之和大于第三边。

4．从键盘输入 4 个整数，输出其中的最小值。

5．输入百分制学生成绩，若在 95~100 之间，输出‘A’；85~94，输出‘B’；75~84，输出‘C’，65~74；输出‘D’；65 分以下，输出‘E’（分别用 if else 和 switch 语句完成）。

提示：可以把成绩减去 5 后进行处理，类似于任务二。

学习项目三　基于循环结构实现学生成绩统计

学习情境：

一个班有40名学生，平均分成5个小组，参加了C程序设计期中考试，C程序设计老师想统计每个小组的总分和平均分。

学习目标：

同学们通过本项目的学习，将了解三种循环语句的特点与区别，并学会使用三种循环语句编写程序；培养学生分析问题、解决问题的能力。由浅入深地安排教学内容，将学生被动接受知识变为主动探索知识。

学习框架：

任务一：统计单个小组C程序设计期中考试的总分及平均分
任务二：统计每个小组C程序设计期中考试的总分及平均分

3.1　任务一　统计单个小组C程序设计期中考试的总分及平均分

知识目标	（1）循环结构的三种语句语法及其执行的过程 （2）while语句的使用 （3）for语句的使用 （4）各种循环语句的区别
能力目标	（1）利用各种循环语句正确编写程序 （2）能够将while语句与for语句互相转换 （3）运用循环结构独立解决实际问题
素质目标	（1）培养学生自主学习的能力 （2）培养学生分析问题的能力 （3）培养学生解决问题的能力
教学重点	循环结构的应用及其执行的流程
教学难点	循环结构的正确使用
效果展示	计算小组c程序设计成绩的总分和平均分 ------------------------------------ 请输入小组的8名学生的c程序设计成绩： 80 60 75 89 98 90 95 80 小组总成绩为：667　平均成绩为：83.38 图3-1　任务一运行效果图

3.1.1 任务描述

一个班有40名学生，平均分成5个小组，参加了C程序设计期中考试，老师计划设计一个简单的程序用来统计小组的总分和平均分；该任务的要求如下：

（1）新建3-1.c文件；

（2）在主函数中实现8名同学成绩的录入、计算，并输出总分及平均分。

3.1.2 任务实现

```
/*****************************************************************
* 任务一：统计单个小组C程序设计期中考试的总分及平均分
*****************************************************************/
#include <stdio.h>
main()
{
    int i=1,sum=0,score;
    float avg;
    printf("\n  计算小组C程序设计成绩的总分和平均分\n");
    printf("----------------------------------------------\n");
    printf("  请输入小组的8名学生的C程序设计成绩：\n");
    while (i<=8)
    {
        scanf("%d",&score);
        sum=sum+score;          //成绩累加
        i++;
    }
    avg=sum/8.0f;               //计算平均成绩
    printf(" 小组总成绩为：%d  平均成绩为：%.2f\n",sum,avg);
}
```

程序运行效果如图3-1所示。

本任务可以定义8个变量来接收8名学生的C程序设计成绩，完成平均分及总分的计算，但是显然这样做是不科学的。计算总分的过程是输入一个学生的成绩，累加到总分中，再输入第二个学生的成绩，再累加到总分中，直到最后一名学生的成绩输入并累加到总分中。成绩录入和成绩累加是重复相同的操作，使用循环结构更简单、合理。

本任务中需要学习的内容是：

- 学习循环结构的概念及执行过程
- 学习使用while、for循环结构完成程序设计
- 了解各种循环结构的区别

3.1.3 相关知识

一、循环结构的概述

循环结构是程序设计中一种很重要的结构。在需要重复执行一组步骤的情况下，应使用循环控制。例如，要输入全校学生成绩、求若干个数之和等。其特点是，在给定的条件成立时，

重复执行某程序段，直到条件不成立为止。给定的条件称为循环条件，重复执行的程序段称为循环体。

循环结构有两种类型：当型循环和直到型循环，其执行流程如图 3-2 所示。

（1）当型循环：先判断给定条件，若给定条件成立则执行循环体 A；然后重复“当判断条件成立时——执行 A”的过程；当条件不成立时退出循环结构。

（2）直到型循环：先执行循环体 A，再判断条件，如果条件不成立，继续执行循环体 A；然后重复“当判断条件不成立时——执行 A”的过程，当条件成立时，退出循环结构。

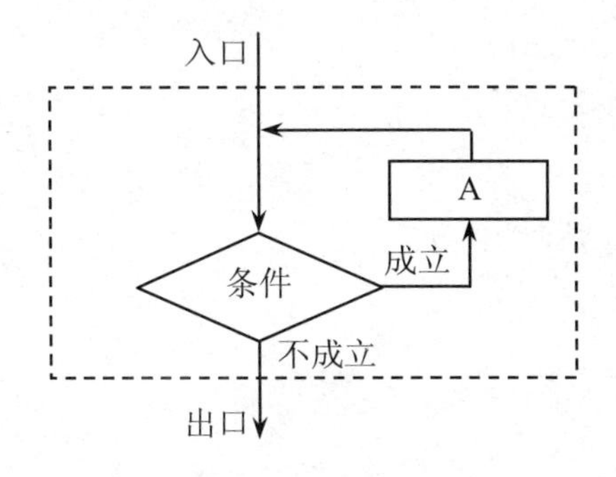

图 3-2　当型循环执行流程图

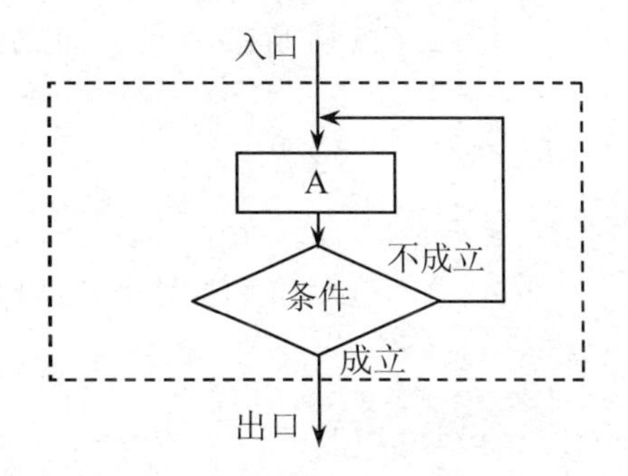

图 3-3　直到型循环执行流程图

C 语言提供了多种循环语句，常见的循环结构语句如下：

- while 语句
- do～while 语句
- for 语句

二、while 语句

while 语句用来实现“当型”循环结构。

1. while 语句一般形式

```
while(表达式)
    语句;          //循环体
```

2. while 语句执行过程

（1）判断 while 语句循环条件表达式的值，若为真，则转（2），否则转（3）；

（2）执行循环体语句组，然后转（1）；

（3）退出 while 循环。

while 循环结构执行的流程如图 3-4 所示。

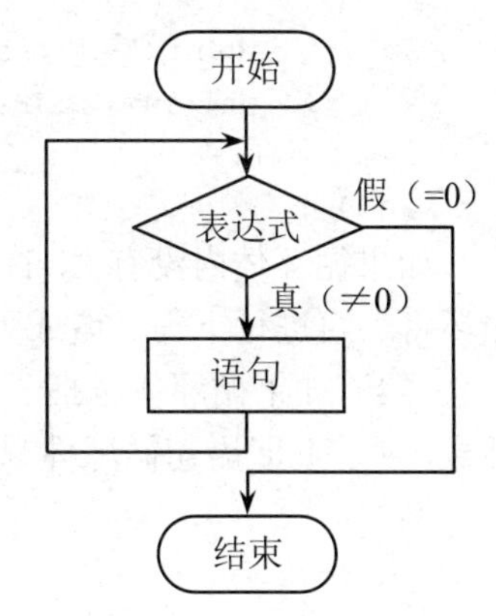

图 3-4　while 语句执行流程图

需要注意的是：

（1）while 语句先判断表达式的真假，然后决定是否执行循环体。

（2）while 语句中的表达式一般是关系表达式或逻辑表达式，只要表达式的值为真（非 0），即可继续循环。

【例 3-1】输出小于 n 的正的偶数。

问题分析：首先定义一个计数变量 n 接收输入的正整数，循环变量从最小的正整数 2 开始，若循环变量为偶数，则输出之，而后循环变量自加；否则直接循环变量自加。当循环变量大于等于 n 时退出循环。

```
#include <stdio.h>
main()
{
    int i=1,sum=0,n;
    printf("\n  输出所有小于 n 的正的偶数 \n");
    printf("------------------------------------\n");
    printf(" 请输入 n 的值：");
    scanf("%d",&n);
    printf(" 所有小于%d 的正的偶数为：\n",n);
    i=2;
    while (i<=n)
    {
        if(i%2==0)            //判断 i 是否为偶数
           printf("  %d  ",i);
        i++;
    }
    printf("\n");
}
```

程序运行效果如图 3-5 所示。

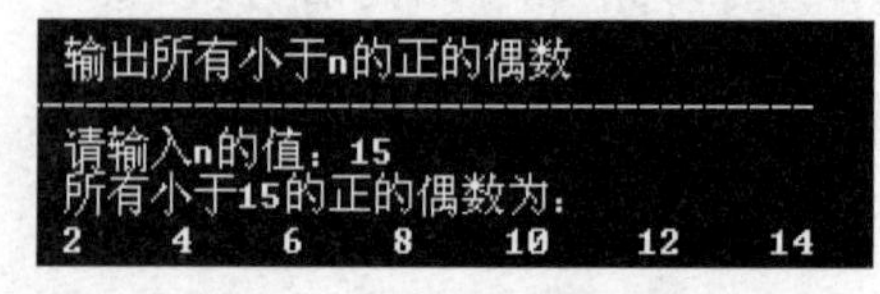

图 3-5　例 3-1 运行效果图

本例程序将执行 n 次循环，每执行一次，循环变量 i 值加 1。

（3）为了避免陷入“死循环（无休止的循环）”，while 语句的循环体中应含有使循环趋向于结束的语句（如 i++）。

例如：

```
int i=1,score=0,sum=0;
while (i<=8)
{
    scanf("%d",&score);
    sum=sum+score;
    i++;
}
```

如果循环体内没有“i=i+1;”或者“i++;”语句，i 值永远为初始值，则循环条件永远成立，循环将一直进行下去，造成死循环。

（4）如果循环体包括一个以上的语句，则必须用{}括起来，组成复合语句。如果不加花括号，则 while 语句循环体只包含 while 语句后的第一条语句。

例如：

```
i=1;
while(i<=100)
```

```
    printf("%d",i);
    i++;
```

从形式上看，while 循环本意要控制“printf("%d",i);”和“i++;”两条语句，其实只控制了第一条语句，因为循环体中没有修改循环变量 i 的值，循环条件恒为真，从而造成死循环。

【例 3-2】统计从键盘输入一行字符的个数。

问题分析：输入一行字符，以输入回车符表示输入结束。故引入一个计数变量 n，统计输入字符的个数。直到输入的字符为回车符，停止计数退出循环。

算法设计流程图如图 3-6 所示。

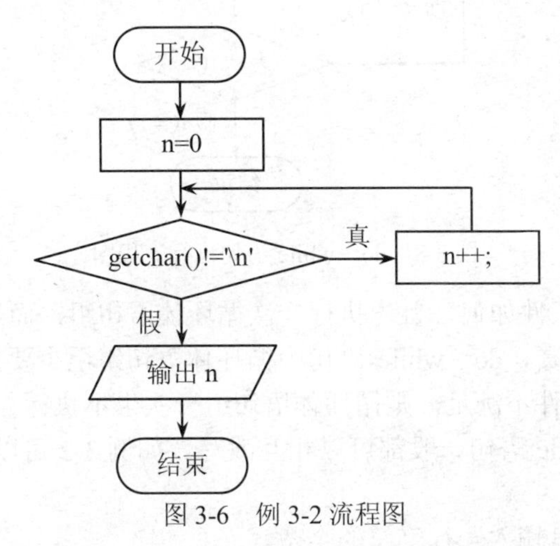

图 3-6　例 3-2 流程图

```
#include <stdio.h>
main()
{
    int n=0;                              //定义记录字符个数的变量
    printf("\n  统计从键盘输入一行字符的个数");
    printf("\n-----------------------------------\n");
    printf("  请输入一个字符串：");
    while(getchar()!='\n')                //当从键盘输入的字符不是回车符
        n++;                              //字符个数加 1
    printf("  总字符数为%d\n",n);         //输出字符个数 n
}
```

程序运行效果如图 3-7 所示。

```
统计从键盘输入一行字符的个数
-----------------------------------
请输入一个字符串：abc123 4
总字符数为8
```

图 3-7　例 3-2 运行效果图

三、do ~ while 语句

do～while 语句用来实现“直到型”循环结构。

1. do ~ while 语句一般形式

```
do
    语句;  //循环体
while(表达式);
```

其中语句是循环体，表达式是循环条件。

2. do ~ while 语句执行过程

（1）执行循环体语句组；

（2）判断 while 语句循环条件表达式的值，若为真，则转（1），否则转（3）；

（3）退出 while 循环。

do～while 语句执行流程如图 3-8 所示。

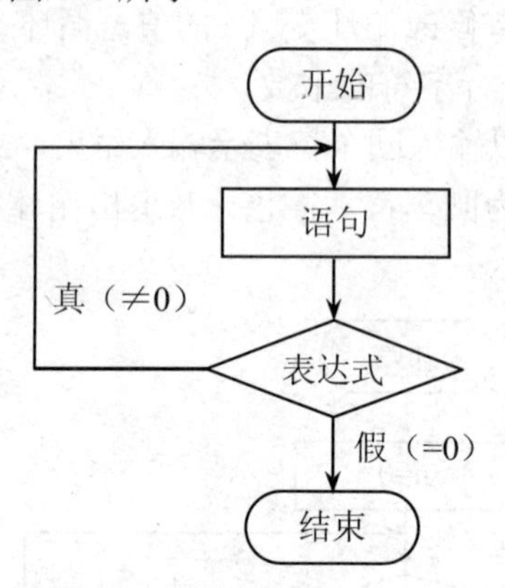

图 3-8　do～while 语句执行流程图

do～while 语句无论条件如何，首先执行一次循环体语句组，而后判断条件的真假，因此无论循环判断条件是否为真，do～while 语句中循环体语句组至少要执行一次。而 while 语句是先判断后执行，如果条件不满足，则循环体语句组一次也不执行。

while 语句和 do～while 语句一般都可以相互改写。如例 3-2 可以用 do～while 语句实现，见例 3-3。

【例 3-3】统计从键盘输入一行字符的个数。

```
#include <stdio.h>
main()
{
    int n=-1;                          //定义记录字符个数的变量
    printf("\n  统计从键盘输入一行字符的个数");
    printf("\n----------------------------------\n");
    printf("  请输入一个字符串：");
    do {
        n++;                           //字符个数加 1
    }while(getchar()!='\n') ;          //当从键盘输入的字符不是回车
    printf("  总字符数为%d\n ",n);     //输出字符个数 n
}
```

程序执行效果如图 3-7 所示。在本例中，比例 3-2 多执行一次循环体，所以计数变量 n 初值为-1。

在一般情况下，用 while 语句和用 do～while 语句处理同一问题时，若二者的循环体部分是一样的，当 while 循环体后面的表达式一开始就为真时，两种循环的结果是相同的。否则二者的结果是不同的。

需要注意的是：

（1）while 语句表达式后面不能加分号，而 do～while 语句的表达式后面则必须加分号。

（2）若 do 和 while 之间的循环体由多个语句组成时，必须用{}括起来组成一个复合语句。

（3）do～while 和 while 语句相互替换时，要注意修改循环控制条件。

将任务一中实现计算小组学生C程序设计考试的总分和平均分的while 语句改写为do～while语句，两种语句实现的代码段如下：

```
while(i<=8)                              do
    {   scanf("%d",&score);              {   scanf("%d",&score);
        sum=sum+score;                       sum=sum+score;
        i++;                                 i++;
    }                                    } while(i<=8);
```

四、for 语句

for语句是C语言所提供的功能最强、使用范围最广泛的一种循环语句，不仅可以用于循环次数已经确定的情况，而且可以用于循环次数不确定而给出循环结束条件的情况。

1. for语句一般形式

```
for(表达式 1;表达式 2;表达式 3)
    语句;        //循环体
```

（1）表达式1：通常用来给循环变量赋初值，一般是赋值表达式。也允许在for语句外给循环变量赋初值，此时可以省略该表达式；

（2）表达式2：判断循环终止的条件；

（3）表达式3：改变循环变量的值，一般是赋值语句。

2. for语句执行过程

（1）计算表达式1的值；

（2）计算表达式2的值，若值为真（非0），则转（3）；否则（4）；

（3）执行循环体语句组及计算表达式3的值，转回第（2）步重复执行；

（4）跳出循环。

在整个for循环执行过程中，表达式1只计算一次，表达式2和表达式3则可能计算多次。循环体可能执行0次或多次。for循环结构执行流程图如图3-9所示。

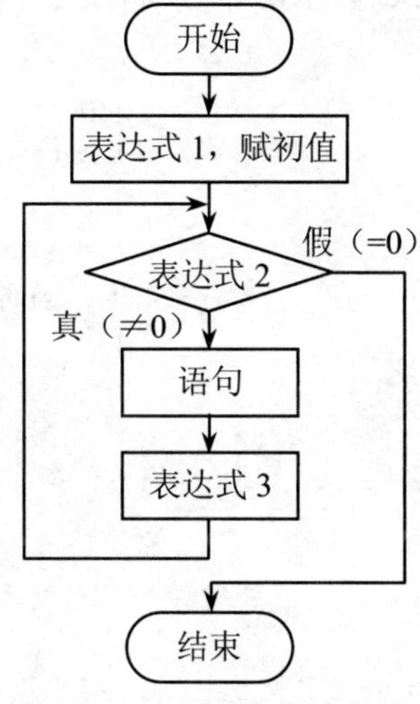

图3-9　for语句执行流程图

需要注意的是：

（1）三个表达式都可以是逗号表达式，即每个表达式都可由多个表达式组成，例如：

```
for(i=0,sum=0;i<100;i++)
```

（2）三个表达式都是任选项，都可以省略，但表达式间的分号不能省略；

- 省略表达式 1，表示不需赋初值，初值可在进入 for 语句前完成
- 省略表达式 2，表示循环条件恒为真
- 省略表达式 3，表示没有循环条件修正部分，此时为确保循环正常结束，在循环体内部应该有循环条件的修正语句

（3）循环体可以是空语句；

（4）for 语句可与 while 语句相互转换。

【例 3-4】统计从键盘输入一行字符的个数。

```
#include <stdio.h>
main()
{
    int n=0;                             //定义记录字符个数的变量
    printf("\n  统计从键盘输入一行字符的个数");
    printf("\n---------------------------------\n");
    printf("  请输入一个字符串：");
    for(;getchar()!='\n';n++);           //当从键盘输入的字符不是回车符时，
                                         //字符个数加 1，此循环结构中无循环体
    printf("  总字符数为：%d\n ",n);     //输出字符个数 n
}
```

程序执行效果如图 3-7 所示。

程序采用 for 循环实现了从键盘输入一行字符的个数统计。例中省去了 for 语句的表达式 1，而表达式 3 也不是用来修改循环变量，而是用作输入字符的计数。这样，就把本应在循环体中完成的计数操作放在表达式 3 中完成了，因此循环体是空语句。应注意的是，空语句后的分号不可少，若缺少分号，则把后面的 printf 语句当成循环体来执行。

将任务一中实现计算小组学生 C 程序设计考试的总分和平均分的 while 语句改写为 for 语句，两种语句实现的代码段如下：

```
int i=1;                          int i;
while(i<=8)                       for(i=1;i<=8;i++)
{                                 {
   scanf("%d",&score);               scanf("%d",&score);
   sum=sum+score;                    sum+=score;
   i++;                           }
}
```

⇕

```
int i=1;
for(;i<=8;)
{
   scanf("%d",&score);
   sum+=score;
   i++;
}
```

for 语句中的表达式 1“i=1”可以省略，因为在变量 i 定义时已经赋初值为 1。表达式 3“i++”也可以省略，而将其移到循环体内部。其具体实现如右侧代码段所示。

五、break 语句

以上三种循环结构都是在循环体之前或之后通过一个表达式的值来决定是否中止对循环体的执行，也可以在循环体中利用 break 语句终止循环的执行，跳转到循环语句后的下一条语句处继续执行。

（1）break 语句的形式。

```
break;
```

（2）break 语句的作用。

终止 switch 语句或循环语句的执行，跳转到其后的语句处继续执行。

```
while(表达式 1)
{    ......
     if(表达式 2)
        break;
     ......
}
```

break 语句执行流程如图 3-10 所示。

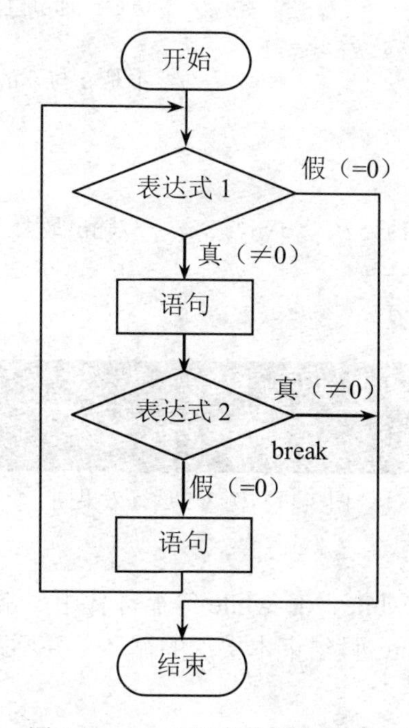

图 3-10　break 语句执行流程图

说明：

（1）在循环结构中，break 语句常常同 if 语句同时使用，表示当指定条件满足时，立即跳出循环结构。但 break 语句只能跳出循环语句，而不能跳出 if 语句。

（2）break 语句只能跳出当前一层循环结构。

【例 3-5】输入两个正整数并计算其最大公约数。

问题分析：（1）定义 3 个变量，x、y 和 z；

（2）x、y 分别接收输入的两个正整数，最大公约数 z 等于 x 和 y 中较小的；

（3）计算 x%z 与 y%z 的值，若二者中有值不等于 0，则令 z 自减，重复（3）；若都等于 0，则转（4）。

（4）x、y 的最大公约数即 z 的值，跳出循环；

```
#include <stdio.h>
main()
{
    int x,y,z;                        //x,y 为两个正整数;  z 为 x,y 的最大公约数
    printf("\n 计算输入的两个正整数的最大公约数");
    printf("\n---------------------------------------\n");
    printf(" 请输入 2 个正整数: ");
    scanf("%d, %d",&x,&y);
    if (x>y)                          //令变量 z 取 x 与 y 中较小的值
        z=y;
    else
        z=x;
    while(z>1)
    {                                 //z 值逐一递减直至找到某一个值可同时被 x 与 y 整除
        if(x%z==0 && y%z==0)
            break;                    //z 不是 x 与 y 的公约数时，跳过本次循环
        else
            z--;
    }
    printf(" 最大公约数为: %d\n",z);  //输出最大公约数的值
}
```

程序运行效果如图 3-11 所示。

```
计算输入的两个正整数的最大公约数
---------------------------------------
请输入2个正整数: 24,36
最大公约数为: 12
```

图 3-11　例 3-5 运行效果图

六、continue 语句

continue 语句只用在 for、while、do-while 等循环体中，常与 if 条件语句一起使用，用来加速循环。应注意的是，continue 只结束本层次的循环，并不跳出循环。

（1）continue 语句的形式。

```
continue;
```

（2）continue 语句的作用。

结束本次循环，强行转入下一次循环条件的判断与执行，不再执行本次循环中 continue 语句之后的语句。

其执行流程如图 3-12 所示。

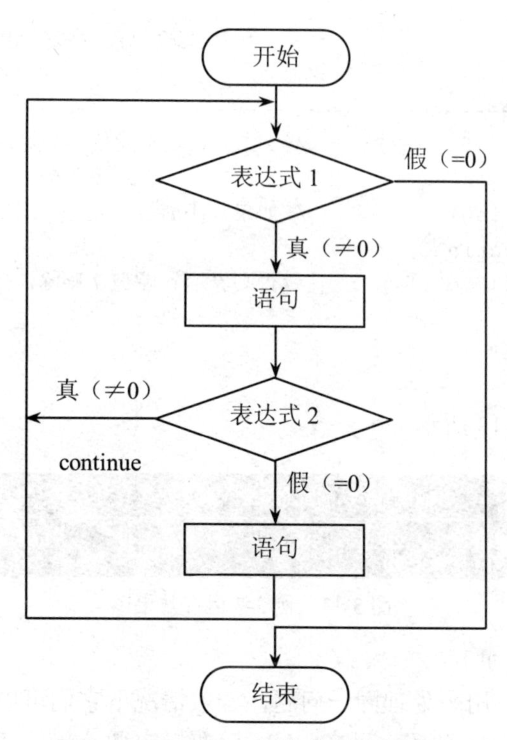

图 3-12　continue 语句执行流程图

【例 3-6】输出从键盘输入的除 Esc 键的字符，输入回车则结束程序。

问题分析：首先明确应使用循环结构，重复输入和输出两个操作。其次确定使用 while 语句实现，定义临时字符变量 c，并确定循环执行条件(c=getch())!=13。最后写出正确的程序代码。

```
#include <stdio.h>
#include <conio.h>
main()
{
    char c;
    while((c=getch())!=13)          //输入回车则循环结束
    {
        if(c==27)                   //Esc 的 ASCII 码值为 27
            continue;               //若按 Esc 键结束本次循环，进行下次循环
        printf("%c\n", c);
    }
}
```

【例 3-7】输出 100 以内能被 7 整除的数。

问题分析：首先确定在解决该问题时重复操作是判断某个数是否能够被 7 整除，且判断的次数确定，故选择用 for 语句实现。其次，确定循环变量、初值及循环结束的条件。最后，选择用 continue 语句结束本次循环来控制非 7 的倍数不打印输出。

```
#include <stdio.h>
main()
{
    int n;
```

```
    printf("\n                         输出 100 以内能被 7 整除的数\n");

printf("---------------------------------------------------------\n");
    for(n=7;n<=100;n++)        //1 到 6 肯定不能被 7 整除，所以 n 从 7 到 100 循环
    {
        if(n%7!=0)             //如果 n 不能被 7 整除，退出本次循环，不打印
            continue;
        printf("%d\t",n);      //否则表示 n 能被 7 整除，打印输出
    }
    printf("\n");
}
```

程序运行效果如图 3-13 所示。

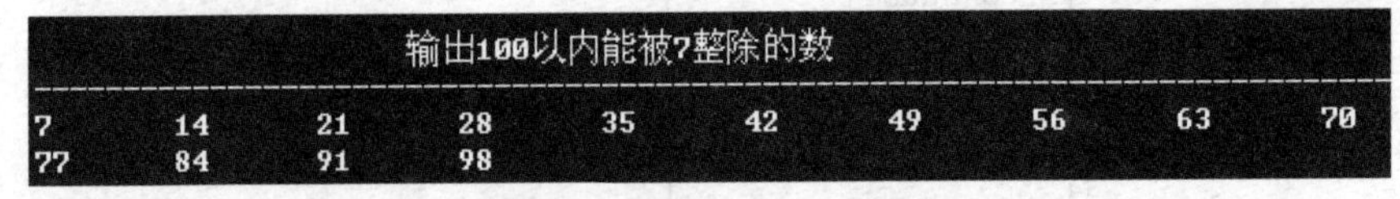

图 3-13 例 3-7 运行效果图

几种循环语句的区别如下：

（1）三种循环都可以用来处理同一问题，一般情况下它们可以互相代替；

（2）while 和 do～while 循环，只在 while 后面指定循环条件，在循环体中应包含使循环趋于结束的语句（如 i++或 i=i+1 等）；

（3）for 循环可以在表达式 3 中包含使循环趋于结束的操作，甚至可以将循环体中的操作全部放到表达式 3 中。因此 for 语句的功能更强，凡用 while 循环能完成的，用 for 循环都能实现；

（4）用 while 和 do～while 循环时，循环变量初始化的操作应在 while 和 do～while 语句之前完成。而 for 语句可以在表达式 1 中实现循环变量的初始化；

（5）三种循环都可以用 break 语句跳出循环，用 continue 语句结束本次循环。

3.1.4 任务小结

本任务使用循环结构实现了统计小组 C 程序设计成绩的总分及平均分，通过该任务的学习，同学们能够掌握各种循环语句的特点与区别，能够独立使用三种循环控制语句解决实际问题。

3.2 任务二 统计每个小组 C 程序设计期中考试的总分及平均分

知识目标	（1）嵌套循环结构的语法 （2）嵌套循环结构的执行过程
能力目标	（1）掌握嵌套循环的使用 （2）使用嵌套循环结构解决实际问题
素质目标	（1）培养学生自主学习的能力 （2）培养学生独立分析问题的能力 （3）培养学生独立解决问题的能力

教学重点	利用嵌套循环解决实际问题
教学难点	利用嵌套循环解决实际问题
效果展示	计算5个小组c程序设计成绩的总分和平均分 请输入第1小组的8名学生的c程序设计成绩： 75 68 90 95 88 90 78 85 第1小组总成绩为：669　平均成绩为：83.63 请输入第2小组的8名学生的c程序设计成绩： 68 90 95 98 90 83 84 75 第2小组总成绩为：683　平均成绩为：85.38 请输入第3小组的8名学生的c程序设计成绩： 90 95 94 78 85 87 86 86 第3小组总成绩为：701　平均成绩为：87.63 请输入第4小组的8名学生的c程序设计成绩： 86 81 89 98 97 92 75 78 83 第4小组总成绩为：696　平均成绩为：87.00 请输入第5小组的8名学生的c程序设计成绩： 68 98 85 89 78 74 90 84 79 82 第5小组总成绩为：665　平均成绩为：83.13 图3-14　任务3-2运行效果图

3.2.1　任务描述

一个班有40名学生，平均分成5个组，参加了C程序设计期中考试，C程序设计老师想统计每个小组的总分和平均分。该任务的要求如下：

（1）新建3-2.c文件；

（2）在主函数中实现5个小组学生的成绩录入；

（3）分别统计每个小组的总分和平均分，并输出计算结果。

3.2.2　任务实现

```
/******************************************************************
* 任务二：统计每个小组期中考试C程序设计的总分及平均分
*******************************************************************/
#include <stdio.h>
main()
{
    int i,j=1,sum,score;
    double avg;
    printf("\n 计算5个小组C程序设计成绩的总分和平均分\n");
    printf("--------------------------------------------------\n");
    while (j<=5)
    {
        printf(" 请输入第%d小组的8名学生的C程序设计成绩：\n",j);
        i=1;                        //每个小组为8人，从1开始计数
        sum=0;                      //每个小组总分初值为0
        while (i<=8)                //统计每个小组的平均分和总分
```

```
        {
            scanf("%d",&score);
            sum=sum+score;
            i++;
        }
        avg=sum/8.0;                 //统计每组成绩的平均分
        printf(" 第%d小组总成绩为：%d  平均成绩为：%.2f\n",j,sum,avg);
        j++;
        if(j<=5)                      //控制在小组成绩之间输出横线
            printf("-----------------------------------------------\n");
    }
}
```

程序运行效果如图3-14所示。

5个小组的成绩计算方法相同，只是重复计算，故使用双层循环实现该功能。其中外层循环执行5次，变量j的值分别为1、2、3、4、5。而j每取一个值，内层循环中变量i从1到8将执行8次内层循环体。故内层循环体共执行40（5*8）次。

本任务中需要学习的内容是：

- 嵌套循环结构语法
- 嵌套循环执行过程

3.2.3 相关知识

在一个循环体内包含另一个完整的循环体，称为嵌套循环。C语言中可以实现多层嵌套。其中内层循环的优先级高于外层循环，即先执行内层循环再执行外层循环。C语言对循环嵌套深度没有限制，但嵌套的内、外层循环控制变量不得同名。并且使用嵌套循环时，一个循环必须完全包含在另一个循环内。

【例3-8】将任务二功能改为由while语句嵌套for语句实现。

```
#include <stdio.h>
main()
{
    int i,j=1,sum,score;
    double avg;
    printf(" 计算5个小组C程序设计成绩的总分和平均分\n");
    printf("-----------------------------------------------\n");
    while (j<=5)                     //变量j记录小组信息
    {
        printf(" 请输入第%d小组的8名学生的C程序设计成绩：\n",j);
        for(i=1,sum=0;i<=8;i++)  //每个小组为8人，从1开始计数；每个小组总分初值为0
        {
            scanf("%d",&score);
            sum=sum+score;
        }
        avg=sum/8.0;                 //统计每组成绩的平均分
        printf(" 第%d小组总成绩为：%d  平均成绩为：%.2f\n",j,sum,avg);
        j++;                         //一个小组信息统计完成
```

```
        if(j<=5)
            printf("---------------------------------------------\n");
    }
}
```

程序运行效果如图 3-14 所示。

三种循环可以互相嵌套。循环结构的选择应根据实际情况灵活使用，做到结构清晰、简单明了。

【例 3-9】输出如图 3-15 所示下三角九九乘法表。

```
1
2  4
3  6  9
4  8  12  16
5  10  15  20  25
6  12  18  24  30  36
7  14  21  28  35  42  49
8  16  24  32  40  48  56  64
9  18  27  36  45  54  63  72  81
```

图 3-15　例 3-9 运行效果图

问题分析：首先确定共打印 9 行，每一行比上一行多一个数；其次确定每个数字是该数字所在的行号和列号的乘积；最后确定行号为 1 到 9，每一行中列号为从 1 到当前行号的值。

```
#include <stdio.h>
main()
{
    int i=1,j=1;
    for(i=1;i<10;i++)                    //控制输出的行
    {
        for(j=1;j<=i;j++)                //控制输出的列
            printf(" %d ",i*j);          //输出数值
        printf("\n");                    //输出一行后换行
    }
}
```

【例 3-10】编程输出如图 3-16 所示的星型三角图形。

图 3-16　例 3-10 运行效果图

问题分析：该星型三角形共由 5 行“*”组成，每一行重复一个动作——输出“*”。故首先确定使用嵌套循环实现；其次找规律，第一行 9 个，以后每行减少 2 个，且后一行输出的第一个“*”比前一行退后 1 个位置。故内层循环应该有 2 个，一个循环控制输出“*”的位置即打印控制，另一个循环控制输出“*”。

```
#include <stdio.h>
main()
{
    int i,j,k;
    for(i=5;i>0;i--)                     //共输出 5 行，i 取 5，4，3，2，1
    {
        for(k=0;k<5-i;k++)
            printf(" ");                 //输出空格
        for (j=1;j<2*i;j++)
```

```
                printf("*");           //输出当前行的*
            printf("\n");              //输出一行后换行
        }
    }
```

【例 3-11】求 1+2+3+……+n 前 n 个数的和。

问题分析：这是一个累加的问题，相邻两个数相差 1，重复的操作是把后一个数加到前 m 项的和中。

```
#include <stdio.h>
main()
{
    int i=1,n;
    long int sum=0;
    printf("\n  统计 1+2+3+……+n 的和\n");
    printf("-------------------------- \n");
    printf("  请输入 n 的值：");
    scanf("%d",&n);
    printf("  计算结果为：");
    for(;i<=n;i++)
        sum=sum+i;                       //累加求和
    printf("  %ld  ",sum);               //输出自然数的和
    printf("\n");
}
```

程序运行效果如图 3-17 所示。

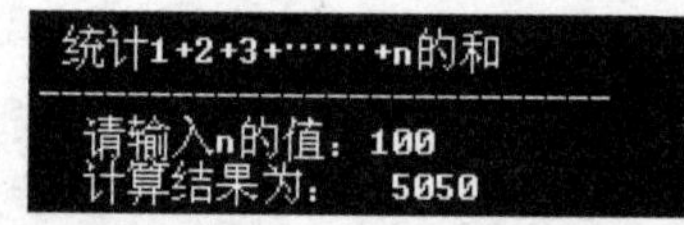

图 3-17　例 3-11 运行效果图

说明：该程序是求和运算，变量 sum 的初始值必须为 0，否则结果将多 1。

【例 3-12】计算 n!。

问题分析：参考例 3-11，只是把累加改为阶乘，同时注意变量的初始值问题。

```
#include <stdio.h>
main()
{
    int i=1,n;
    long int sum=1;
    printf("\n  ----------统计 n!--------\n");
    printf("  请输入 n 的值：");
    scanf("%d",&n);
    printf("  %d!计算结果为：",n);
    for(;i<=n;i++)
        sum=sum*i;                       //计算乘积
    printf("  %ld  ",sum);
    printf("\n");
}
```

程序运行效果如图 3-18 所示。

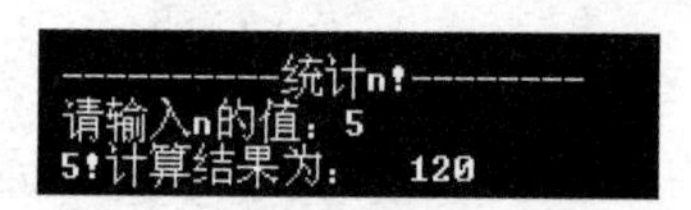

图 3-18　例 3-12 运行效果图

该程序实现时与例 3-11 最大的区别是变量 sum 的初始值不同，若 sum 的初始值为 0，则结果为 0。

【例 3-13】求 1+2!+3!+...+20!的和。

问题分析：首先求出 1 到 20 的每个数的阶乘，其次汇总求和，可利用嵌套循环实现。内层循环求每个数的阶乘。外层循环将每个数的阶乘累加求和，循环变量值从 1 到 20。

```
#include <stdio.h>
main()
{
    int i=1,n=1;
    long int sumall=0,sum=1;
    printf("\n 求1+2!+3!+...+20!的和 \n");
    printf("------------------------\n");
    while (n<=20)
    {
        for(i=1;i<=n;i++)
            sum=sum*i;        //计算 n!
        sumall+=sum;          //计算 1+2!+3!+...+20!的和
        n++;
    }
    printf(" 计算结果：%ld \n ",sumall);
}
```

程序运行效果如图 3-19 所示。

```
求1+2!+3!+...+20!的和
------------------------
计算结果：1444231215
```

图 3-19　例 3-13 运行效果图

【例 3-14】编写程序，输出 1 到 20 之间的数，当其为 8 的倍数时不输出。

问题分析：输出小于 20 的非 8 的倍数，要从 1 到 20 逐个数判断其是否是 8 的倍数，若不是则输出其值，若是，则继续判断下一个数是否输出。

```
#include <stdio.h>
main()
{
    int i=1;
    printf("\n   输出1到20之间的非8的倍数\n");
    printf("-------------------------------------------------------------
-----------------\n");
    for(i=1;i<=20;i++)
    {
        if(i%8!=0)
            printf("%4d",i);
    }
    printf("\n");
}
```

程序运行效果如图 3-20 所示。

```
输出1到20之间的非8的倍数
------------------------------------------------------------
1   2   3   4   5   6   7   9  10  11  12  13  14  15  17  18  19  20
```

图 3-20　例 3-14 运行效果图

【例 3-15】输入一个二进制数，将其转换为十进制数输出。

问题分析：二进制数转化为十进制数的基本做法是把二进制数首先写成加权系数展开式，然后按十进制加法规则求和。例如，（101011）转化为十进制的公式是 $1*2^5+0*2^4+1*2^3+0*2^2+1*2^1+1*2^0$，十进制的值为 32+8+2+1=43。

```
#include <stdio.h>
#include <math.h>
main()
{
    int temp,sum=0,i=1;
    printf("\n 二进制数转化为十进制数\n");
    printf("----------------------------------\n");
    printf(" 请输入一个二进制数：");
    scanf(" %d",&temp);
    while(temp>0)
    {
        sum=sum+temp%10*i;
        temp=temp/10;
        i*=2;
    }
    printf(" 对应的十进制数为：%d\n",sum);
}
```

程序运行效果如图 3-21 所示。

```
二进制数转化为十进制数
----------------------------------
请输入一个二进制数：101011
对应的十进制数为：43
```

图 3-21 例 3-15 运行效果图

3.2.4 任务小结

本任务中，使用嵌套循环结构统计了每个小组 C 程序设计成绩的总分及平均分，并利用循环结构解决了 6 个不用类型的问题，加深了对循环结构的理解，使同学们能够熟练地利用循环结构解决实际问题。

习题三

一、填空题

1．常用的循环结构语句分别是__________、__________、__________。

2．循环体执行遇到 break 语句时，__________。

3．循环体执行遇到 continue 语句时，__________。

二、选择题

1．for(i=1;i<9;i+=1);该循环共执行了（　　）次。

A．7　　B．8　　C．9　　D．10

2．int a=2;while(a=0) a--;该循环共执行了（　　）次。

A．0　　B．1　　C．2　　D．3

3．执行完循环 for(i=1;i<100;i++);后，i 的值为（　　）。

A．99　　B．100　　C．101　　D．102

4．以下 for 语句中，书写错误的是（　　）。

A．for(i=1;i<5;i++);　　B．i=1;for(;i<5;i++);

C．for(i=1;i<5;) i++;　　D．for(i=1,i<5,i++);

5．（　　）语句，在循环条件初次判断为假，还会执行一次循环体。

A．for　　B．while　　C．do~while　　D．以上都不是

6．下列程序段执行后 s 的值为（　　）。

```
int i=1, s=0;  while(i++)  if(!(i%3)) break ;  else s+=i ;
```

A．2　　B．3　　C．6　　D．以上均不是

7．i、j 已定义为 int 类型，则以下程序段中内循环体的执行次数是（　　）。

```
for(i=5;i;i--)
for(j=0;j<4;j++){…}
```

A．20　　B．24　　C．25　　D．30

8．int a=1, x=1;　循环语句 while(a<10) x++; a++;循环执行（　　）。

A．无限次　　B．不确定次　　C．10 次　　D．9 次

三、读程序，写结果

1．下面程序的输出结果是__________。

```
#include <stdio.h>
void main( )
{
    int y=9;
    for( ;y>0; y--)
    if(y%3==0)
    {
        printf("%d", --y);
        continue;
    }
}
```

2．下面程序的输出结果是__________。

```
#include <stdio.h>
main()
{
    int k,n,m;
    n=10;m=1;k=1;
    while (k++<=n)
        m*=2;
    printf("%d\n",m);
}
```

3．下面程序的输出结果是__________。

```
#include <stdio.h>
void main()
{
```

```
    int i=5;
    do
    {
       switch (i%2)
       {
          case  4: i--; break;
          case  6: i--; continue;
       }
        i-- ;  i-- ;
        printf("i=%d  ", i);
    } while(i>0);
  }
```

4．下面程序的输出结果是__________。

```
  #include <stdio.h>
  void main()
  {
     int k=0; char c='A';
     do
     {
       switch (c++)
       {
         case 'A': k++; break;
         case 'B': k--;
         case 'C': k+=2; break;
         case 'D': k=k%2; break;
         case 'E': k=k*10; break;
         default: k=k/3;
       }
       k++;
     }
     while(c<'G');
     printf("k=%d\n", k);
  }
```

5．下面程序输入数据 2，4 后，输出结果是__________。

```
  #include <stdio.h>
  main( )
  {
     int  i=1,s=1,t=1,a,n;
     scanf("%d%d",&a,&n);
     for(;i<n;i++)
     {
       t=t*10+1;
       s=s+t;
     }
     s*=a;
     printf("SUM=%d\n",s);
  }
```

四、程序设计题

1．求 10！的值。

2．求 1/2–2/3+3/4–4/5–5/6+…+79/80 的值。

3．输入一个正整数，计算输出各个位上所有数字之和。

4．若一个三位整数的各位数字的立方之和等于这个整数，称之为“水仙花数”。例如：153 是水仙花数，因为 $153=1^3+5^3+3^3$，求 1000 以内所有的水仙花数。

学习项目四　基于数组实现学生成绩管理

学习情境：

一个班有 40 名学生，平均分成 5 个小组。该班同学参加了平面设计、计算机应用基础、C 程序设计三门课程的期中考试，老师想设计程序统计以下信息：

1. 单门课程成绩信息的输入、输出与成绩排名输出；
2. 每个小组参与 C 程序设计期中考试的学生名单的输出；
3. 每个小组学生期中成绩单的输出。

学习目标：

同学们通过本项目的学习，将学会定义与使用各种类型数组，并利用数组编写小程序，解决实际问题。

学习框架：

任务一：小组单门课程的成绩排序输出

任务二：小组学生名单的输入与输出

任务三：小组期中考试成绩单的输出

4.1　任务一　小组单门课程的成绩排序输出

知识目标	（1）一维数组的定义与使用 （2）一维数组的初始化
能力目标	（1）掌握一维数组的定义与使用 （2）独立运用一维数组解决实际问题
素质目标	（1）培养学生自主学习的能力和知识应用能力 （2）培养学生分析问题和解决问题能力
教学重点	一维数组的定义、初始化及使用
教学难点	一维数组的使用
效果展示	逆序输出学生的成绩信息 请输入小组学生的成绩信息： 80 60 75.5 89 98 90.7 95.8 80.4 逆序输出学生的成绩为： 80.40 95.80 90.70 98.00 89.00 75.50 60.00 80.00 （a） 按照成绩从大到小排序输出c程序设计成绩 请输入小组学生的成绩信息： 80 60 75.5 89 98 90.7 95.8 80.4 排序后数组中学生的成绩信息： 98.00 95.80 90.70 89.00 80.40 80.00 75.50 60.00 （b） 图 4-1　任务一运行效果图

4.1.1 任务描述

一个班有40名学生（平均分成5个组），参加了平面设计、计算机应用基础、C程序设计三门课的期中考试。老师要求输入小组学生的C程序设计成绩信息，能够逆序输出，也能够按照成绩从大到小排序输出。该任务的要求如下：

（1）新建4-1.c文件；

（2）定义一个实型（或浮点型）的一维数组，能够存储8名学生的C程序设计成绩信息；

（3）录入8名学生的C程序设计成绩信息；

（4）逆序输出8名学生的C程序设计成绩信息；

（5）按照成绩从大到小排序输出8名学生的C程序设计成绩。

4.1.2 任务实现

（1）逆序输出小组C程序设计成绩信息。

```
/************************************************************
* 任务一：小组单门课程的成绩排序输出
* 逆序输出学生成绩信息
*************************************************************/
#include <stdio.h>
main()
{
    int i=0;
    float score[8];
    printf("\n  逆序输出学生的成绩信息\n");
    printf("---------------------------------------------------------");
    printf("\n 请输入小组学生的成绩信息：\n");
    for(i=0;i<8;i++)
{
    scanf("%f",&score[i]);
}
    printf(" 逆序输出学生的成绩为：    \n ");
    for(i=7;i>=0;i--)
        printf("%7.2f",score[i]);
     printf("\n");
}
```

程序运行效果如图4-1（a）所示。

（2）按照成绩从大到小排序输出8名学生的C程序设计成绩。

```
/************************************************************
* 任务一：小组单门课程的成绩排序输出
* 成绩从大到小排序输出
*************************************************************/
#include <stdio.h>
main()
{
    int i,j;
```

```
        float score[8],temp=0;
        printf("\n 按照成绩从大到小排序输出 C 程序设计成绩\n");
        printf("------------------------------------------------------------");
        printf("\n 请输入小组学生的成绩信息:    \n");
        for(i=0;i<8;i++)                              //输入学生的成绩信息
        {
            scanf("%f",&score[i]);
        }
        for(i=0;i<7;i++)                              //控制排序比较的趟数，共 7 趟
        {
            for(j=0;j<7-i;j++)
               if( score[j]<score[j+1])               //相邻元素两两比较，使较大元素排在后边
               {
                     temp=score[j];
                     score[j]=score[j+1];
                     score[j+1]=temp;
                 }
            }
    printf(" 排序后数组中学生的成绩信息: \n");
        for(i=0;i<8;i++)                              //输出排序后的成绩信息
            printf("%7.2f",score[i]);
        printf("\n");
    }
```

程序运行效果如图 4-1（b）所示。

本任务中需要学习的内容是：

- 一维数组的定义与使用
- 一维数组的初始化

4.1.3 相关知识

一、数组概述

数组是一组有序的、类型相同的数据的集合，这些数据使用同一个数组名来访问。数组中的每个数据称为数组元素。可以把数组类比作一列火车，数组元素则相当于火车的车厢。想找到某个车厢，必须知道它是哪列火车的第几号车厢。例如，69 次列车 12 车厢。按照类比推理，要使用数组的某个元素，就要知道是哪个数组的第几个元素，也就是数组要有名字，元素要有编号。

每一个数组都有一个名字，称为数组名，命名规则遵循标识符的命名规则。数组中每个元素要有编号，这个编号称为数组元素的下标（C 语言规定编号从 0 开始）。由于有了数组名和下标，元素在数组中的位置就唯一确定，利用数组名和下标就可以准确地访问数组中任意一个元素。在 C 语言中使用数组前必须先定义。

二、数组的使用

1. 一维数组的一般形式

类型标识符　数组名[常量表达式];

（1）类型标识符表明数组中所包含的元素的数据类型；

（2）数组名是用户定义的数组标识符；

（3）方括号中的常量表达式表示数据元素的个数，也称为数组的长度。

例如：

```
int score[8];        //整型数组 score，最多存储 8 个元素
float b[6],c[5];     //实型数组 b 与 c，b 最多存储 6 个元素，c 最多存储 5 个元素
char ch[20];         //字符数组 ch，最多存储 20 个字符
```

说明：

（1）数组的类型实际上是指数组元素的取值类型。对于同一个数组，其所有元素的数据类型都是相同的；

（2）数组名的书写规则应符合标识符的命名规范；

（3）数组名不能与其他变量名相同；

例如：

```
main()
{
    int a;
    float a[10];
    ……
}
```

程序段中变量的声明是错误的，a 被重复声明。

（4）方括号中常量表达式表示数组元素的个数；

如 int a[5]表示整型数组 a 有 5 个元素。但是其下标从 0 开始计算，因此 5 个元素分别为 a[0],a[1],a[2],a[3],a[4]。若数组下标从 1 开始，则数组应定义为 int a[6]，a[0]不使用。

（5）不能在方括号中利用变量来表示元素的个数，但是可以利用符号常量或常量表达式；

例如：

```
#define FD 5
  main()
  {
      int a[3+2],b[7+FD];    //正确的数组声明
      ……
}
```

但是下述说明方式是错误的。

```
main()
   {
      int n=5;
      int a[n];              //数组声明中不能用变量定义数组长度
      ……
}
```

（6）允许在同一个类型定义中，同时定义多个数组和多个变量。

例如：

```
int a,b,c,d,k1[10],k2[20];
```

2. 一维数组的初始化

给数组赋值的方法除了用赋值语句对数组元素逐个赋值外，还可采用初始化赋值和动态

赋值的方法。

数组初始化赋值是指在数组定义时给数组元素赋予初值。数组初始化是在编译阶段进行的。这样将减少运行时间，提高效率。

初始化赋值是将元素的排列顺序依次写在一对{}内，并用逗号隔开。一般形式为：

类型说明符 数组名[常量表达式]={值，值，……值}；

其中在{ }中的各数据值即为各元素的初值，各值之间用逗号间隔。

例如：

```
int a[5]={2,4,6,8,10};
```

以上的这种方法等价于：

```
int a[5];
a[0]=2;a[1]=4;a[2]=6;a[3]=8;a[4]=10;
```

C 语言中对数组的初始化赋值还有以下几点规定：

（1）只给部分元素赋初值。

初始化数组的元素个数不允许多于数组的长度，但可以少于数组的长度。编译时会从数组第一个元素开始依次赋值，未赋初值的数组元素初始化值为默认值（整型默认为 0，浮点型默认为 0.000000，字符型默认值为“\0”）。

例如：

```
int a[5]={2,4,6,8,10,12};    //错误，初始化数值个数多于数组长度
int a[8]={2,4,6,8,10};       //正确，a[0]到a[4]依次赋值为2,4,6,8,10,
                             //a[5]到a[7]的值都为0
    char c[10]= "abc";       //正确
```

（2）只能给元素逐个赋值，不能给数组整体赋值。

例如：

给十个元素全部赋 1 值，只能写为：

```
int a[10]={1,1,1,1,1,1,1,1,1,1};
```

而不能写为：

```
int a[10]=1;
```

（3）如果在定义一维数组时给出了全部元素的初值，则在数组定义中，可以省略数组元素的个数，此时编译器会自动根据初始化数据的个数来确定数组的长度。

例如：

```
int a[5]={1,2,3,4,5};
```

可写为：

```
int a[]={1,2,3,4,5};
```

3. 一维数组的引用

【例 4-1】输入小组学生的成绩，并顺序输出。

问题分析：首先正确定义存储成绩的数组，并依次录入小组学生成绩；其次从数组的第一个开始，逐个输出所有成绩信息，实现学生成绩的顺序输出。

```
#include <stdio.h>
main()
{
    int i;
```

```
    float score[8];
    printf("\n 请输入小组学生的成绩信息并顺序输出\n");
    printf("---------------------------------------------------------");
    printf("\n 请输入小组学生的成绩信息：\n");
    for(i=0;i<8;i++)
    {
        scanf("%f",&score[i]);
    }
    printf(" 小组学生的成绩顺序输出为：\n ");
    for(i=0;i<8;i++)
      printf("%7.2f",score[i]);
      printf("\n");
}
```

程序运行效果如图 4-2 所示。

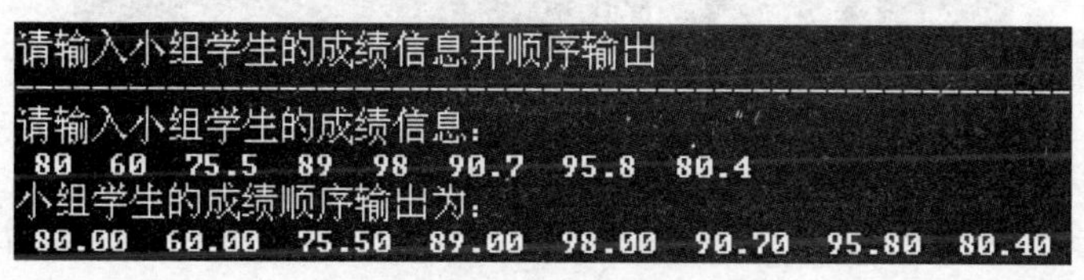

图 4-2　例 4-1 运行效果图

【例 4-2】输入小组学生的“C 程序设计”课程的平时成绩和期末成绩，计算总成绩并顺序输出，期末总成绩=平时成绩*50%+期末成绩*50%。

```
#include <stdio.h>
#define N 8
main()
{
    float p[N],q[N];
    int i;
    double score[N];
    printf("\n 根据输入的平时成绩和期末考试成绩，计算总成绩并顺序输出\n");
    printf("---------------------------------------------------------\n");
    printf(" 请输入小组学生的成绩信息：\n");
    printf(" 平时   期末\n");
    for(i=0;i<N;i++)
    {
        scanf("%f %f",&p[i],&q[i]);      //输入每个学生的平时成绩和期末成绩
        score[i]=p[i]*0.5+q[i]*0.5;      //计算学生的期末总成绩
    }
    printf(" 小组学生的成绩单：\n");
    printf(" 平时成绩   期末成绩   期末总成绩\n");
    for(i=0;i<N;i++)
        printf("%7.2f   %7.2f   %7.2f\n",p[i],q[i],score[i]);
    printf("\n");
}
```

程序运行效果如图 4-3 所示。

```
根据输入的平时成绩和期末考试成绩，计算总成绩并顺序输出
------------------------------------------------------
请输入小组学生的成绩信息：
平时  期末
 89   90
 86   94
 78   89
 66   70
 84   88
 85   90
 80   90
 96   92
小组学生的成绩单：
平时成绩  期末成绩  期末总成绩
89.00     90.00     89.50
86.00     94.00     90.00
78.00     89.00     83.50
66.00     70.00     68.00
84.00     88.00     86.00
85.00     90.00     87.50
80.00     90.00     85.00
96.00     92.00     94.00
```

图 4-4　例 4-2 运行效果图

【例 4-3】查找小组同学的最低分，并将与最后一个元素位置互换。

问题分析：首先能够正确录入学生成绩信息，其次从第一元素 a[0]开始向后逐个比较找到最小元素，并记录其元素下标；最后将最小元素与最后一个元素位置互换。算法执行流程如图 4-4 所示。

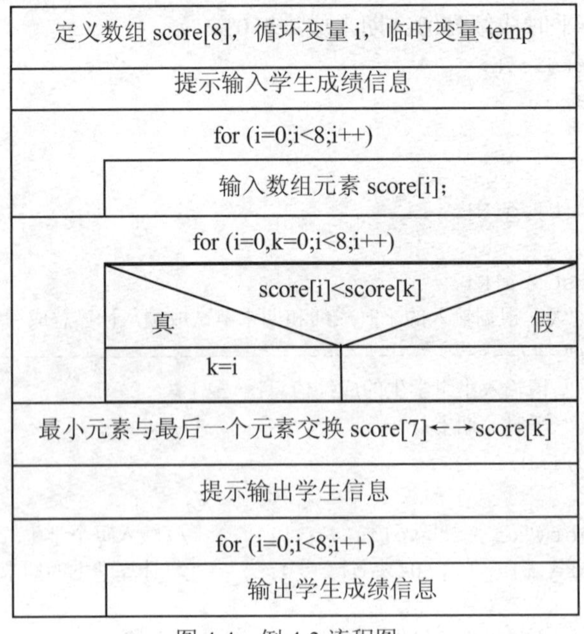

图 4-4　例 4-3 流程图

```
#include <stdio.h>
#define N 8
main()
{
    int i,k;
```

```
    float score[N],temp=0.0f;
    printf("\n 输入小组同学成绩，将最低分放置于最后一个元素位置\n");
    printf("--------------------------------------------------------\n");
    printf(" 请输入小组学生的期中成绩信息：\n ");
    for(i=0;i<N;i++)    //输入学生的成绩信息
        scanf("%f",&score[i]);
    for(i=1,k=0;i<N;i++)//找最小元素
    {
        if(score[i]<score[k])
            k=i;        //k 记录从前向后查找最小元素过程中找到的最小元素下标
    }
    printf("\n 最低成绩为：%6.2f\n",score[k]);
    temp=score[k];      //交换最小元素与最后一个元素
    score[k]=score[7];
    score[7]=temp;
    printf(" 数组中学生的成绩信息为：\n");
    for(i=0;i<N;i++)    //输出排序后的成绩信息
        printf("%7.2f",score[i]);
    printf("\n");
}
```

程序运行效果如图 4-5 所示。

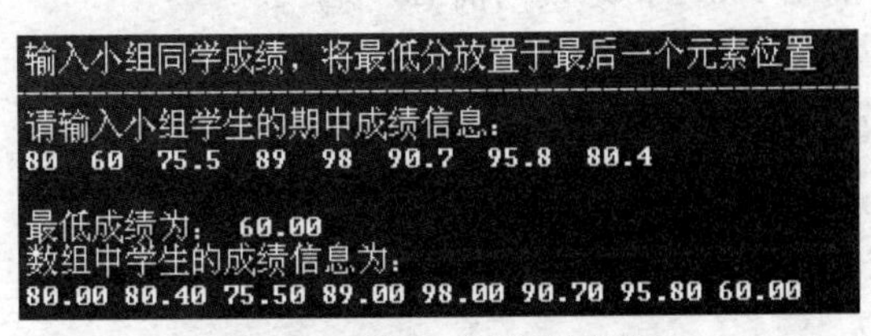

图 4-5　例 4-3 运行效果图

【例 4-4】输入小组 C 程序设计考试成绩信息，实现数组中的成绩信息的逆置。

问题分析：数组逆置就是将第一个元素与最后一个元素交换，而将第二个元素与倒数第二个元素交换，依次类推，直到数组所有元素正好逆序为止。

根据问题要求，要实现小组学生中第 1 名与第 8 名学生成绩互换，第 2 名与第 7 名学生成绩互换，第 3 名与第 6 名学生成绩互换，第 4 名与第 5 名学生成绩互换。通过递推可知 N 个元素共需要 N/2 次交换。若元素总个数 N 为偶数，则正好交换 N/2 次，所有元素交换一次，完成数组的逆置；若 N 为奇数，交换 N/2 次后，剩下最中间的元素第 N/2+1 个元素未交换，其他所有元素交换一次，同样完成了数组的逆置。

```
#include <stdio.h>
#define  N  8
main()
{
    float score[N],t=0;
    int i;
    printf("\n  数组中成绩信息的逆置\n");
    printf("--------------------------------------------------------\n");
    printf(" 请输入小组学生的期中成绩信息：\n");
```

```
    for(i=0;i<N;i++)        //输入学生的成绩信息
        scanf("%f",&score[i]);
    for(i=0;i<N/2;i++)
    {
        t=score[i];         //交换元素
        score[i]=score[N-1-i];
        score[N-i-1]=t;
    }
    printf(" 数组中学生的成绩信息为：\n");
    for(i=0;i<N;i++)        //输出交换后的成绩信息
        printf("%7.2f",score[i]);
    printf("\n");
}
```

程序运行效果如图 4-6 所示。

```
数组中成绩信息的逆置
------------------------------------------------------
请输入小组学生的期中成绩信息：
80  60  75.5  89  98  90.7  95.8  80.4
数组中学生的成绩信息为：
80.40 95.80 90.70 98.00 89.00 75.50 60.00 80.00
```

图 4-6　例 4-4 运行效果图

【例 4-5】利用数组求出 Fibonacci 数列前 20 项。

问题分析：

Fibonacci 数列递推公式为：

$F_1=1$　　　（n=1）

$F_2=1$　　　（n=2）

$F_n=F_{n-1}+F_{n-2}$　（n>2）

可以定义一个一维数组 F 存储各个数列项，已知 F[0]=1，F[1]=1，当 n>1 时，满足 F[n]=F[n-1]+F[n-2]。根据这个关系很容易用循环计算出数列中的各个值。

```
#include <stdio.h>
#define N 20
main()
{
    long int F[N+1],i;
    F[1]=1;
    F[2]=1;
    printf("\n  利用数组求出 Fibonacci 数列前 20 项\n");
    printf("-----------------------------------------------------\n ");
    printf("%d %d ",F[1],F[2]);
    for(i=3;i<=N;i++)   //循环初始值为 3
    {
        F[i]=F[i-1]+F[i-2];
        printf("%d ",F[i]);
    }
    printf("\n");       //换行
}
```

程序运行效果如图 4-7 所示。

```
利用数组求出Fibonacci数列前20项
--------------------------------------------------------------------------------
1 1 2 3 5 8 13 21 34 55 89 144 233 377 610 987 1597 2584 4181 6765
```

图 4-7　例 4-5 运行效果图

实现该算法时，定义数组长度为 21，下标为 0 的位置在算法中未使用。

【例 4-6】假设有一头母牛，它每年的年初生一头小母牛，每头小母牛从第 4 年起每年的年初生一头小母牛。在 20 年内，每年有多少头母牛？

问题分析：这是一个递推问题，根据题意，可知第 1 年有 2 头牛，第 2 年有 3 头牛，第 3 年有 4 头牛，从第 4 年起每年的母牛数是前一年母牛数加上三年前母牛数。用一个一维数组 cow 来存储每年的母牛数，则 cow[1]=2，cow[2]=3，cow[3]=4，当 n>3 时，cow[n]= cow[n-1]+ cow[n-3]；

```
#include <stdio.h>
#define N 20
main()
{
    int cow[N+1],i;
    cow[1]=2;                        //第 1 年共有 2 头牛
    cow[2]=3;                        //第 2 年共有 3 头牛
    cow[3]=4;                        //第 3 年共有 4 头牛
    i=4;
    for (i=4;i<N;i++)
    {
        cow[i]=cow[i-1]+cow[i-3];        //3 年前的所有母牛今年都可产 1 头小牛
    }
    i=1;
    while (i<N)
    {
        printf("\n 第%5d  年共有%6d  头牛 ",i,cow[i]);
        i++;
    }
    printf("\n");            //换行
}
```

程序运行效果如图 4-8 所示。

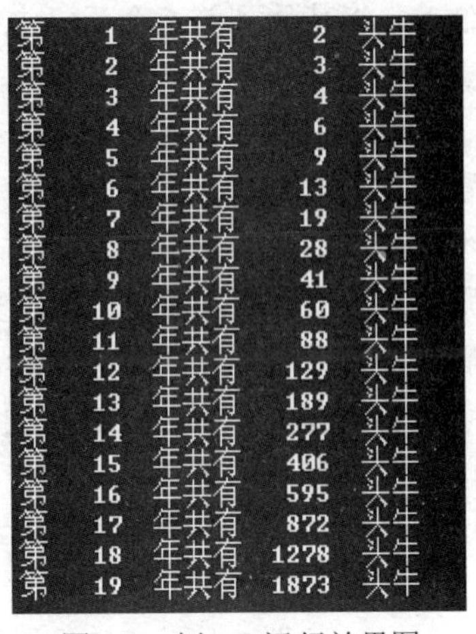

图 4-8　例 4-6 运行效果图

【例 4-7】依次输入小组 C 程序设计考试成绩信息，输出按成绩由低到高排序的排名成绩单。

问题分析：依次输入的成绩是相同类型的无序的数据，根据题目要求将最低的成绩放到最前边，最高的成绩放到最后边，只是按照成绩的大小修改成绩存储位置。故本题可以使用一维数组存储成绩信息。利用选择法实现成绩排序，其思想是：n 个元素排序，需要进行 n-1 趟排序，在每趟排序的 m 个元素中选出最小的一个，将其与无序的 m 个元素中的最后一个交换，保证每趟排序中将最小元素放到无序序列的最后。经过 n-1 趟排序，即可实现数据由大到小的排序。

```
#include <stdio.h>
#define N 8
main()
{
    float score[N],temp=0;
    int i,j,k;
    printf("\n 按照成绩从大到小排序输出 C 程序设计成绩\n");
    printf("--------------------------------------------------\n");
    printf(" 请输入小组学生的期中成绩信息：\n");
    for(i=0;i<N;i++)                    //输入学生的成绩信息
        scanf("%f",&score[i]);
    for(i=0;i<N-1;i++)                  //共进行 N-1 趟排序
    {
        for(j=1,k=0;j<N-i;j++)
        {
            if(score[j]<score[k])
                k=j;
        }
        if(k==j) continue;
        temp=score[k];                  //交换元素
        score[k]=score[N-1-i];
        score[N-1-i]=temp;
    }
    printf(" 输出小组学生的成绩信息：\n");
    for(i=0;i<N;i++)                    //输出排序后的成绩信息
        printf("%7.2f",score[i]);
    printf("\n");
}
```

若想能够正确写出排序算法，首先应该能够正确地找到最高分或者最低分。利用例 4-3 中的思想在 8 个学生成绩中找到最低分，再将其移到 8 个元素中的最后一个。然后在前 7 个学生成绩中再找到最低分，将其移到前 7 个元素中的最后一个，同理，在前 6 个学生成绩中找到最低分，将其移到前 6 个元素中的最后一个，重复操作直到只剩下 1 个元素时，即完成了 8 个元素的降序排列，利用该思想排序称为选择排序。

解决任何问题的方法都不是唯一的，除了使用冒泡法还可以使用选择法实现数据排序。冒泡法的思想是：将第一个数字和第二个数字比较，如果前一个数字较大，则位置互换，否则不动，即保证数值大的在下方。然后将第二个数字和第三个数字比较，如果第二个数字较大，则位置互换，否则不动；依次类推，把全部相邻数字两两比较一遍后，最大的数字已经移到最后。也就是通过一次循环比较，找到了最大数。依据此法，对除了最后的最大数以外的其余数字重复上面的步骤，大数字逐渐沉到了后面，并且有序排列，所以形象地称之为“冒泡法”。按照归纳推理的方法，我们先来研究 n 个数排序问题的个别特例。例如，对 7，5，8，3，1 这 5 个元素按照从小到大进行排序，现在我们按照冒泡法的思路，手工模拟处理的过程如下：

（1）第一趟：7，5，8，3，1。

- 元素 7 与元素 5 比较，7>5，故两元素交换位置，序列为：5，7，8，3，1

- 元素 7 与元素 8 比较，7<8，故两元素不交换位置，序列为：5，7，8，3，1
- 元素 8 与元素 3 比较，8>3，故两元素交换位置，序列为：5，7，3，8，1
- 元素 8 与元素 1 比较，8>1，故两元素交换位置，序列为：5，7，3，1，8

5 个数经过 4 次比较后，最大元素 8 下沉到最后一个位置。

（2）第二趟：5，7，3，1，（8）。

剩余元素中最大的元素交换到剩余元素的最后一个位置，因最后一个元素 8 已经交换至最终位置，该元素不参与其他趟排序。

- 元素 5 与元素 7 比较，5<7，故两元素不交换位置，序列为：5，7，3，1
- 元素 7 与元素 3 比较，7>3，故两元素交换位置，序列为：5，3，7，1
- 元素 7 与元素 1 比较，7>1，故两元素交换位置，序列为：5，3，1，7

4 个数经过 3 次比较后，最大元素 7 下沉到无序数列的最后一个位置。

（3）第三趟：5，3，1，（7，8）。

- 元素 5 与元素 3 比较，5>3，故两元素交换位置，序列为：3，5，1
- 元素 5 与元素 1 比较，5>1，故两元素交换位置，序列为：3，1，5

3 个数经过 2 次比较后，最大元素 5 下沉到无序数列的最后一个位置。

（4）第四趟 3，1，（5，7，8）。

元素 3 与元素 1 比较，3>1，故两元素交换位置，序列为：1，3

2 个数经过 1 次比较后，最大元素 3 下沉到无序数列的最后一个位置。

排序最终序列为 1，3，5，7，8。

通过归纳推理，得出如下结论：n 个元素排序，将进行 n-1 趟排序，每趟排序需要元素个数减 1 次比较，且每趟都比上一趟排序中参与排序的元素个数减少一个。即第一趟在前 n 个元素中排序，将最大的元素交换到最后一个元素，第 2 趟在前 n-1 个元素中排序，将最大的元素交换到前 n-1 元素的最后一个元素。依次类推，直到参与排序的元素为 2 个时，进行最后一趟（第 n-1 趟）排序。具体实现见任务一。

说明：采用归纳推理的方法研究一些比较复杂的算法，是解决问题的有利工具。在使用归纳推理的方法时要注意以下几点：

①选取的个别特例尽可能是具有代表性的简单示例。

②采取手工模拟的处理步骤要详尽清晰，要不厌其烦。

③可以对 1 个或多个示例进行研究。

④仔细观察研究，发现规律，找出个别到一般的对应关系。

⑤对推理的结论，应采用演绎推理进行验证。

任务一中要求实现学生成绩的由高到低排序输出，在算法实现上采用的就是冒泡排序思想，不同的是，本例采用的是大数下沉算法，即大数在后，小数在前；而任务一要求小数在后，大数在前，所以在算法实现上只要修改交换的条件即可。

4.1.4　任务小结

通过本任务的学习，同学们学会了一维数组的声明及应用，并利用一维数组实现学生成绩的简单管理。

4.2 任务二 小组学生名单的输入与输出

知识目标	（1）一维字符数组的定义与使用 （2）一维字符数组的初始化 （3）字符串函数的应用
能力目标	（1）掌握字符数组的定义与使用 （2）独立运用字符数组解决实际问题
素质目标	（1）培养学生自主学习和知识应用的能力 （2）培养学生分析问题和解决问题的能力
教学重点	字符数组的定义、初始化及使用
教学难点	字符数组的应用
效果展示	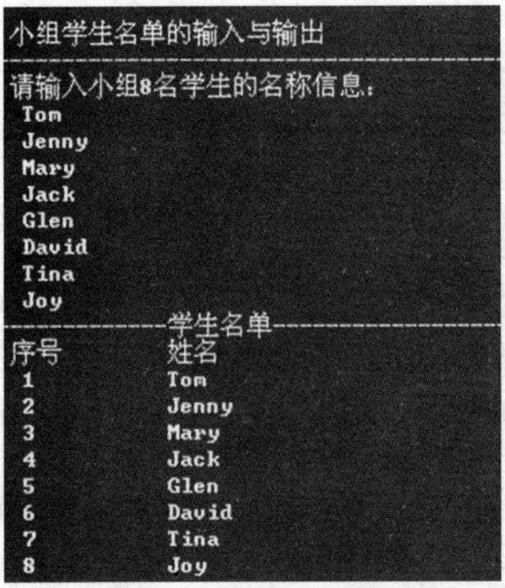 小组学生名单的输入与输出 -- 请输入小组8名学生的名称信息： Tom Jenny Mary Jack Glen David Tina Joy ------------学生名单------------ 序号 姓名 1 Tom 2 Jenny 3 Mary 4 Jack 5 Glen 6 David 7 Tina 8 Joy 图 4-9 任务二运行效果图

4.2.1 任务描述

一个班有 40 名学生（平均分成 5 个组）参加了 C 程序设计课程期中考试，老师要求输出每个小组参加考试的学生名单。该任务的要求如下：

（1）新建 4-2.c 文件；

（2）定义一个一维字符类型数组，能够存储 8 名学生的姓名信息；

（3）录入小组的 8 名学生的姓名信息；

（4）打印学生名单。

4.2.2 任务实现

```
/****************************************************************
* 任务二：小组学生名单的输入与输出
****************************************************************/
```

```
#include <stdio.h>
#include <string.h>
#define N 8
main()
{
    int i=0;
    char name[N][12];
    printf("\n 小组学生名单的输入与输出\n");
    printf("-------------------------------------------\n");
    printf(" 请输入小组 8 名学生的名称信息：\n");
    while (i<N)
    {
        gets(name[i]);                          //输入姓名
        i++;
    }
    printf("-------------学生名单---------------\n");
    printf(" 序号       姓名 \n");
    for(i=0;i<N;i++)
    {
        printf(" %2d        ",i+1);             //输出序号
        puts(name[i]);                          //输出姓名
    }
    printf("\n");
}
```

程序运行效果如图 4-9 所示。

本任务中需要学习的内容是：

- 一维字符数组的定义与使用
- 一维字符数组的初始化及应用

4.2.3 相关知识

一、字符串与字符数组

1. 字符串

C 语言中，字符串是用双引号括起来的若干字符序列，可以包括转义字符及 ASCII 表中的字符，并规定以字符“\0”作为字符串的结束标志。“\0”是一个转义字符，称为“空值”，它的 ASCII 值是 0。当借助数组存放字符串时，“\0”作为标志占用存储空间，但是不计入字符串的实际长度。

虽然 C 语言中没有字符串数据类型，但却允许使用“字符串常量”。每个字符串常量都分别占用内存中一块连续的存储空间，这些连续的存储空间实际上就是字符型一维数组。这些字符数组虽然没有名字，但 C 编译系统却以字符串常量的形式给出存放每个字符串的首地址，不同的字符串具有不同的起始地址。系统存储字符串常量时会在串的结尾自动追加“\0”。

系统为了准确判断字符串的实际长度，规定一个字符串的结束标志为空字符“\0”。字符串在存放时系统将在其尾部添加字符串结束标志。也就是说，在遇到“\0”时，表示字符串结束，由它之前的字符组成字符串。

系统依据“\0”字符而不是字符数组定义时的数组长度来判断字符串是否结束。当然，在定义字符数组时，应保证数组长度大于字符串实际长度。

2. 字符数组

如果一个数组的元素是字符型数据，则该数组是字符数组，字符数组是用于存放字符串的数据结构。它可用于表达现实世界中的一些文字信息，如姓名、地址等，用户使用它时常常有别于一般的数组，通常要求整体使用整个数组，而不是其中的单个字符；字符数组定义的一般形式为：

char 字符数组名[字符串长度说明];

注意：字符串长度说明应为最大字符串长度加 1；即字符串长度说明=字符串最大实际长度 + 1。在定义时多出来的一个空间就是为了存放字符串结束标志“\0”。

例如：

```
char s[10];
```

定义一个名称为 s 的字符数组，最多可存放 9 个字符。实际使用时可以存放 0 到 9 个字符。

3. 一维字符数组的初始化

字符数组是数组元素类型为 char 的数组，所以一维数组初始化的方法和规则同样适用于一维字符数组；但由于字符串的特殊性，字符数组的初始化有其特殊的一面。

（1）逐个字符赋初值。

例如：

```
char  str[10]={'c','h','i','n','a','\0'}
```

需要注意的是，这样初始化字符数组时，系统不会自动添加字符串结束标志“\0”，而必须像上例一样，在初值表的最后显式添加“\0”。

（2）对全体元素赋初值时可以省去长度说明。

例如：

```
char a[]={'I',' ','S','e','e','\0'};
```

数组的元素个数为 5，数组占用的存储空间个数为 6 个。在内存中的存储情况如下所示：

I		S	e	e	\0

（3）对字符数组初始化通常使用字符串常量赋初值。

例如：

```
char  str[10]="china";
```

c	h	i	n	a	\0	\0	\0	\0	\0

系统将会在末尾自动添加“\0”字符。以下的例子进一步说明两种字符数组初始化的方法的区别：

```
char  str1[]="china";                //字符数组 str1 的长度为 6
```

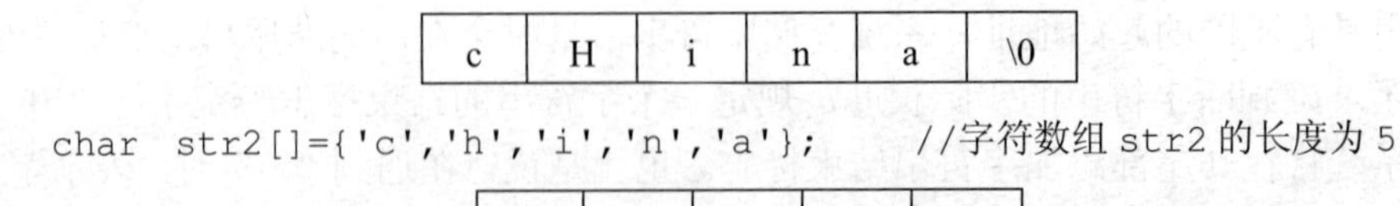

c	H	i	n	a	\0

```
char  str2[]={'c','h','i','n','a'};      //字符数组 str2 的长度为 5
```

c	h	i	n	a

采用后一种形式定义的字符数组由于缺少字符串结束标识字符“\0”，会造成系统无法准确判断字符数组结束的位置，从而有可能造成程序出错。两种初始化形式定义的数组长度也不同。

4. 一维字符数组的输出

C 程序常使用 printf()和 puts()函数输出字符串。

（1）printf()函数。

【例 4-8】在屏幕上输出字符串“china”。

方法一：用%c 格式符逐个输出

```
#include <stdio.h>
#include <string.h>
main()
{
    char ch[6]="china";
    int i=0;
    for(;i<6;i++)
        printf("%c",ch[i]);  //逐个输出单个字符
    printf("\n");
}
```

方法二：用%s 格式符进行字符串的输出

```
#include <stdio.h>
#include <string.h>
main()
{
    char ch[6]="china";
    printf("%s\n ",ch);
}
```

程序运行效果如图 4-10 所示。

china

图 4-10　例 4-8 运行效果图

（2）puts()函数。

puts()函数调用形式：

```
puts(字符数组名);
```

puts()函数的作用是将字符数组的所有字符输出到终端上，输出时将字符串结束标志“\0”转换成换行符“\n”。如果字符串已包含换行符，打印结果会在文本后面输出一个空白行，具体效果见任务三。

例如：

```
char ch[6]="china";
    puts(ch);           //输出字符串
```

补充说明：%ns 可以同时指定字符串显示的宽度。如果字符串的实际长度小于 n 个字符，不足部分填充空格。n 为正数，则在左端补空格，即字符串右对齐；n 为负数，则字符串左对齐。如果字符串的实际长度大于 n 个字符，则显示整个字符串。

5. 一维字符数组的输入

C 程序中常用 scanf()函数和 gets()函数进行字符数组数据的输入。

（1）scanf()函数。

使用 scanf()函数输入时使用%s 格式符，会忽略前导空格，读取输入字符并保存到指定的

位置开始的内存空间中，直到遇到空格字符为止。

例如：

```
scanf("%s",ch);   //ch是数组名，代表字符数组的起始地址，故ch之前没有&运算符
```

使用 scanf()函数读入字符串可能读入超过定义时说明的字符串最大长度的字符数，这个问题可以使用%ns格式符解决，其中整数n表示域宽限制。在数据输入时若没有遇到空格字符，则读入操作将在读入n个输入字符之后停止。在程序中使用宽度限制会让数据更安全。

例如：

```
scanf("%5s",ch);  //scanf()函数最多可读入5个非空格字符到ch字符数组中
```

【例 4-9】利用 scanf()函数实现字符串的输入。

```
#include <stdio.h>
#include <string.h>
main()
{
    char ch[20];
    printf("请输入一个长度小于20的字符串：");
    scanf("%20s",ch);
    printf("您输入的字符串是:              ");
    printf("%5s",ch);
    printf("\n");
}
```

程序运行效果如图 4-11 所示。

```
请输入一个长度小于20的字符串：Hello
您输入的字符串是：            Hello
```

（a）

```
请输入一个长度小于20的字符串：Hello World !
您输入的字符串是：            Hello
```

（b）

图 4-11 例 4-9 运行效果图

使用 scanf()函数实现字符串数据的输入与输出更简单、快捷。但需要注意以下问题：

- 因为数组名代表数组的首地址，所以 ch 前不用加地址符。
- 用 scanf()函数输入字符串时，以空格或回车符作为字符串输入结束符号，所以输入字符串中不能包含空格。
- 字符串输入长度不应超过字符数组长度减 1。
- 输入字符串时两边不需要用双引号括起来。

（2）gets()函数。

gets()函数调用形式：

gets(字符数组名);

为了解决 scanf()函数不能读入带空格的字符串的问题，C 语言提供了一个专门读字符串的 gets()函数，gets()函数的作用是读入一整行字符到指定的字符数组中，直至遇到回车符为止。但是回车不会作为有效字符存储在字符数组中，而是转换为字符串结束标志。

用于接收字符串的字符数组长度应足够长，以便保存整个字符串及字符串结束标志。否则，函数将把超过字符数组定义的长度之外的字符顺序保存在数组范围之外的内存单元中，从而可能覆盖其他内存变量的内容，造成程序出错。

【例 4-10】利用 gets()函数和 puts()函数改写例 4-9 算法。

```
#include <stdio.h>
#include <string.h>
main()
{
    char ch[20];
    printf(" 请输入一个长度小于 20 的字符串: ");
    gets(ch);          //输入字符串
    printf(" 您输入的字符串是:              ");
    puts(ch);          //输出字符串
    printf("\n");      //换行
}
```

运行程序时，只能输入不超过 20 个字符的字符串。效果如图 4-12 所示。

```
请输入一个长度小于20的字符串: Hello World !
您输入的字符串是:            Hello World !
```

图 4-12　例 4-10 运行效果图

二、字符串函数

C 语言提供了丰富的字符串处理函数，大致可分为字符串的输入、输出、合并、修改、比较、转换、复制、搜索几类。使用这些函数可大大减轻编程的负担。用于输入输出的字符串函数，在使用前应包含头文件<stdio.h>，使用其他字符串函数则应包含头文件<string.h>。

下面介绍几个除了 gets()和 puts()函数外的常用的字符串函数。

1. strlen()函数——计算字符串长度函数

形式：strlen(字符数组名);

功能：返回字符串的实际长度（不含字符串结束标志“\0”）。

在程序执行过程中可以使用 sizeof()函数获取字符数组所占用存储空间的字节数。

【例 4-11】获取字符串"C language"的长度。

```
#include <stdio.h>
#include<string.h>
main()
{
    char st[20]="C language";
    printf("\n 字符串  \"%s\" 的字符长度为 : %d\n",st,strlen(st));
    printf(" 数组占用存储空间长度为   :       %d\n",sizeof(st));
}
```

程序运行效果如图 4-13 所示。

```
字符串  "C language" 的字符长度为 : 10
数组占用存储空间长度为   :       20
```

图 4-13　例 4-11 运行效果图

2. strlwr()函数——字符串中大写字母转小写字母函数

形式：strlwr(字符串);

功能：将字符串中的大写字母转为小写字母。

3. strupr()函数——字符串中的小写字母转大写字母函数

形式：strupr(字符串);

功能：将字符串中的小写字母转为大写字母。

4. strcat()函数——字符串连接函数

形式：strcat (字符数组 1,字符数组 2);

功能：把字符数组 2 中的字符串连接到字符数组 1 中字符串的后面，并删去字符串 1 后的串结束标志“\0”。本函数返回值是字符数组 1 的首地址。字符数组 1 的数组长度应足够大，保证可存储连接以后的所有字符。

例如：

```
char str1[30]="The C program",str2[]="language";
strcat(str1,str2);
```

执行后，字符数组 str1 的内容为“The C program language”。

【例 4-12】在屏幕上输出自己的姓名。

```
#include <stdio.h>
#include <string.h>
main()
{
  static char str[30]="My name is ";  //字符数组 str 应定义足够大的长度
  char strname[10];
  printf("请输入你的名字: ");
  gets(strname);
  strcat(str,strname);
  puts(str);
}
```

程序运行效果如图 4-14 所示。

```
请输入你的名字: zhx
My name is zhx
```

图 4-14　例 4-12 运行效果图

5. strcpy()函数——字符串拷贝函数

形式：strcpy (字符数组 1,字符数组 2);

功能：把字符数组 2 中的字符串拷贝到字符数组 1 中。串结束标志“\0”也一同拷贝。字符数组 2 也可以是一个字符串常量。这时相当于把一个字符串赋予一个字符数组。

例如：

```
char  s1[8],s2[8]= "hello! ";
strcpy(s1,s2);
```

执行后 s1 中的内容和 s2 的内容相同。

注意：①字符数组 1 的数组长度要足够大，应大于字符串 2 的实际长度。

②以下对字符数组的赋值操作都是不合法的：

```
s1="hello! ";
s2=s1;
```

这是因为字符数组名 s1、s2 代表数组存储的起始地址，可看作是常量，当然不能给常量赋值。要给字符数组赋值，可以使用 strcpy()函数，或者使用赋值语句将每个字符赋值给字符数组的每个元素，如：

```
s1[0]='h';s1[1]='e';s1[2]='l';s1[3]='l';s1[4]='o';
s1[5]='!';s1[6]='\0';
```

【例 4-13】将字符串"C Language"拷贝到字符数组 str1 中，并输出。

```
#include <stdio.h>
#include <string.h>
main()
{
  char st1[15],st2[]="C Language";
  strcpy(st1,st2);                    //字符串拷贝
  printf("字符串 1 的内容:\n");
  puts(st1);                          //输出字符串
}
```

字符串1的内容:
C Language

图 4-15　例 4-13 运行效果图

程序运行效果如图 4-15 所示。

puts()函数输出字符串后自动换行，故程序执行结果中有一个空行。

6. strcmp()函数——字符串比较函数

形式：strcmp(字符数组 1,字符数组 2);

功能：按照 ASCII 码顺序比较两个数组中的字符串，并由函数返回值返回比较结果。

本函数可用于比较两个字符串常量，或字符数组和字符串常量。字符数组比较是对两个字符串逐个字符比较其 ASCII 码的大小，直到遇到不同的字符或“\0”为止。如果全部字符都相同，则这两个字符数组相等；如果出现不相同的字符，则以第一个不相同的字符的比较结果作为两个字符数组比较的结果。该函数返回值为：

- 如果字符数组 1=字符数组 2，函数值为 0；
- 如果字符数组 1>字符数组 2，函数值为正整数；
- 如果字符数组 1<字符数组 2，函数值为负整数。

例如：

```
if (strcmp(str1,str2)==0)  printf("yes");
```

注意，不要写成：

```
if (str1==str2)  printf("yes");
```

这个语句可以运行，但是它比较的是字符数组 str1 和 str2 的起始地址，而不是字符数组的内容。

【例 4-14】比较输入的两个字符串是否相同。

```
#include <stdio.h>
#include <string.h>
main()
{
    int k;
    char str2[15],str1[]="C Language";
    printf(" 第一个字符串为：   %s\n",str1);
    printf(" 请输入另一个字符串:");
    gets(str2);
```

```
    k=strcmp(str1,str2);
    if(k==0) printf(" 两个字符串的关系是：str1=str2\n");
    if(k>0) printf(" 两个字符串的关系是：str1>str2\n");
    if(k<0) printf(" 两个字符串的关系是：str1<str2\n");
}
```

程序运行效果如图 4-16 所示。

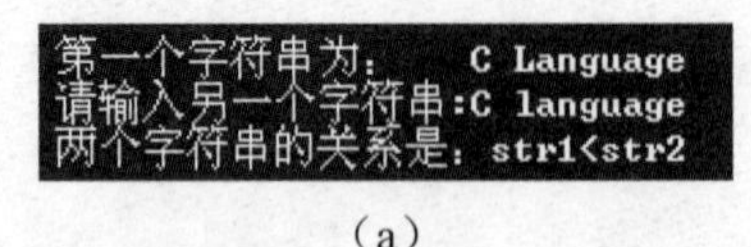

（a）

第一个字符串为： C Language
请输入另一个字符串:C Language
两个字符串的关系是：str1=str2

（b）

图 4-16　例 4-14 运行效果图

本程序中把输入的字符串和数组 str1 中的串比较，比较结果返回到 k 中，根据 k 值再输出结果提示串。当输入为 C language 时，由 ASCII 码可知“L”小于“l”故 k>0，输出结果“str1>str2”。

【例 4-15】从键盘上输入两个字符串 a 和 b，要求：

（1）将字符串 a 拷贝到字符数组 c 中；

（2）将字符串 b 连接到字符串 c 的后面，输出字符串 c；

（3）将字符串 a 和 b 都转换成大写后输出；

（4）比较字符串 a 和 b，并输出较大的字符串；

（5）输出 a，b，c 三个字符串的长度。

```
#include <stdio.h>
#include <string.h>
main()
{
    char a[20],b[20],c[40];
    printf("请输入 a 字符串：");
    gets(a);
    printf("\n 请输入 b 字符串：");
    gets(b);
    strcpy(c,a);                    //字符串 a 拷入 c
    strcat(c,b);                    //字符串 b 连接到 c 后
    printf("\n");
    printf("连接后的 c 字符串是");
    puts(c);                        //输出字符串 c
    strupr(a);                      //将字符串转换成大写
    strupr(b);
    printf("\na 字符串转化成大写是：");
    puts(a);
    printf("\nb 字符串转化成大写是：");
    puts(b);
    if (strcmp(a,b)>0)              //字符串比较
        printf("\n 较大的字符串是 a");
    else if (strcmp(a,b)<0)
        printf("\n 较大的字符串是 b");
```

```
        else
            printf("\na,b 两个字符串相等");
        printf("\n 字符串 a 的长度是 %d",strlen(a));
        printf("\n 字符串 b 的长度是 %d",strlen(b));
        printf("\n 字符串 c 的长度是 %d\n",strlen(c));
    }
```

程序运行效果如图 4-17 所示。

图 4-17　例 4-15 运行效果图

4.2.4　任务小结

通过本任务的学习，同学们学习了字符串的概念及使用方法，能够利用字符数组存储学生信息。并通过多个实例的学习，使同学们深刻理解了广泛应用的字符串常用函数。

4.3　任务三　小组期中考试成绩单的输出

知识目标	（1）二维数组的定义与使用 （2）二维数组的初始化
能力目标	（1）掌握二维数组的定义与使用 （2）独立运用二维数组解决实际问题
素质目标	（1）培养学生自主学习能力和知识应用能力 （2）培养学生分析问题和解决问题能力 （3）培养学生团队协作能力
教学重点	二维数组的定义、初始化及应用
教学难点	二维数组的使用
效果展示	输出小组期中考试成绩单 -------------------------------- 请输入学生各科成绩 姓名 平面 基础 C程序 Joy 89 90 96 Jenny 85 92 75 Mary 78 90 88 Jack 88 94 96 Glen 90 76 83 David 94 82 90 Tina 81 93 78 Lily 85 96 80 -------输出学生成绩单----------- 姓名 平面 基础 C程序 总分 Jack 88.00 94.00 96.00 278.00 Joy 89.00 90.00 96.00 275.00 David 94.00 82.00 90.00 266.00 Lily 85.00 96.00 80.00 261.00 Mary 78.00 90.00 88.00 256.00 Tina 81.00 93.00 78.00 252.00 Jenny 85.00 92.00 75.00 252.00 Glen 90.00 76.00 83.00 249.00 图 4-18　任务三运行效果图

4.3.1 任务描述

一个班有40名学生（平均分成5个组）参加了平面设计、计算机应用基础、C程序设计三门课程的期中考试，老师要求输入小组学生的名单及各科成绩信息，并计算总分和平均分，最后按照成绩从大到小排序输出。该任务的要求如下：

（1）新建4-3.c文件；

（2）定义能够存储8名学生的姓名及各科成绩信息的数组；

（3）录入8名学生姓名及各科成绩信息；

（4）按照总成绩从大到小顺序输出8名学生的姓名及成绩信息。

4.3.2 任务实现

```
/************************************************************
* 任务三：小组期中考试成绩单的输出
************************************************************/
#include <stdio.h>
#include <string.h>
#define  N 8
main()
{
    int i,j,k=0;
    char stuname[N+1][10];                        //存储学生姓名信息
    float stuscore[N][3];                         //存储学生三科成绩信息
    float score[N],temp;                          //存储总分及临时变量
    printf("\n 输出小组期中考试成绩单 ");
    printf("\n ----------------------------------------\n ");
    printf(" 请输入学生各科成绩\n");
    printf(" 姓名  平面  基础  C程序\n ");
    for(i=0;i<N;i++)
    {
        scanf("%s %f %f %f",stuname[i],&stuscore[i][0],&stuscore[i][1],
        &stuscore[i][2]);
        score[i]=stuscore[i][0]+stuscore[i][1]+stuscore[i][2];
    }
    for(i=0;i<N;i++)                              //利用简单选择法实现成绩排序
    {
        k=i;
        for(j=i+1;j<N;j++)
        {
            if(score[k]<score[j])
                k=j;
        }
        temp=score[i];                            //交换学生总分信息
        score[i]=score[k];
        score[k]=temp;
```

```
                                         //交换学生三科成绩信息
            temp=stuscore[i][0]; stuscore[i][0]=stuscore[k][0];
      stuscore[k][0]=temp;
            temp=stuscore[i][1]; stuscore[i][1]=stuscore[k][1];
      stuscore[k][1]=temp;
            temp=stuscore[i][2]; stuscore[i][2]=stuscore[k][2];
      stuscore[k][2]=temp;
            strcpy(stuname[N],stuname[i]);          //交换学生姓名信息
            strcpy(stuname[i],stuname[k]);
            strcpy(stuname[k],stuname[N]);
         }
         printf(" ------输出学生成绩单---------\n");   //输出－打印排序后的成绩单
         printf(" 姓名  平面   基础   C程序   总分\n");
         for(i=0;i<N;i++)
         {
            printf("%6s %6.2f %6.2f %6.2f %7.2f\n",stuname[i],stuscore[i][0],
            stuscore[i][1],stuscore[i][2],score[i]);
         }
      }
```

程序运行效果如图 4-18 所示。本任务使用 scanf()函数实现数据输入，在输入姓名字符串时不能使用空格，否则将产生错误。若姓名中存在空格，可改用 gets()函数实现。在程序中定义了三个数组，score 数组存储学生的总成绩，字符数组 stuname 存储学生姓名，二维数组 stuscore 存储每个学生的三科成绩信息。三个数组同一个下标元素中存储同一个学生信息。

排序的思想：首先在 8 个学生总成绩中找到最高分，使用变量 k 记录其位置，然后在三个数组中进行数据交换，将最高分学生的信息交换到第一个学生位置。重复上述操作，在第 2 个到第 8 个学生的信息中将成绩最高的一个信息交换到第 2 个位置。8 名学生成绩排序，共重复 7 次该操作，即完成成绩的排序。

本任务中需要学习的内容是：

- 二维数组的定义与使用
- 二维数组的初始化

4.3.3 相关知识

一、二维数组的定义

类型说明符 数组名[常量表达式][常量表达式];

例如：

```
float score [3][2]; //能够存储 6 个成绩信息
```

二、二维数组的引用

数组元素的引用形式为：

数组名[下标][下标];

例如：

```
float score[3][2];
```

表示 3 行 2 列 6 个元素，行下标从 0 到 2，列下标从 0 到 1，即：

```
score[0][0], score[0][1]
score[1][0], score[1][1]
score[2][0], score[2][1]
```

三、二维数组的初始化

二维数组的初始化有以下3种情况：

1. 以行为单位对二维数组赋初值

例如：

```
float score[3][2]={{80,87},{89.8f,95.0f},{75,98}};
```

2. 将所有数据写在一个花括号中，根据数据排列顺序对各个元素赋初值

例如：

```
float score[3][2]={80,87,89.8f,95.0f,75,98};
```

实现效果同分行赋值相同。二维数组按行存储：先顺序存储第一行的元素，再存储第二行的元素。

3. 只对部分元素赋初值

例如：

```
float score[3][4]={{81,92},{76.5f},{84,75,96}};
```

数组的直观表示方法是：

$$\begin{pmatrix} 81 & 92 & 0 & 0 \\ 76.5 & 0 & 0 & 0 \\ 84 & 75 & 96 & 0 \end{pmatrix}$$

如果对全部元素赋初值，则第一维的长度可以不指定，但必须指定第二维的长度，全部数据写在一个花括号内。

例如：

```
float score[][3]={81.6f,92.8f,73,64,85.7f,98};
```

第一维数组长度2可以省略。

四、二维字符数组

1. 二维字符数组的定义

类型说明符　数组名[常量表达式][常量表达式];

例如：

```
char stu[3][10];
```

定义了一个3行10列的字符数组，stu为数组名，能够存储3名学生姓名。

二维数组是一种特殊的一维数组，又称为数组的数组。先看数组的第一维，表明它是一个具有3个元素的特殊的一维数组，3个元素分别为stu[0]，stu[1]，stu[2]。再看第二维，表明每一个元素又是一个包含10个元素的一维数组，如stu [0]又包含10个元素，分别为stu[0][0]，stu[0][1]，stu[0][2]，stu[0][3]，stu[0][4]，stu[0][5]，stu[0][6]，stu[0][7]，stu[0][8]，stu[0][9]。

2. 二维字符数组的初始化

```
char stu[3][10]={{'J','a','c','k'},{'T','o','m'},{'M','a','r','y'}};
```

3. 二维字符数组数据的输入

为数组中的第三名学生输入姓名。

```
gets(stu[2]);
```

```
scanf("%s",stu[2]);
```

4. 二维字符数组数据的输出

输出数组中第三名学生的姓名。

```
puts(stu[2]);
printf("%s",stu[2]);
```

【例 4-16】分别利用两种不同的方法输入与输出学生的姓名。

```
#include <stdio.h>
main()
{
    char stu[3][9]={"Tom"};
    printf("请输入第 2 个学生姓名: ");   //输入数据的两种不同方法
    gets(stu[1]);
    printf("请输入第 3 个学生姓名: ");
    scanf("%s",stu[2]);
    printf("三名学生的姓名是: \n");
    puts(stu[0]);                        //输出数据的两种不同方法
    puts(stu[1]);
    printf("%s",stu[2]);
    printf("\n");                        //换行
}
```

程序运行效果如图 4-19 所示。

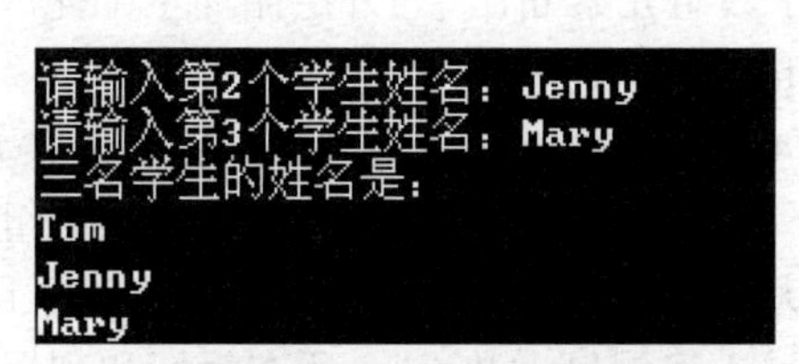

图 4-19　例 4-16 运行效果图

【例 4-17】在二维数组 a 中选出各行最大的元素组成一个一维数组 b。如下所示：

$$a=\begin{Bmatrix} 3 & 16 & 87 & 65 \\ 4 & 32 & 11 & 108 \\ 10 & 25 & 12 & 37 \end{Bmatrix}$$

$$b=\{87,108,37\}$$

问题分析：在数组 a 的每一行中寻找最大的元素，找到之后把该值赋予数组 b 相应的元素即可。

```
#include <stdio.h>
main()
{
    int a[][4]={3,16,87,65,4,32,11,108,10,25,12,27};
    int b[3],i,j,k;
    for(i=0;i<=2;i++)                    //寻找每行最大元素
    {
        k=a[i][0];
```

```
        for(j=1;j<=3;j++)
        if(a[i][j]>k)
            k=a[i][j];
        b[i]=k;                          //将每行最大元素存于数组b中
    }
    printf("\narray a:\n");              //输出数组a中数据
    for(i=0;i<=2;i++)
    {
        for(j=0;j<=3;j++)
        printf("%5d",a[i][j]);
        printf("\n");
    }
    printf("\narray b:\n");              //输出数组b中数据
    for(i=0;i<=2;i++)
        printf("%5d",b[i]);
        printf("\n");
}
```

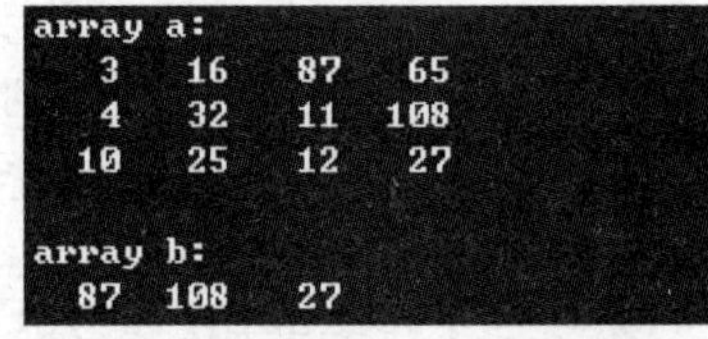

图 4-20 例 4-17 运行效果图

程序运行效果如图 4-20 所示。

程序中使用了双重循环，外层循环控制逐行处理，首先把每行的第 1 列元素赋予变量 k。进入内层循环后，把 k 值与后面各列元素依次比较，并把比 k 大的值赋予变量 k，内层循环结束时变量 k 的值即为该行最大的元素，最后把 k 值赋予数组元素 b[i]。当外层循环全部完成时，数组 b 中已存入了 a 各行中的最大值。后面的两个 for 语句分别输出数组 a 和数组 b。

【例 4-18】编程求出 3×4 的矩阵中最大的元素，并输出最大元素的行号、列号及元素值。

问题分析：参考例 4-17 每一行中求最大数的算法，二维数组中需要用两层循环遍历所有元素。例题中还要求输出最大数的行号和列号，所以算法中除了用 max 变量存储最大数外，还需要引入两个变量 row 和 col 记录最大数 max 所在行标和列标，下标从 0 开始，行数从 1 开始。

```
#include <stdio.h>
main()
{
    int i,j,row=0,col=0,max;     //i,j用来控制行遍历所有元素
    int a[3][4]={{6,2,8,4},{13,9,3,8},{5,10,7,11}}; //二维数组定义及赋初值
    max=a[0][0];
    for(i=0;i<3;i++)             //外层循环控制行数
      for(j=0;j<4;j++)           //内层循环控制列数
        if(a[i][j]>max)
        {
            max=a[i][j];
            row=i;
            col=j;
        }
    printf("\n 最大值是第 %d 行第 %d 列上的元素 : %d\n",row+1,col+1,max);
}
```

程序运行效果如图 4-21 所示。

最大值是第 2 行第 1 列上的元素 ：13

图 4-21　例 4-18 运行效果图

【例 4-19】输入 3 名学生的姓名及三门课程的成绩并顺序输出。

问题分析：根据题意，要保存 3 名学生的姓名及 3 科成绩，需要定义二维字符数组用于存储学生姓名，其中第一维长度为 3，第二维长度为 10，可以存储 10 个字符或 4 个汉字；同时定义一个二维数组用于存储每名学生的 3 门成绩。为了保证学生姓名和成绩的一致性，在程序实现上设置两个数组中下标相同的元素存储同一名学生的信息。

```
#include <stdio.h>
#include <string.h>
#define  N  3
main()
{
    int i;
    char stuname[N][10];
    float stuscore[N][3];
    printf("\n 输入 3 名学生的姓名及三门课程的成绩并顺序输出 ");      //输入
    printf("\n ------------------------------------------\n");
    printf(" 请输入学生各科成绩:\n");
    printf(" 姓名  平面  基础  C 程序\n");
    for(i=0;i<N;i++)
        scanf("%s %f %f %f",stuname[i],&stuscore[i][0],&stuscore[i][1],
        &stuscore[i][2]);
    printf(" ------------学生成绩单----------------------\n");
    //打印成绩单
    printf("  姓名  平面    基础    C 程序\n");
    for(i=0;i<N;i++)
    {
        printf("%6s %6.2f %6.2f %6.2f \n",stuname[i],stuscore[i][0],
        stuscore[i][1],stuscore[i][2]);
    }
}
```

程序运行效果如图 4-22 所示。

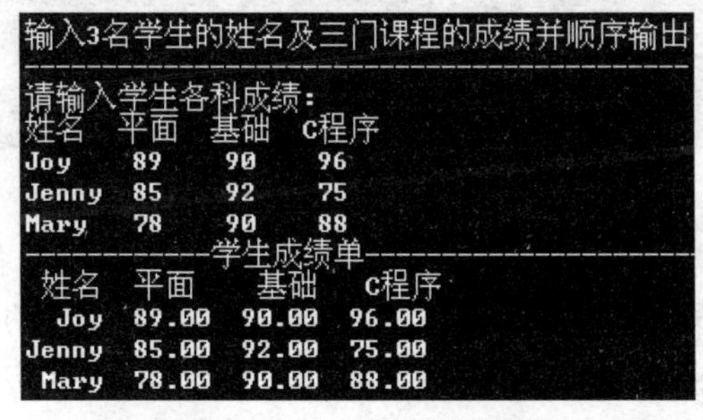

图 4-22　例 4-19 运行效果图

【例 4-20】输入 3 名学生的姓名及三门课程的成绩，并顺序输出各科成绩及每名学生的总成绩。

问题分析：数组设置同例 4-19，为了在输出成绩单的同时能够显示出总成绩，需要定义一个临时变量 score，统计每名学生的总分。

```
#include <stdio.h>
#include <string.h>
#define  N   3
main()
{
    int i;
    char stuname[N][10];
    float stuscore[N][3],score;
    printf("\n 输入 3 名学生的姓名及三门课程的成绩,计算总成绩并输出 ");
    printf("\n --------------------------------------------------\n");
    printf(" 请输入学生各科成绩:\n");
    printf(" 姓名  平面  基础  C 程序\n");
    for(i=0;i<N;i++)
        scanf("%s %f %f %f",stuname[i],&stuscore[i][0],&stuscore[i][1],
        &stuscore[i][2]);
    printf(" ------------学生成绩单------------------------------\n");
    //输出一打印成绩单
    printf("  姓名  平面    基础   C 程序  总分 \n");
    for(i=0;i<N;i++)
    {
        score=stuscore[i][0]+stuscore[i][1]+stuscore[i][2];
        printf("%6s %6.2f %6.2f %6.2f %7.2f\n", stuname[i],
        stuscore[i][0],stuscore[i][1],stuscore[i][2],score);
    }
}
```

程序运行效果如图 4-23 所示。

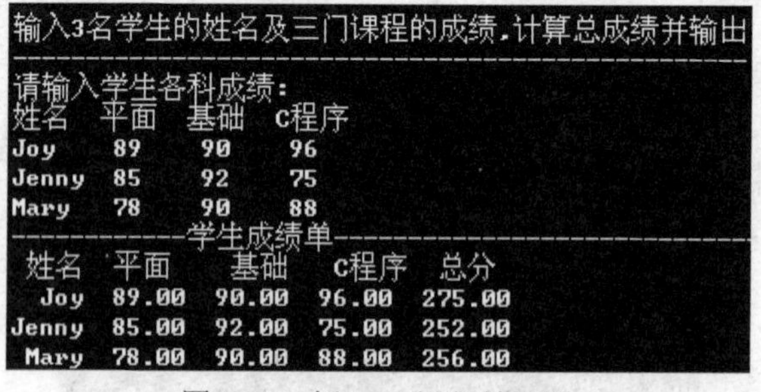

图 4-23 例 4-20 运行效果图

【例 4-21】输入 3 名学生的姓名及三门课程的成绩，顺序输出各科成绩及平均分。

问题分析：数组设置同例 4-19，为了在成绩单最后输出各科的平均分，需要在输出成绩单的过程中，统计出每科的总分，最后计算出每科的平均分。因此定义了 3 个记录每科总成绩的变量，在输出成绩单的过程中，累加各科成绩从而获取每科的平均分。

```
#include <stdio.h>
#include <string.h>
#define  N  3
main()
{
    int i;
    char stuname[N][10];
    float stuscore[N][3],score1=0,score2=0,score3=0;
    printf("\n 输入 3 名学生的姓名及三门课程的成绩，顺序输出各科成绩及平均分 ");
    printf("\n ---------------------------------------------------\n");
    printf(" 请输入学生各科成绩:\n");
    printf(" 姓名  平面  基础   C 程序\n");
    for(i=0;i<N;i++)
        scanf("%s %f %f %f",stuname[i],&stuscore[i][0],&stuscore[i][1],
        &stuscore[i][2]);
    printf(" ------------学生成绩单------------------------------\n");
    //输出一打印成绩单
    printf(" 姓名   平面   基础   C 程序   \n");
    for(i=0;i<N;i++)
    {
        printf("%6s %6.2f %6.2f %6.2f \n",stuname[i],stuscore[i][0],
        stuscore[i][1],stuscore[i][2]);
        score1+=stuscore[i][0];
        score2+=stuscore[i][1];
        score3+=stuscore[i][2];
    }
    printf("平均分:%6.2f %6.2f %6.2f\n", score1/3,score2/3,score3/3);
}
```

程序运行效果如图 4-24 所示。

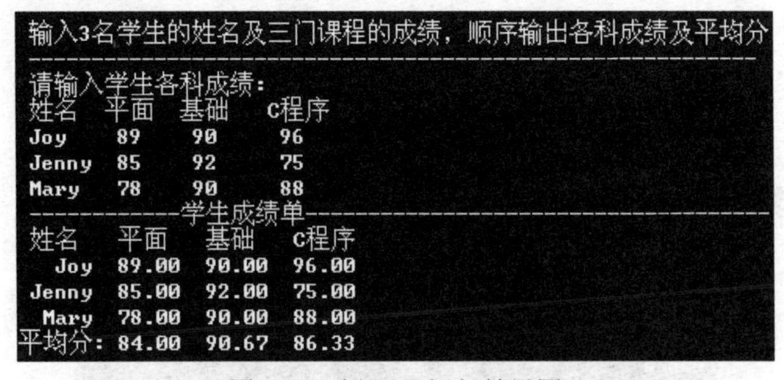

图 4-24　例 4-21 运行效果图

【例 4-22】输入五个国家的名称，按字母顺序排序输出。

问题分析：首先明确五个国家名称就是 5 个字符串，而后定义一个二维的字符数组来存储 5 个国家名称。由于一个二维数组可以看成多个一维数组， 所以本题又可以按五个一维数组处理，最后用字符串比较函数比较各一维数组的大小并排序后输出结果即可。本例利用选择排序的思想实现数据的排序。

```
#include <stdio.h>
#include <string.h>
main()
{
    char st[20],cs[5][20];
    int i,j,p;
    printf("请输入5个国家的名字:\n");            //数据输入
    for(i=0;i<5;i++)
        gets(cs[i]);
    printf("排序后的国家名字顺序是: \n");
    for(i=0;i<5;i++)                              //数据排序
    {
        p=i;
        strcpy(st,cs[i]);
        for(j=i+1;j<5;j++)
        if(strcmp(cs[j],st)<0)                    //字符串比较
        {
            p=j;
            strcpy(st,cs[j]);
        }
        if(p!=i)                                  //数据交换
        {
            strcpy(st,cs[i]);
            strcpy(cs[i],cs[p]);
            strcpy(cs[p],st);
        }
        puts(cs[i]);                              //数据输出
    }
    printf("\n");
}
```

程序运行效果如图4-25所示。

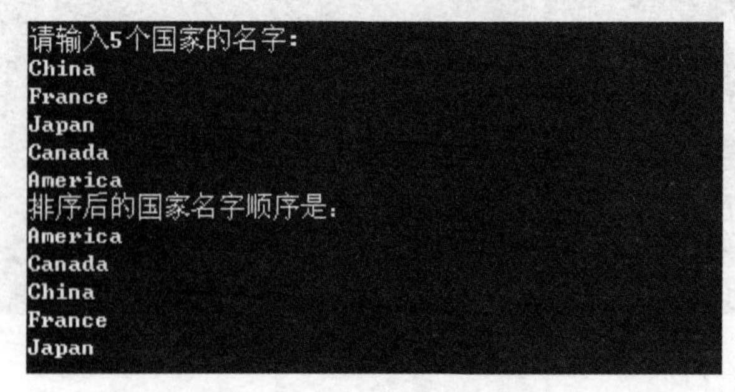

图4-25　例4-22运行效果图

说明：（1）数组是程序设计中最常用的数据结构。数组可分为数值数组（整型数组和实型数组），字符数组以及后面将要介绍的指针数组、结构数组等。

（2）数组可以是一维的、二维的或多维的。

（3）数组类型说明由类型说明符、数组名、数组长度（数组元素个数）三部分组成。数

组元素又称为下标变量。

（4）对数组的赋值可以用数组初始化赋值，输入函数动态赋值和赋值语句赋值三种方法实现。对数值数组不能用赋值语句整体赋值、输入或输出，而必须用循环语句逐个对数组元素进行操作。

4.3.4 任务小结

通过本任务的学习，同学们学会了二维数组的使用，并能够利用数组实现成绩的分析与统计。成绩只是临时存储，若想永久存储，需要利用学习项目八中文件的相关知识。通过多个案例由浅入深地练习，培养了学生独立分析和解决问题的能力。

习题四

一、填空题

1. C 语言中，数组的各元素必须具有相同的__________，元素的下标下限为__________，下标必须是正整数、0、或者__________。但在程序执行过程中，不检查元素下标是否__________。

2. C 语言中，数组在内存中占一片__________的存储区，由__________代表它的首地址。数组名是一个__________常量，不能对它进行赋值运算。

3. 执行 static int b[5], a[ ][3] ={1,2,3,4,5,6}; 后，b[4] =__________，a[1][2] =__________。

4. 设有定义语句 static int a[3][4] ={{1},{2},{3}};则 a[1][0]值为__________，a[1][1]值为__________，a[2][1]的值为__________。

5. 如定义语句为 char a[ ]= "windows",b[ ]= "95";，语句 printf("%s",strcat(a,b));的输出结果为__________。

二、选择题

1. int a[4]={5,3,8,9};其中 a[3]的值为（　　）。

   A. 5　　B. 3　　C. 8　　D. 9

2. 以下 4 个字符串函数中，（　　）所在的头文件与其他 3 个不同。

   A. gets()　　B. strcpy()　　C. strlen()　　D. Strcmp()

3. 以下 4 个数组定义中，（　　）是错误的。

   A. int a[7];　　B. #define N 5　long b[N];

   C. char c[5];　　D. int n,d[n];

4. 对字符数组进行初始化，（　　）形式是错误的。

   A. char c1[]={'1', '2', '3'};　　B. char c2[]=123;

   C. char c3[]={ '1', '2', '3', '\0'};　　D. char c4[]="123";

5. 在数组中，数组名表示（　　）。

   A. 数组第 1 个元素的首地址　　B. 数组第 2 个元素的首地址

   C. 数组所有元素的首地址　　D. 数组最后 1 个元素的首地址

6．若有以下数组说明，则数值最小的和最大的元素下标分别是（　　）。

```
int a[12] ={1,2,3,4,5,6,7,8,9,10,11,12};
```

A．1，12　　B．0，11　　C．1，11　　D．0，12

7．若有以下说明，则数值为 4 的表达式是（　　）。

```
int a[12] ={1,2,3,4,5,6,7,8,9,10,11,12};
char c='a', d, g;
```

A．a[g-c]　　B．a[4]　　C．a['d'-'c']　　D．a['d'-c]

8．设有定义：char s[12] = "string" ; 则 printf("%d\n",strlen(s)); 的输出是（　　）。

A．6　　B．7　　C．11　　D．12

9．设有定义：char s[12] = "string"; 则 printf("%d\n ", sizeof(s)); 的输出是（　　）。

A．6　　B．7　　C．11　　D．12

10．下列各语句定义了数组，其中（　　）是不正确的。

A．char a[3][10]={"China","American","Asia"};

B．int x[2][2]={1,2,3,4};

C．float x[2][ ]={1,2,4,6,8,10};

D．int m[][3]={1,2,3,4,5,6};

11．数组定义为 int a[3][2]={1,2,3,4,5,6}，值为 6 的数组元素是（　　）。

A. a[3][2]　　B. a[2][1]　　C. a[1][2]　　D. a[2][3]

12．下列语句中，正确的是（　　）。

A．char a[3][ ]={'abc', '1'};　　B．char a[ ][3] ={'abc', '1'};

C．char a[3][ ]={'a', "1"};　　D．char a[ ][3] ={ "a", "1"};

13．下列定义的字符数组中，执行语句 printf("%s\n", str[2]);的输出结果是（　　）。

```
static char str[3][20] ={ "basic", "foxpro",  "windows"};
```

A．basic　　B．foxpro　　C．windows　　D．输出语句出错

三. 读程序写结果

1．下面程序的输出结果是__________。

```
#include <stdio.h>
void main()
{
    int a[6]={12,4,17,25,27,16},b[6]={27,13,4,25,23,16},i,j;
    for(i=0;i<6;i++)
    {
        for(j=0;j<6;j++)
              if(a[i]==b[j])
                 break;
        if(j<6)
             printf("%d ",a[i]);
    }
    printf("\n");
}
```

2．下面程序的输出结果是＿＿＿＿＿＿。

```
#include <stdio.h>
void main()
{
    char a[8],temp; int j,k;
    for(j=0;j<7;j++)
    a[j]='a'+j;
    a[7]='\0';
    for(j=0;j<3;j++)
    {
      temp=a[6];
      for(k=6;k>0;k--)
      a[k]=a[k-1];
      a[0]=temp;
      printf("%s\n",a);
    }
}
```

3．下面程序的输出结果是＿＿＿＿＿＿。

```
#include <stdio.h>
#include <string.h>
void main()
{
     char str1[ ]="*******";
     int i=0;
     for(;i<4;i++)
     {
        printf("%s\n",str1);
        str1[i]=' ';
        str1[strlen(str1)-1]='\0';
     }
}
```

四、编程题

1．输入 20 个整数，求其中最大值和最小值并输出之。
2．求一个 4*4 矩阵对角线上的最小值，矩阵的值在程序运行时，由用户输入。
3．输入 10 个整数，按从大到小的顺序输出。
4．输入单精度型一维数组 a[10]，计算并输出数组 a 中所有元素的平均值。

学习项目五　基于自定义函数实现学生成绩汇总

学习情境：

一个班有 40 名学生（分成 5 个组，但每个组的人数不一样）参加了期中考试，考了三门课，分别是平面设计、计算机应用基础、C 程序设计，老师要统计以下信息：

1. 统计小组一门课程的总分及平均分；
2. 统计小组若干门课程的总分及平均分；
3. 输出排序后小组三门课程的成绩单。

学习目标：

同学们通过本项目的学习，学会编写和阅读模块化结构的程序，学会定义和调用函数，具有运用函数处理多个任务的能力。学会函数的嵌套调用和递归调用，值传递和地址传递的区别，全局变量和局部变量的作用域范围，变量的静态存储和动态存储的不同。

学习框架：

任务一：统计小组一门课程的总分及平均分
任务二：统计小组若干门课程的总分及平均分
任务三：输出排序后小组三门课程的成绩单

5.1　任务一　统计小组一门课程的总分及平均分

知识目标	（1）模块化程序设计的方法 （2）利用函数来实现模块的功能 （3）函数的定义、调用 （4）编写和调用函数 （5）形式参数和实际参数之间的关系
能力目标	（1）学会函数的定义、调用 （2）能编写和调用函数
素质目标	（1）培养学生自主学习能力和知识应用能力 （2）培养学生勤于思考、认真做事的良好作风 （3）培养学生理论联系实际的工作作风 （4）培养学生独立的工作能力，树立自信心
教学重点	有参函数的定义、调用
教学难点	有参函数的定义、调用

续表

<table>
<tr>
<td>效果展示</td>
<td>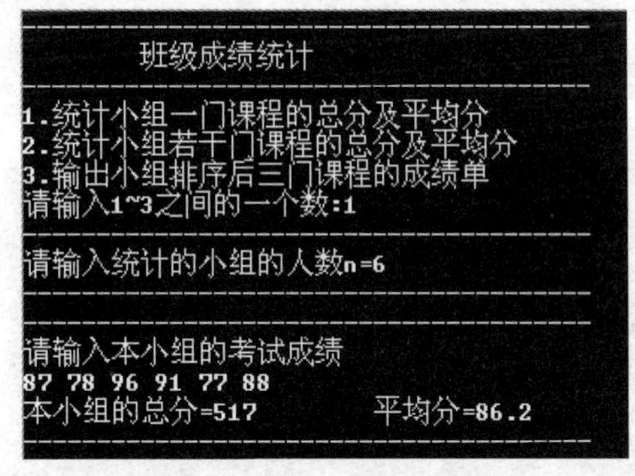

图 5-1　任务一运行效果图</td>
</tr>
</table>

5.1.1　任务描述

一个班有 40 名学生（分成 5 个组，但每个组的人数不一样）参加了期中考试，考了三门课，分别是平面设计、计算机应用基础、C 程序设计，老师要统计小组一门课程的总分及平均分。该任务的要求如下：

（1）新建 5-1.c 文件；

（2）定义无参函数 void pnt()，功能输出“-------------------------------------”；

（3）定义有参函数 float total(int num)，功能实现求一组学生一门课程的总分；

（4）主函数中调用无参函数和有参函数，实现统计小组一门课程的总分及平均分并输出。

5.1.2　任务实现

```
/*******************************************
* 任务一：统计小组一门课程的总分及平均分
*******************************************/
#include <stdio.h>

void pnt()
{
    printf("----------------------------------------\n");
}

float total(int num)
{
    int x,i;
    float s=0;
    pnt();
    printf("请输入本小组的考试成绩\n");
    for(i=0;i<num;i++)
    {
        scanf("%d",&x);
```

```
            s+=x;
        }
            return s;
    }

    main()
    {
        int m,n;
        float sum,avg;
        pnt();
        printf("\t 班级成绩统计\n");
        pnt();
        printf("1.统计小组一门课程的总分及平均分\n");
        printf("2.统计小组若干门课程的总分及平均分\n");
        printf("3.输出小组排序后三门课程的成绩单\n");
        printf("请输入 1~3 之间的一个数:");
        scanf("%d",&m);
        pnt();
        if(m==1)
        {
            printf("请输入统计的小组的人数 n=");
        }
        scanf("%d",&n);
        pnt();
        sum=total(n);
        avg=sum/n;
        printf("本小组的总分=%.0f\t 平均分=%.1f\n",sum,avg);
        pnt();
    }
```

程序运行效果如图 5-1 所示。

分析此程序，函数：

```
    void pnt()
    {
        printf("----------------------------------------\n");
    }
```

和

```
    float total(int num)
    {
        int x,i;
        float s=0;
        pnt();
        printf("请输入本小组的考试成绩\n");
        for(i=0;i<num;i++)
        {
            scanf("%d",&x);
            s+=x;
```

```
        }
            return s;
    }
```

而 pnt()在 C 语言中称为无参函数，float total(int num)是有参函数。

本任务中需要学习的内容是：无参函数和有参函数的定义和调用。

5.1.3 相关知识

一、函数的概述

随着时代的发展，计算机软件的复杂度越来越大。一个较大的程序很难再由一个或几个人来完成，模块化程序设计方法逐步为人们所重视，其主要思想就是将整个系统进行分解，分解成若干功能独立的、能分别设计、编程和测试的模块，使程序员能单独地负责一个或几个模块的开发。并且开发一个模块时不需要知道系统中其他模块的内部结构和编程细节。那么模块之间的接口应尽可能简明，模块间的联系应尽可能减少。这样当整个系统需要修改或出现问题时，只涉及少数几个模块，而其他模块将不受影响。

实际上，模块化就是将复杂的问题分解成许多容易解决的小问题，然后再将这些小问题“各个击破”，那么原来复杂的问题也就解决了，这就是模块化的目的。

目前，几乎所有的高级语言中都支持编写子程序，用子程序实现模块的功能。在 C 语言中，子程序的作用是由函数完成的。所以说，C 语言是一种函数式语言，函数是 C 语言的一大特征。甚至可以说，编写 C 语言程序就是编写函数。因为即使是最简单的 C 程序，至少也要编写一个主函数 main()。而执行 C 程序，也就是执行相应的 main()函数，其他函数只有在执行 main()函数的过程中被调用时才执行。即：

（1）一个 C 程序可由一个主函数 main()和若干个其他函数构成。

（2）C 程序的执行从主函数 main()函数开始，由主函数调用其他函数。其他函数也可以互相调用，且同一函数可以被一个或多个函数调用任意次。但其他函数不能调用 main()函数。

在程序设计中，常将一些常用的功能模块编写成函数，供其他函数调用。这样可以使不同函数被分别编写、分别编译，提高工作效率。另外如果善于利用函数，还可以减少重复代码，提高程序的重用性。

二、函数的分类

在 C 语言中，如果从用户使用的角度看，函数分为两种：

（1）标准函数，即库函数。这是由系统提供的，用户不必自定义这些函数，可以直接使用它们（例如 scanf()、printf()、sqrt()等）。它们的声明都包含在各自的头文件（.h 文件）中，我们在使用这些库函数时应该使用#include <头文件>把库函数的头文件包含到源程序中。

（2）用户自定义的函数。由用户自行编写，用以解决用户的专门问题。

如果从函数的形式看，函数也分为两种：

（1）无参函数。在调用无参函数时，主调函数并不将数据传送给被调函数。函数一般只用来执行指定的一组操作。无参函数可以带回或不带回函数值，但一般以不带回函数值的居多。

（2）有参函数。在调用有参函数时，在主调函数和被调函数之间有数据传递。也就是说，主调函数可以将数据传给被调函数。

三、函数定义和调用

1. 函数定义

函数的定义由两个部分组成：

（1）函数的首部，即函数的第一行。包括函数名、函数类型、函数属性、函数参数（称为形参）、参数类型。

例如任务一中的total函数的首部如图5-2所示。

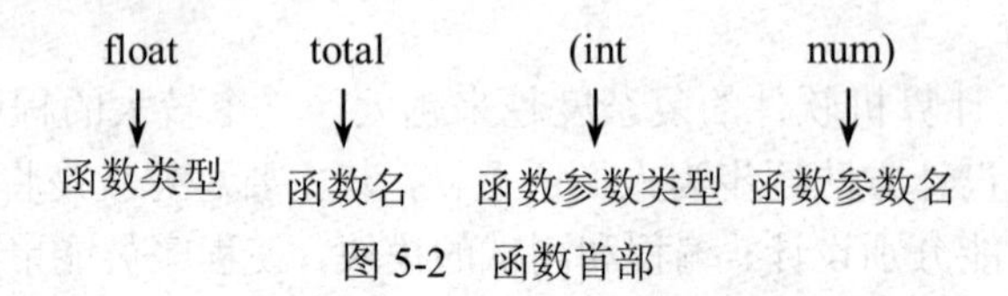

图5-2 函数首部

（2）函数体，即函数首部下面的大括号{……}内的部分。如果一个函数内有多个大括号，则最外层的一对{}为函数体的范围，它用于实现函数的功能。

函数体一般还包括声明部分和执行部分。

2. 函数调用

函数是通过函数名来调用的。如果是有参函数（如上例中的total函数，它的参数是小组的人数），则需给出参数的实际值（称为实参）。任务一的函数调用如图5-3所示。

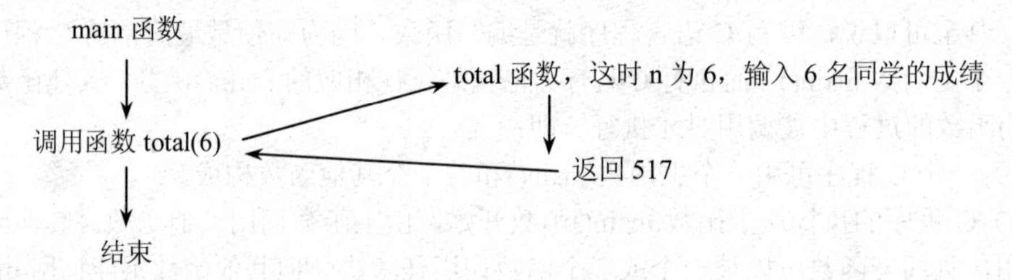

图5-3 total函数的调用

四、无参函数的定义和调用

1. 无参函数定义

无参函数定义的一般形式为：

```
类型标识符    函数名()
{
    声明部分
    语句
}
```

用“类型标识符”指定函数值的数据类型，即函数的返回值的类型。无参函数一般不需要带回函数值，因此可以将函数类型标识为void，小括号内是空的，没有任何参数；花括号内是函数体，实现该函数的功能。

例如：

```
void printstar()
{
```

```
    printf("**********\n");
}
```

2. 无参函数调用

函数名();

若所调用的函数位置放在被调用的函数的后面，则需要有函数的说明语句。

【例 5-1】利用函数输出 5 行 10 列的星号。

方法一：主函数在后

```
#include <stdio.h>
void printstar()
{
    printf("**********\n"); //输出 10 个*
}
main()
{
    int i;
    for(i=0;i<5;i++)
    {
        printstar();    //无参函数的调用
    }
}
```

方法二：主函数在前

```
#include <stdio.h>
void printstar();        //函数的声明
main()
{
    int i;
    for(i=0;i<5;i++)
    {
        printstar();    //无参函数的调用
    }
}
void printstar()
{
    printf("**********\n");
}
```

程序运行效果如图 5-4 所示。

图 5-4　例 5-1 运行效果图

五、有参函数的定义和调用

1. 有参函数的定义形式

有参函数定义的一般形式为：

```
类型标识符　函数名(数据类型　参数[,数据类型　参数 2……])
{
    声明部分
        语句
}
```

例如：

```
int max(int x,int y)      //求最大值函数
{
    int z;
    z=x>y?x:y;
    return(z);
}
```

这是一个求 x 和 y 二者中最大数的函数。max 为函数名，函数返回值类型为整型，x、y 为形式参数，它们都为整型。max 函数在定义后并不运行，形参 x 和 y 也没有意义，只有在调用此函数时，主调函数将实际参数的值传递给被调用函数中的形式参数 x 和 y，并执行大括号内的函数体，在函数体中求出 z 的值，使用 return(z)语句将 z 的值作为函数的值返回到主调函数中。

如果在定义函数时不指定函数类型，系统会默认该函数的类型为 int 型。因此上面定义的 max 函数左端的 int 可以省略。

2. 有参函数的调用

函数名(参数列表);

若所调用的函数位置放在被调用的函数的后面，则需要有函数的说明语句。

【例 5-2】利用函数求两个整数中的最大者。

算法设计：我们使用结构化流程图来表示这个算法。图 5-5 为主函数的流程图，图 5-6 为 max 函数的流程图。

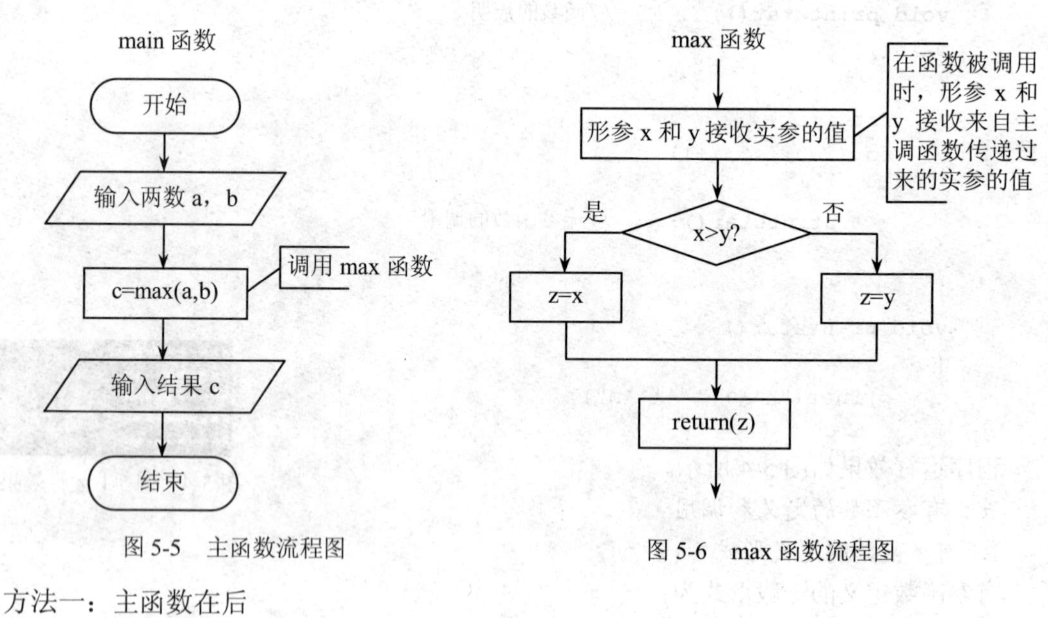

图 5-5 主函数流程图

图 5-6 max 函数流程图

方法一：主函数在后

```
#include <stdio.h>
int max(int x,int y)       //定义有参函数max
{
    int z;
    z=x>y?x:y;
```

```
        return(z);
    }
    main()
    {
        int a,b,c;
        printf("请输入两个整数(a,b): ");
        scanf("%d,%d",&a,&b);
        c=max(a,b);            //调用 max 函数求出 a 和 b 中的较大者赋给变量 c
        printf("最大值为%d\n",c);
    }
```

方法二：主函数在前

```
    #include <stdio.h>
    int max(int x,int y);   //函数的声明
    main()
    {
        int a,b,c;
        printf("请输入两个整数(a,b): ");
        scanf("%d,%d",&a,&b);
        c=max(a,b);            //调用 max 函数求出 a 和 b 中的较大者赋给变量 c
        printf("最大值为%d\n",c);
    }
    int max(int x,int y)    //定义有参函数 max
    {
        int z;
        z=x>y?x:y;
        return(z);
    }
```

```
请输入两个整数<a,b>: 2,3
最大值为3
```

图 5-7　例 5-2 运行效果图

程序运行效果如图 5-7 所示。

3. 形式参数和实际参数

在调用函数时，大多数情况下，主调函数和被调函数之间有数据传递关系。函数的参数分为形式参数和实际参数两种，作用是实现数据传送。在定义函数时函数名后面括号中的变量名称为“形式参数”（简称“形参”）。在主调函数中调用一个函数时，函数名后面括号中的参数（可以是一个表达式）称为“实际参数”（简称“实参”），在调用函数时实参必须有确定的值。实参和形参必须一一对应，通过函数调用，实参把相应的值传递给形参，运行函数体，完成函数功能。

函数的形参和实参具有以下特点：

（1）形参变量只有在被调用时才分配内存单元，在调用结束时，即刻释放所分配的内存单元。因此，形参只有在函数内部有效。函数调用结束返回主调函数后则不能再使用该形参变量。

（2）实参可以是常量、变量、表达式、函数等，无论实参是何种类型，在进行函数调用时，它们都必须具有确定的值，以便把这些值传送给形参。因此应预先用赋值、输入等办法使实参获得确定值。

（3）定义函数时，必须指定形参的类型。

（4）实参和形参在数量上、类型上、顺序上应严格一致，否则会发生“类型不匹配”的错误。

（5）函数调用中发生的数据传送是单向的。即只能把实参的值传送给形参，而不能把形参的值反向地传送给实参。因此在函数调用过程中，形参的值发生改变，而实参中的值不会变化，例 5-2 中，调用函数时，实参 a、b 的值单向传递给形参 x、y，如果在函数体内形参 x、y 的值有变化，不会影响 a、b 的值，如图 5-8 所示。

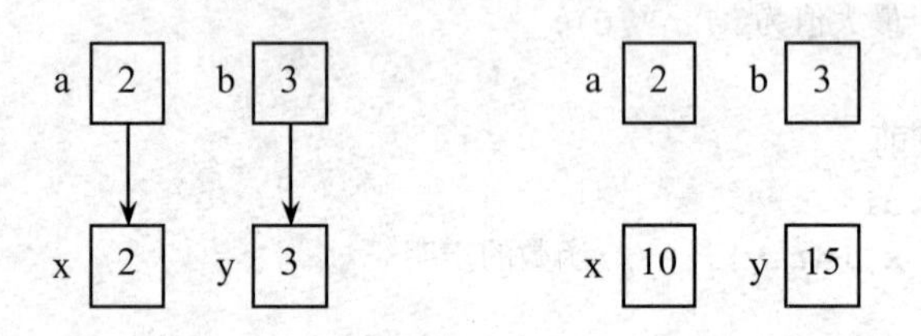

图 5-8 实际参数和形式参数的数据传递

4. 函数的返回值

通常，希望通过函数调用使主调函数能得到一个确定的值，这就是函数的返回值。例如：max (2,3)的值是 3。函数中通过 return 语句，由函数名带回主调函数。

return 语句的一般形式是：

```
return (变量名或表达式等);
```

或者

```
return  变量名或表达式等;
```

对函数返回值的几点说明：

（1）如果函数值的类型和 return 语句中的表达式的值不一致，则以函数值类型为准自动转换。

（2）若被调函数中没有 return 语句，函数将带回一个不确定的值。因此，可定义函数为空类型 void，明确表示函数不带回值。

5. 空函数的定义形式

空函数的一般形式为：

```
类型说明符 函数名()
{ }
```

例如：

```
void shell()
{ }
```

函数体没有语句。调用此函数时，什么工作也不做，没有任何实际作用，可以在以后扩充函数功能时补充。

在程序设计中往往根据需要确定若干模块，分别由一些函数来实现。在程序设计的初期可以先确定各模块的功能、由哪些函数完成、函数名。在程序中用空函数定义这些函数，函数名取将来采用的实际函数名，只是这些函数还未编好，先占一个位置，以后再进行扩充。这样做，会使程序的结构清晰，可读性好，扩充新功能方便。

六、函数的调用

1. 函数调用的一般形式

函数调用的一般形式为：

函数名(实参表列);

如果是调用无参函数，则“实参表列”省略，但括号不能省略，如 printstar()。

在调用过程中应注意：

（1）如果实参表列包含多个实参，则各参数间用逗号隔开。例如：max(2,3);。

（2）实参与形参的个数应相等，类型应一致。实参与形参按顺序对应，一一传递数据。

2. 函数调用的方式

按照函数在程序中出现的位置，可以有以下三种函数调用方式：

（1）函数语句。

例如：printstar();这时不要求函数带回值，函数只完成一定的操作。

（2）函数表达式。

函数出现在一个表达式中，这种表达式称为函数表达式。这时要求函数带回一个确定的值以参加表达式的运算。例如：result=max(15,18)/3;。

（3）函数参数。

函数调用的返回值作为另一个函数的实参。

例如：

```
result=max(a,max(b,c));
printf("%d",max(a,b));
```

3. 函数的声明

函数声明告诉编译器函数返回的数据类型，函数所要接收的参数个数、参数类型和参数顺序。编译器用函数的声明校验函数调用。为了充分利用 C 语言的类型检查能力，在程序中应包含所有使用函数的原型声明。

如果使用库函数，应该在程序的开头用#include 预处理指令从合适的头文件中获取标准库函数的声明。例如：如果程序中用到标准输入输出函数 printf()、scanf()，应在程序前面加入：

```
#include <stdio.h>
```

stdio.h 是一个“头文件”，在 stdio.h 文件中保存了输入输出库函数的声明。

如果使用用户自定义的函数，那么一般还应该在主调函数中对被调用的函数作声明。例如在例 5-2 中主函数 main 前对被调函数 max 作了声明，即 int max(int x,int y)。

注意：对函数的“定义”和“声明”不是一回事。“定义”是指对函数功能的确立，包括指定函数名，函数值类型、形参及其类型、函数体等，它是一个完整的、独立的函数单位。而“声明”的作用是把函数的名字、函数类型以及形参的类型、个数和顺序通知编译系统，以便在调用该函数时系统按此进行对照检查。因此可以将已定义的函数的首部，再加一个分号，就成为了对函数的“声明”。

其实，在函数声明中可以不写形参名，而只写形参的类型。如：

int max(int ,int);在 C 语言中，以上的函数声明称为函数原型。

需要注意的是：

（1）如果被调用函数的定义出现在主调函数之前，可以不必进行函数声明。

（2）如果在所有函数定义之前，在函数的外部已作了函数声明，则在各个主调函数中不必对所调用的函数再作声明。这也是程序设计中常用的一种方式。

例如：

```
#include <stdio.h>
char a(char,char);            //以下 2 行函数声明在所有函数之前，且在函数外部
float b(float,float);
main()                        //main 中不必声明它所调用的函数
{
   ......
}
char a(char c1,char c2)       //定义 a 函数
{
   ......
}
float b(float x,float y)      //定义 b 函数
{
   ......
}
```

5.1.4 任务小结

函数 pnt()：

```
void pnt()
{
   printf("----------------------------------------\n");
}
```

此函数是无参函数，其功能是输出一条线。

函数 total ()：

```
float total(int num)
{
   int x,i;
   float s=0;
   pnt();
   printf("请输入本小组的考试成绩\n");
   for(i=0;i<num;i++)
   {
      scanf("%d",&x);
      s+=x;
   }
      return s;
}
```

float total(int num)是有参函数，其中的 float 表示函数的返回值是单精度型，num 是形式参数，是整型，表示小组的人数，函数的功能是计算并返回 num 个同学的总分。

本任务通过使用函数统计了小组一门课程的总分及平均分，利用函数减少了重复代码，提高程序的重用性。通过该任务的学习，同学们掌握了无参函数和有参函数的定义和调用。

5.2　任务二　统计小组若干门课程的总分及平均分

知识目标	（1）函数的定义、调用和声明 （2）编写和调用函数 （3）形式参数和实际参数之间的关系 （4）函数的嵌套调用和递归调用
能力目标	（1）学会函数的定义、调用 （2）能编写和调用函数 （3）学会函数的嵌套调用和递归调用
素质目标	（1）培养学生自主学习能力和知识应用能力 （2）培养学生勤于思考、认真做事的良好作风 （3）培养学生理论联系实际的工作作风 （4）培养学生独立的工作能力，树立自信心
教学重点	函数的嵌套调用和递归调用
教学难点	函数的嵌套调用和递归调用
效果展示	班级成绩统计 1.统计小组一门课程的总分及平均分 2.统计小组若干门课程的总分及平均分 3.输出小组排序后三门课程的成绩单 请输入1~3之间的一个数:2 请输入统计的小组的人数n=5 请输入要统计的课程门数kcount=2 请输入本小组第1门考试成绩 87 78 91 78 76 第1课程的总分=410　　平均分=82.0 请输入本小组第2门考试成绩 85 87 98 99 96 第2课程的总分=465　　平均分=93.0 图 5-9　任务二运行效果图

5.2.1　任务描述

一个班有 40 名学生（分成 5 个组，但每个组的人数不一样）参加了期中考试，考了三门课，分别是平面设计、计算机应用基础、C 程序设计，老师要统计小组若干门课程的总分及平均分。该任务的要求如下：

（1）新建 5-2.c 文件；

（2）定义无参函数 void pnt()，功能输出“---------------------------------------”；

（3）定义有参函数 void totalavge(int num,int km)，功能实现求一组学生若干门课程的总分和平均分；

（4）主函数中调用无参函数和有参函数，实现统计小组若干门课程的总分及平均分并输出。

5.2.2 任务实现

```
/****************************************
* 任务二：统计小组若干门课程的总分及平均分
****************************************/
#include <stdio.h>
//输出线条函数
void pnt()
{
    printf("--------------------------------------\n");
}
//某个小组若干门课程的平均分与总分函数
void totalavge(int num,int km) //num小组人数，km课程门数
{
    int x,i,j; //单科成绩
    float s,avg;//s是总分，avg是平均分
    for(j=1;j<=km;j++)
    {
        s=0;
        printf("请输入本小组第%d门考试成绩\n",j);
        pnt();
        for(i=1;i<=num;i++)
        {
            scanf("%d",&x);
            s+=x;
        }
        avg=s/num;
        printf("第%d课程的总分=%.0f\t平均分=%.1f\n",j,s,avg);
        pnt();
    }
}
//主函数
main()
{
    int m,n,kcount;
    pnt();
    printf("\t班级成绩统计\n");
    pnt();
    printf("1.统计小组一门课程的总分及平均分\n");
    printf("2.统计小组若干门课程的总分及平均分\n");
    printf("3.输出小组排序后三门课程的成绩单\n");
    printf("请输入1~3之间的一个数:");
    scanf("%d",&m);
    pnt();
    if(m==2)
```

```
    {
        printf("请输入统计的小组的人数n=");
        scanf("%d",&n);
        pnt();
        printf("请输入要统计的课程门数kcount=");
        scanf("%d",&kcount);
        pnt();
        totalavge(n,kcount);
    }
}
```

程序运行效果如图 5-9 所示。

分析此程序，发现主函数调用 totalavge(n,kcount)函数，而 totalavge(n,kcount)函数又调用了 pnt()函数。

本任务中需要学习的内容是：函数的嵌套调用。

5.2.3 相关知识

一、函数的嵌套调用

C 语言的函数定义都是互相平行、独立的，也就是说在定义函数时，一个函数内不能包含另一个函数的定义（即不能嵌套定义）。

但 C 语言允许嵌套调用函数，也就是说，在调用一个函数的过程中，又调用另一个函数，如图 5-10 所示。

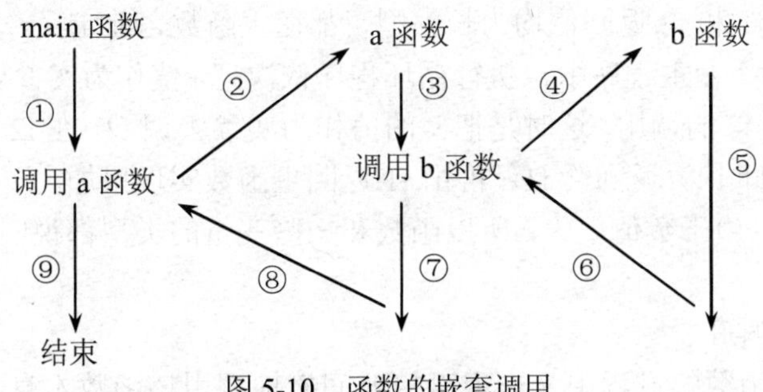

图 5-10　函数的嵌套调用

图 5-10 表示的是两层嵌套（main 函数共 3 层函数），执行过程从 main 函数开始，调用函数 a，在函数 a 中又调用函数 b，函数 b 调用结束后返回函数 a 继续执行，函数 a 调用结束后流程回到 main 函数，在 main 函数中结束整个程序的运行。

注意：任何函数不能调用 main 函数。

【例 5-3】计算 $s=2^2!+3^2!$。

本题可编写两个函数，一个是用来计算平方值的函数 f1，另一个是用来计算阶乘值的函数 f2。主函数先调 f1 计算出平方值，再在 f1 中以平方值为实参，调用 f2 计算其阶乘值，然后返回 f1，再返回主函数，在循环程序中计算累加和。

```
#include <stdio.h>
long f1(int p)
{
```

```
    int k;
    long r;
    long f2(int);
    k=p*p;
    r=f2(k);
    return r;
}
long f2(int q)
{
    long c=1;
    int i;
    for(i=1;i<=q;i++)
      c=c*i;
    return c;
}
main()
{
    int i;
    long s=0;
    for (i=2;i<=3;i++)
      s=s+f1(i);
    printf("\ns=%ld\n",s);
}
```

程序的运行效果如图 5-11 所示。

```
s=362904
```

图 5-11　例 5-3 运行效果图

在程序中，函数 f1 和 f2 返回值均为长整型，都在主函数之前定义，故不必在主函数中对 f1 和 f2 函数加以说明。在主程序中，执行循环程序依次把 i 值作为实参调用函数 f1 求 i^2 值。在 f1 中又发生对函数 f2 的调用，这时是把 i^2 的值作为实参去调 f2，在 f2 中完成求 i^2!的计算。f2 执行完毕把 C 值（即 i^2!）返回给 f1，再由 f1 返回主函数实现累加。至此，由函数的嵌套调用实现了本题的要求。由于数值很大，所以函数和一些变量的类型都说明为长整型，否则会造成计算错误。

二、函数的递归调用

如果在调用一个函数的过程中又出现直接或间接地调用该函数本身，称为函数的递归调用。递归调用可以认为是函数嵌套调用的特殊形式，C 语言的特点之一就在于允许函数的递归调用。

例如：

```
int c(int x)
{
    int a;
    a=c(x);
    return(2*a);
}
```

在调用函数 c 的过程中，又调用 c 函数，这就是直接调用本函数，如图 5-12 所示。

如图 5-13 所示，在调用 c1 函数过程中又调用 c2 函数，而在调用 c2 函数过程中又调用 c1 函数，这是间接调用本函数。

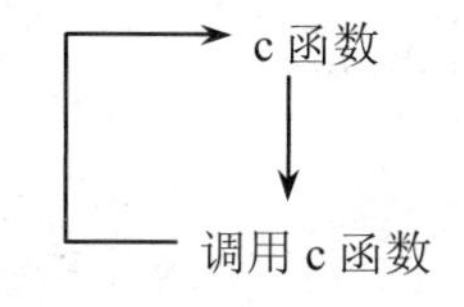

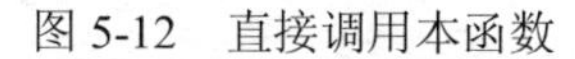

图 5-12　直接调用本函数

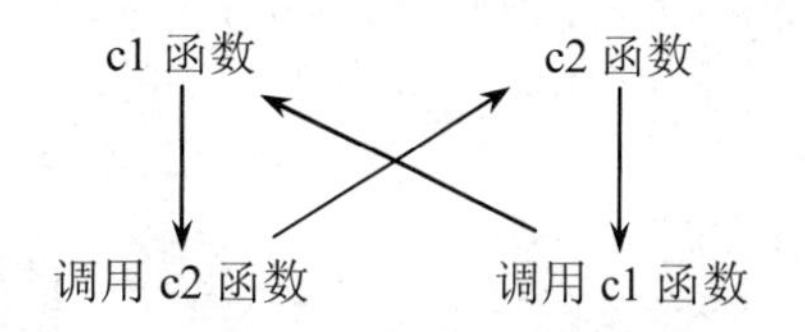

图 5-13　间接调用本函数

从上图可以看出，这两种递归调用都是无终止的自身调用。显然，程序中不应出现这种无终止的递归调用，所以递归函数中肯定包含条件判断语句，控制程序只有在某一条件成立时才继续执行递归调用。

【例 5-4】有 5 个人坐在一起，第 5 个人说他比第 4 个人大 2 岁，第 4 个人说他比第 3 个人大 2 岁，第 3 个人说他比第 2 个人大 2 岁，第 2 个人说他比第 1 个人大 2 岁，第 1 个人说他 10 岁。求第 5 个人多少岁。

问题分析：用 age(n)表示求某人年龄的函数，其中参数 n 表示第 n 个人，则表述如下：

age(5)=age(4)+2
age(4)=age(3)+2
age(3)=age(2)+2
age(2)=age(1)+2
age(1)=10

可以综合表示成：

$$\text{age}(n)=\begin{cases}10 & (n=1)\\ \text{age}(n-1)+2 & (n>1)\end{cases}$$

可以看出，当 n>1 时，如果要求第 n 个人的年龄，我们必须又调用自身求出第 n-1 个人的年龄，以此类推，这样就使用到了递归调用。但如果一直这样调用下去，程序将成为一个死循环，那么我们必须在程序中加入使程序趋于结束的条件。我们看到，当 n=1 时，第 1 个人的年龄为 10，这时这个人的年龄有了明确的值，也就是说我们不再需要继续递归调用，而是应该反向回推，这样就能求出我们想要的结果。那么我们就利用这个条件在每次递归调用前判断一下 n 的值，如果 n>1 就继续递归调用 age(n-1)，如果 n=1 那么就停止调用，使当前这人的年龄为 10。

算法设计：这里只给出 age 函数的流程图，如图 5-14 所示。

```
#include <stdio.h>
int age(int n)              //求年龄的递归函数
{   int c;
    if (n==1)               //判断 n 的值
        c=10;
    else
        c=age(n-1)+2;       //如果 n>1，递归调用函数自身以求第 n-1 个人的年龄
    return(c);
}
main()
{   int who;
    printf("请输入要求解第几个的年龄：");
```

```
        scanf("%d",&who);
        printf("第%d 个人的年龄是：%d 岁\n",who,age(who));
    }
```

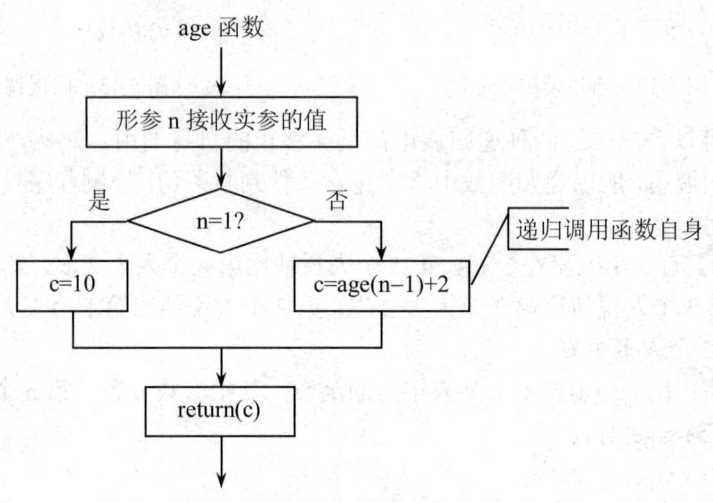

图 5-14　age 函数的流程图

程序运行效果如图 5-15 所示。

```
请输入要求解第几个的年龄：5
第5个人的年龄是：18岁
```

图 5-15　例 5-4 运行效果图

函数调用过程如图 5-16 所示。

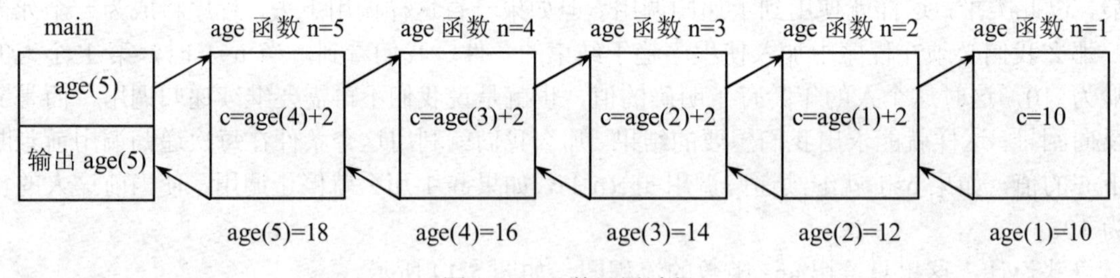

图 5-16　函数调用过程

从图 5-16 可以看到：age 函数共被调用 5 次，每次调用都将判断 n 的值，直到 n=1 才有确定的值，然后再依次 age(2)、age(3)、age(4)、age(5)。

【例 5-5】用递归法求 n！。

问题分析：求 n！如果利用前面学习的知识，我们可以使用循环结构来累乘，而本例将使用递归的方法来实现。比如求 5！，实际上 5！=5×4！，而 4！=4×3！……1！=1。我们可以用下面的公式来表示。

$$n!=\begin{cases}1 & (n=0,1)\\ n\cdot(n-1)! & (n>1)\end{cases}$$

与例 5-4 的方法一样，实现上面这个公式，我们使用递归调用，在每次调用前先判断 n 的值是不是等于 1 或 0，如果是，则函数有了明确的值，递归调用结束并返回上一层函数，依次向上递推得到最终结果。

算法设计：流程图如图 5-17、图 5-18 所示。

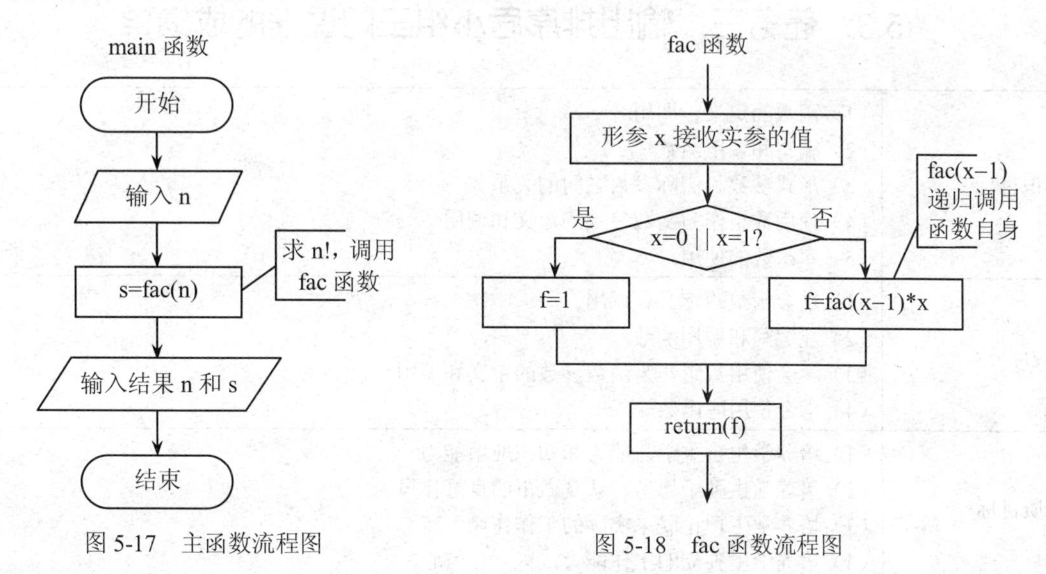

图 5-17　主函数流程图　　　　图 5-18　fac 函数流程图

```
#include <stdio.h>
    main()
    {
        int n;
        int s;
        int fac(int n);              //函数声明
        printf("请输入一个整数：");
        scanf("%d",&n);
        s=fac(n);                    //调用函数 fac，计算 n!
        printf("%d!=%d\n",n,s);
    }
    int fac(int x)                   //定义计算 n!的函数
    {
        int f;
        if (x==0||x==1) f=1;         //如果 n=0 或 1，则函数值返回 1
        else f=fac(x-1)*x;           //如果 n>1 则递归调用函数本身，但参数小了 1
        return(f);
    }
```

程序运行效果如图 5-19 所示。

```
请输入一个整数：5
5!=120
```

图 5-19　例 5-5 运行效果图

5.2.4　任务小结

函数 pnt()是无参函数，其功能是输出一条线。

函数 void totalavge(int num,int km)是有参函数，其中的 float 表示函数的返回值是单精度型；num 是形式参数，是整型，表示小组的人数；km 是形式参数，表示课程的门数、函数的功能是计算并输出 km 门课程的 num 个同学的总分和平均分。

本任务通过使用函数统计了小组若干门课程的总分及平均分，通过本任务的学习，掌握函数的定义和调用，深化理解函数的嵌套调用和递归调用的方法。

5.3 任务三 输出排序后小组三门课程的成绩单

知识目标	（1）函数的定义、调用 （2）编写和调用函数 （3）形式参数和实际参数之间的关系 （4）使用数组作为函数参数的定义和调用 （5）库函数的使用
能力目标	（1）学会函数的定义、调用 （2）能编写和调用函数 （3）学会使用数组作为函数参数的定义和调用 （4）学会使用库函数
素质目标	（1）培养学生自主学习能力和知识应用能力 （2）培养学生勤于思考、认真做事的良好作风 （3）培养学生理论联系实际的工作作风 （4）培养学生独立的工作能力，树立自信心
教学重点	数组作为函数参数的定义和调用
教学难点	数组作为函数参数的定义和调用
效果展示	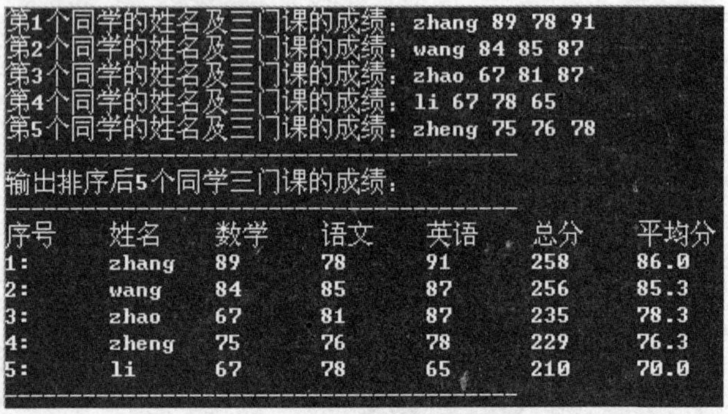 第1个同学的姓名及三门课的成绩：zhang 89 78 91 第2个同学的姓名及三门课的成绩：wang 84 85 87 第3个同学的姓名及三门课的成绩：zhao 67 81 87 第4个同学的姓名及三门课的成绩：li 67 78 65 第5个同学的姓名及三门课的成绩：zheng 75 76 78 -------------------------------------- 输出排序后5个同学三门课的成绩： -------------------------------------- 序号 姓名 数学 语文 英语 总分 平均分 1: zhang 89 78 91 258 86.0 2: wang 84 85 87 256 85.3 3: zhao 67 81 87 235 78.3 4: zheng 75 76 78 229 76.3 5: li 67 78 65 210 70.0 -------------------------------------- 图 5-20 任务三运行效果图

5.3.1 任务描述

一个班有40名学生（分成5个组，但每个组的人数不一样）参加了期中考试，考了三门课，分别是平面设计、计算机应用基础、C程序设计，老师要输出学生排序后的成绩单。该任务的要求如下：

（1）新建5-3.c文件；

（2）定义无参函数void pnt()，功能输出“--------------------------------------”；

（3）定义输入函数void input(int score[N][3],char name[N][10])，功能实现计算一组N名学生三门课程的成绩；

（4）定义计算每个同学的总分与平均分 void totalavge(int score[N][3],float sum[],float avg[])，功能实现计算一组 N 名同学的总分与平均分；

（5）定义排序函数 void sort(int score[][3],float sum[],float avg[],char name[][10])，功能实现对小组 N 名同学按总分进行排序；

（6）定义输出函数 void print(int score[][3],float sumr[],float avgr[],char name[][10])，功能实现排序后输出小组 N 名学生的成绩单；

（7）主函数中调用 input()、totalavge()、sort()、print()函数，实现输出排序后小组 N 名同学三门课程的成绩单。

5.3.2　任务实现

```
/********************************************
* 任务三：输出排序后小组三门课程的成绩单
********************************************/
#include <stdio.h>
#include <string.h>
#define N 5  //假设本小组只有 5 个同学

//输出线条函数
void pnt()
{
    printf("----------------------------------------\n");
}

//输入函数
void input(int score[N][3],char name[N][10])
{
    int i,j;
    for(i=0;i<N;i++)
    {
        printf("第%d 个同学的姓名及三门课的成绩：",i+1);
        scanf("%s",name[i]);
        for(j=0;j<3;j++)
        scanf("%d",&score[i][j]);
    }
}

//计算每个同学的总分与平均分
void totalavge(int score[N][3],float sum[],float avg[])
{
    int i,j;
    for(i=0;i<N;i++)
    {
        for(j=0;j<3;j++)
```

```
        {
            sum[i]=sum[i]+score[i][j];
        }
        avg[i]=sum[i]/3.0;
    }
}

//排序函数
void sort(int score[][3],float sum[],float avg[],char name[][10])
{
    int i,j;
    float t;
    char nn[10];
    for(i=0;i<N-1;i++)
        for(j=0;j<N-1-i;j++)
            if(sum[j]<sum[j+1])
            {
                t=sum[j];sum[j]=sum[j+1];sum[j+1]=t;
                t=avg[j];avg[j]=avg[j+1];avg[j+1]=t;//这个同学的所有数据都
要交换
                t=score[j][0];score[j][0]=score[j+1][0];score[j+1][0]=t;
                t=score[j][1];score[j][1]=score[j+1][1];score[j+1][1]=t;
                t=score[j][2];score[j][2]=score[j+1][2];score[j+1][2]=t;
                strcpy(nn,name[j]);
                strcpy(name[j],name[j+1]);
                strcpy(name[j+1],nn);
            }
}

//输出函数
void print(int score[][3],float sumr[],float avgr[],char name[][10])
{
    int i,j;
    pnt();
    printf("输出排序后5个同学三门课的成绩：\n");
    pnt();
    printf("序号\t姓名\t平面\t基础\t C程序\t总分\t平均分\n");
    for(i=0;i<N;i++)
    {
        printf("%d:\t",i+1);
        printf("%s\t",name[i]);
        for(j=0;j<3;j++)
        printf("%d\t",score[i][j]);
        printf("%.0f\t%.1f\t",sumr[i],avgr[i]);
        printf("\n");
```

```
    }
    pnt();
}

//主函数
main()
{
    int i,j;
    int score[N][3],t;
    char name[N][10],nn[10];
    float sumr[N]={0},avgr[N];
    //调用输入函数
    input(score,name);
    //调用计算每个同学的总分与平均分
    totalavge(score,sumr,avgr);
    //调用排序函数
    sort(score,sumr,avgr,name);
    //调用输出函数
    print(score,sumr,avgr,name);
}
```

程序运行效果如图 5-20 所示。

分析此程序，输入函数 input(int score[N][3],char name[N][10])，计算每个同学的总分与平均分 totalavge(int score[N][3],float sum[],float avg[])，排序函数 sort(int score[][3],float sum[],float avg[],char name[][10])，输出函数 print(int score[][3],float sumr[],float avgr[],char name[][10])，这几个函数的特点是使用了数组作为函数参数。

本任务中需要学习的内容是：数组作为函数的参数。

5.3.3 相关知识

一、数组作为函数的参数

前面已经介绍了函数参数可以为常量、变量及表达式、指针，此外，数组元素也可以作为函数参数，其用法与变量相同，为“值传递”。数组名也可以作为函数参数，传递的是实参数组的起始地址，为“地址传递”。

数组名作为函数参数时，应注意以下几点：

（1）实参与形参都是数组名。

（2）实参数组与形参数组类型必须一致。

（3）数组名作为函数参数时，把实参数组的起始地址传递给形参数组，两个数组共同占用同一段内存单元。

（4）实参数组与形参数组维数大小可以一致也可以不一致。因为 C 编译系统对形参大小不作检查，只是将实参数组起始地址传给形参。最好指定形参数组与实参数组大小一致。

（5）形参数组是多维数组时，定义时可以指定每一维的大小，也可省略第一维大小的说明，但不能省略第二维以及其他高维大小的说明。

【例 5-6】有一个一维数组 score，内放 10 个学生的成绩，求平均成绩。

```
#include <stdio.h>
float average(float array[10]); //函数声明,average 函数用于求数组元素的平均值
float ave,score[10];            //平均值变量和 10 个学生成绩数组
main()
{
    int i;
    printf("请输入 10 个学生的分数：\n");
    for(i=0;i<10;i++)            //使用循环输入学生成绩
        scanf("%f",&score[i]);
    ave=average(score);          //调用 average 函数
    printf("平均分 average=%5.1f\n",ave);
}
float average(float array[10]) //定义函数，求平均分
{
    int i;
    float aver,sum=array[0];
    for(i=1;i<10;i++)            //利用循环结构，对所有学生成绩进行累加
    {
        sum=sum+array[i];
    }
    aver=sum/10;                 //求平均分
    return(aver);
}
```

程序运行效果如图 5-21 所示。

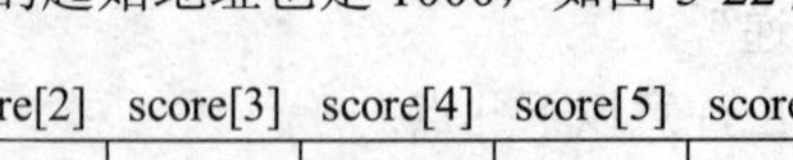

```
请输入10个学生的分数：
100 78 98.5 76 87 99 67.5 75 97 56
平均分average= 83.4
```

图 5-21　例 5-6 运行效果图

说明：在函数调用中形参数组 array[]和实参数组 score 实际指的是同一内存单元，因此，这时对形参数组中元素的值的改变实际上就是对实参数组值的改变。假设 score 数组的起始地址为 1000，则形参数组 array 的起始地址也是 1000，如图 5-22 所示。

	score[0]	score[1]	score[2]	score[3]	score[4]	score[5]	score[6]	score[7]	score[8]	score[9]
数组首地址 1000	100	78	98.5	76	87	99	67.5	75	97	56
	array[0]	array[1]	array[2]	array[3]	array[4]	array[5]	array[6]	array[7]	array[8]	array[9]

图 5-22　数组作为参数时的内存分配

【例 5-7】用选择法对 n 个整数排序。

问题分析：所谓选择法，就是循环在一序列数中找最小数的过程。为了和人们思考习惯一致，数列数组 a[0]元素不用，下标从 1。第一次循环，在所有 n 个数 a[1]到 a[n]中找到最小的数与 a[1]对换；第二次循环从后面的 a[2]到 a[n]共 n-1 个数中找最小的数与 a[2]对换；以此

类推，每轮比较，都是找出未经排序的数列中最小的一个和这一数列中的第一个数交换，共比较 n-1 轮。按照归纳推理的方法，我们先来研究 n 个数排序问题的个别特例，例如 5 个具体的数值：3　6　1　9　4 的排序问题。现在我们按照选择法的思路，将手工模拟处理的过程按步骤详细记录下来，如图 5-23 所示。

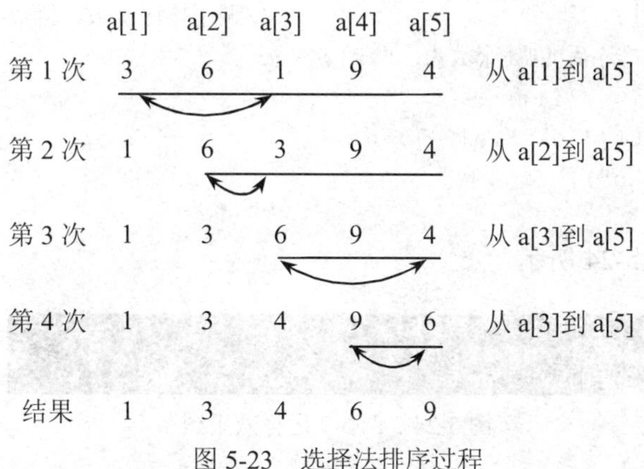

图 5-23　选择法排序过程

现在我们来研究上面 5 个数排序的过程，整体上我们可以看出排序过程共重复了 4 遍，既然 5 个数重复 4 遍，那么 n 个数要重复多少遍呢？我们对应得出 n-1 遍。还可以看出每一遍的比较数列是不一样的，第一遍从 a[1]到 a[5]，第二遍从 a[2]到 a[5]…，第四遍从 a[4]到 a[5]。可以推测，n 个数第 i 遍排序是从 a[i]到 a[n]数列中，查找到最小数的下标号 k，然后把 a[i]与 a[k]交换，即让 a[i]成为这一数列中的最小数。

算法设计：我们利用函数来完成排序功能，使用数组名作函数参数，在函数中对形参数组元素进行排序，因为形参数组和实参数组使用的是同一内存空间，所以对形参数组的改变也就是对实参数组的改变。

```
#include <stdio.h>
void sort(int array[],int n)     //定义排序函数
{
    int i,j,k;                   //i 排序次数计数，j 为第 i 遍查找的数列计数,
                                 //k 为第 i 遍查找最小数的下标
    int t;                       //a[i]与 a[k]交换的中间变量
    for(i=1;i<=n-1;i++)          //n 个数共排 n-1 次，i 遍历每次排序
    {                            //第 i 遍排序找 a[i]到 a[n]中最小数的位置 k
        k=i;                     //先让 k 为数列中的第一个数的下标
        for(j=i;j<=n;j++)        //j 依次在第 i 遍排序数列中遍历
            if(array[j]<array[k])
                    k=j;         //让 k 总是比较过的最小数下标
        t=array[k];array[k]=array[i];array[i]=t; //a[i]与 a[k]交换
    }
}
main()
{
    int a[51],i,n;               //最多排序 50 个数,a[0]不用
```

```
    printf("输入排序的数列个数：");
    scanf("%d",&n);
    printf("输入%d 个数：",n);
    for(i=1;i<=n;i++)
        scanf("%d",&a[i]);
    sort(a,n);                          //调用排序函数，排数组 a 中的 n 个数
    printf("排序后的%d 个数为：",n);
    for(i=1;i<=n;i++)
        printf("%d\t",a[i]);
    printf("\n");
}
```

程序运行效果如图 5-24 所示。

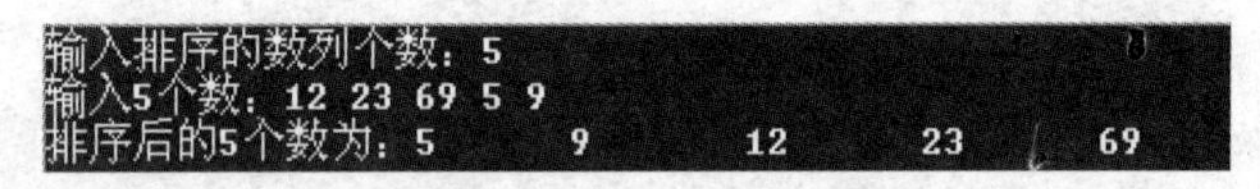

图 5-24 例 5-7 运行效果图

【例 5-8】有一个 3×4 的矩阵，求所有元素中的最大值。

问题分析：要求最大值，我们先使变量 max 的初值是矩阵中第一个元素的值，然后将矩阵中各个元素的值与 max 相比，每次比较后都把“大者”存放在 max 中，全部元素比较完后，max 的值就是所有元素的最大值。

```
#include <stdio.h>
int maxvalue(int array[][4])    //求最大值函数
{
    int i,j;
    int max;
    max=array[0][0];                    //初始化 max，使其等于数组第一个元素的值
    for(i=0;i<3;i++)                    //i 遍历每行
        for(j=0;j<4;j++)                //j 遍历 i 行中的每列，让 a[i][j]与 max 比较
            if (array[i][j]>max)
                max=array[i][j];        //让 max 在比较过的数中最大
    return(max);                        //返回最大值
}
main()
{
    int a[3][4]={{1,3,5,7},{2,4,6,8},{15,17,34,12}};  //定义二维数组并初始化
    int max;                            //用于保存函数调用带回的数组元素最大值
    max=maxvalue(a);                    //函数调用，将返回值赋给变量 max
    printf("3×4 矩阵中元素的最大值为%d\n",max);
}
```

程序运行效果如图 5-25 所示。

3×4矩阵中元素的最大值为34

图 5-25 例 5-8 运行效果图

二、局部变量

在一个函数内部定义的变量只能在该函数范围内有效，即只在该函数内才能使用它们，在此函数以外是不能使用这些变量的，这种变量称为“局部变量”。

例如：

```
float add(float a,float b)  /* 函数 add */
{    float c;
     ……                          a、b、c 有效
}
char c1(int x,int y)        /* 函数 c1 */
{    int i,j;
     ……                          x、y、i、j 有效
}
void main()                 /* 主函数 */
{    int m,n;
     ……                          m、n 有效
}
```

说明：

（1）主函数 main 中定义的变量（m、n）也只在主函数中有效，不因为在主函数中定义而在整个文件或程序中有效。主函数也不能使用其他函数中定义的变量。

（2）不同函数中可以使用相同名字的变量，它们代表不同的对象，互不干扰。例如，在 add 函数中定义了变量 c，倘若在 c1 函数中也定义变量 c，它们在内存中占不同的单元，互不混淆。

（3）形式参数也是局部变量。例如 add 函数中的形参 a 和 b，也只在 add 函数中有效。其他函数不能调用。

（4）在一个函数内部，可以在复合语句中定义变量，这些变量只在本复合语句中有效，这种复合语句也可称为“分程序”或“程序块”。

例如：

变量 c 只在复合语句中有效，离开该复合语句 c 就无效，释放内存单元。

三、全局变量

前面已经介绍，程序的编译单位是源程序文件，一个源文件可以包含一个或若干个函数。在函数内部定义的变量是局部变量，而在函数之外定义的变量称为外部变量（extern）。外部变量是全局变量（也称全程变量）。全局变量可以为本文件中其他函数所共用。它的有效范围为从定义变量的位置开始到本源文件结束。在程序运行的期间内一直占用内存空间，直到程序执

行完毕才释放。

例如：

```
int p=1,q=5;                //外部变量
float f1(int a)             //定义函数f1
{   int b,c;
    ……
}
char c1,c2;                 //外部变量
char f2(int x,int y)        //定义函数f2
{   int i,j;
    ……
}
main()
{   int m,n;
    ……
}
```

全局变量c1、c2的作用范围（从char c1,c2;到main函数结束）

全局变量p、q的作用范围（从int p=1,q=5;到main函数结束）

p、q、c1、c2都是全局变量，但它们的作用范围不同，在main函数和f2函数中可以使用以上全部全局变量，但在函数f1中只能使用全局变量p、q，而不能使用c1和c2。

说明：

（1）在一个函数中既可以使用本函数中的局部变量，又可以使用有效的全局变量。

（2）使用全局变量的作用是增加了函数间数据联系的渠道。由于同一文件中的所有函数都能引用全局变量的值，因此如果在一个函数中改变了全局变量的值，就能影响到其他函数，相当于各个函数间直接的传递通道。由于函数的调用只能带回一个返回值，因此有时可以利用全局变量增加与函数联系的渠道，从函数得到一个以上的返回值。

为了便于区别全局变量和局部变量，在C程序设计人员中有一个不成文的约定，将全局变量名的第一个字母用大写表示。

（3）建议不必要时不要使用全局变量，因为：

①全局变量在程序的全部执行过程中都占用内存单元。

②它使函数的通用性降低了，因为函数在执行时要依赖于其所在的外部变量。如果将一个函数移到另一个文件中，还要将有关的外部变量及其值一起移过去。但若该外部变量与其他文件的变量同名时，就会出现问题，降低了程序的通用性和可靠性。一般要求把C程序中的函数做成一个封闭体，除了可以通过“实参—形参”的渠道与外界发生联系外，少引用其他渠道。这样的程序接口明确，移植性好，可读性强。

③使用全局变量过多，会降低程序的清晰性，人们往往难以清楚地判断出每个瞬时各个外部变量的值。在各个函数执行时都可能改变外部变量的值，程序容易出错。因此，要限制使用全局变量。

（4）我们知道外部变量的作用范围是从它的定义点到文件结束。若在定义点前的函数想引用此外部变量，则应在该函数中用关键字extern作外部变量说明（如若函数f1想引用c1、c2，则应在f1的函数体中加上extern c1,c2;作外部变量说明）。

（5）如果在同一个源文件中，全局变量与局部变量同名，则在局部变量的作用范围内，全局变量被“屏蔽”，即它不起作用。

【例 5-9】全局变量和局部变量同名。

```
#include <stdio.h>
int a=3,b=5;            //a、b 为外部变量
int max(int a,int b)    //a、b 为局部变量
{
        int c;
        c=a>b?a:b;
        return(c);
}

main()
{
        int a=8;    //a 为局部变量
        printf("%d",max(a,b));
}
```

（max 函数体注释：形参 a、b 作用范围，同名的全局变量 a 和 b 在此函数内被屏蔽，不起任何作用。比较语句中 a 等于 8，b 等于 5）

（main 函数体注释：局部变量 a 作用范围，全局变量 a 被屏蔽，这时 a 等于 8。全局变量 b 的作用范围）

程序运行效果如图 5-26 所示。

```
8
```

图 5-26　例 5-9 运行效果图

四、变量静态存储方式

所谓静态存储方式是指在程序运行期间分配固定的存储空间的方式。

存储特点：在程序开始执行时就分配内存空间，直到程序执行完毕才释放。换句话说，在程序执行期间，静态存储的变量始终占据固定的内存单元，而不是动态地进行分配和释放。

全局变量全部采用静态存储方式，在程序开始执行时给全局变量分配存储区，程序全部执行完毕后释放。

另外，使用 static 关键字声明的局部变量也使用静态存储方式，称为“静态局部变量”。例如：

```
static int f=1;
```

【例 5-10】考察静态变量的值。

```
#include <stdio.h>
int f(int a)
{
    int b=0;
    static int c=3;        //定义静态变量
    b++;
    c++;
    return(a+b+c);
}
main()
{
    int a=2,i;
    for (i=0;i<3;i++)
        printf("%3d",f(a));
    printf("\n");
}
```

程序运行效果如图 5-27 所示。

```
  7  8  9
```

图 5-27　例 5-10 运行效果图

在第一次调用 f 函数时，b 的初值为 0，c 的初值为 3，第一次调用返回结果时，b=1，c=4，

a+b+c=7。由于 c 是静态变量，在函数调用结束后，它并不释放，仍保留 c=4。在第二次调用 f 函数时，b 的初值为 0，而 c 的初值为 4（上次调用结束时的值），这时求得 a+b+c=8。同理第 3 次调用 a+b+c=9。

说明：

（1）静态局部变量在程序开始运行时就分配内存单元，在整个程序运行期间都不释放。而动态存储变量在函数调用结束后即释放。

（2）对静态局部变量是在编译时赋初值的，即只赋初值一次，在程序运行时它已有初值。以后每次调用函数时不再重新赋初值而只是保留上次函数调用结束时的值。

（3）对于静态局部变量，只有当定义它的函数被调用时才能使用它，函数调用结束后它仍然存在，但其他函数不能引用它。如果对静态局部变量定义但不初始化，则系统自动赋以"0"（整型和实型）或'\0'（字符型），全局变量也是如此。

五、变量动态存储方式

所谓动态存储方式是指在程序运行期间根据需要进行动态地分配空间的方式。

存储特点：对于动态内部变量，在函数调用开始时分配动态存储空间，函数结束时释放这些空间。在程序运行过程中，这种分配和释放是动态的，如果在一个程序中两次调用同一函数，分配给此函数中局部变量的存储空间地址可能是不同的。如果一个程序包含若干个函数，每个函数中的局部变量的生存期并不等于整个程序的执行周期，它只是程序执行周期的一部分，这些局部变量会根据函数调用的需要，动态地分配和释放内存空间。

使用动态存储方式的常用变量形式有：

（1）函数形式参数。在调用函数时给形参动态地分配存储空间。

（2）自动变量。自动变量用关键字 auto 作存储类别的声明。

例如：

```
int f(int a)                //定义 f 函数，a 为形参
{
        auto int x,y;       //定义 x、y 为自动变量
        ......
}
```

在上例中，a 为形参，x、y 是自动变量。它们都采用动态存储方式，当调用 f 函数时，系统会为 a、x 和 y 自动分配内存，调用结束后会自动释放。

实际上，关键字“auto”可以省略，“auto”不写则隐含确定为“自动存储类别”。程序中大多数变量属于自动变量。我们前面很多函数中的局部变量都没有声明为 auto，其实都隐含指定为自动变量，都是动态地分配存储空间的。

例如：

```
auto int b, c=3  }
int b, c=3       }  二者等价
```

（3）函数调用时的现场保护和返回地址等。

六、存储类别

在 C 语言中每一个变量和函数有两个属性：数据类型和数据的存储类别。数据类型，相信大家已经很熟悉了（如整型、字符型等），它描述的是数据本身的特点和范围。而存储类别指的是数据在内存中存储的方法。存储方法分为两大类：静态存储类和动态存储类，分别使用

不同的关键字。所以对一个数据的定义，需要指定两种属性：数据类型和存储类别。如：

```
static int a;    （静态内部整型变量或静态外部整型变量）
auto char c;     （自动变量，在函数内定义）
```

根据变量的存储类别，我们可以判断变量的作用域和生存期。

5.3.4 任务小结

函数 pnt()是无参函数，其功能是输出一条线。

输入函数 input(int score[N][3],char name[N][10])，实现 N 个同学三门课程成绩的输入功能，函数 totalavge(int score[N][3],float sum[],float avg[])，实现计算 N 个同学的三门课程的总分与平均分，排序函数 sort(int score[][3],float sum[],float avg[],char name[][10])，实现 N 个同学按总分降序排序，输出函数 print(int score[][3],float sumr[],float avgr[],char name[][10])，实现排序后输出 N 个学生三门课程的成绩、总分和平均分。

通过本任务的学习，掌握函数的定义和调用，学会使用数组作为函数参数。同时掌握全局变量和局部变量以及变量的静态存储和动态存储的区别。

习题五

一、填空题

1. C 语言程序是由__________组成的。
2. C 语言程序中，若对函数类型未加显示说明，则函数的隐含类型是__________。
3. 函数的定义由两部分组成，分别是__________和__________。
4. 函数的调用方式有__________和__________。
5. 函数的实参和形参数据的传递分为__________和__________。
6. 变量从作用域的角度分为__________和__________。
7. 变量的存储方式有__________和__________。

二、单选题

1. 阅读程序

```
#include <stdio.h>
int f(int a,int b)
{
    int c;
    c=a;
    if(a>b)
        c=1;
    else
        c=-1;
    return c;
}
```

```
main()
{
    int i=2,p;
    p=f(i,i+1);
    printf("%d",p);
}
```

上面程序的输出结果是（　　）。

A. -1　　B. 0　　C. 1　　D. 2

2. 阅读程序

```
#include <stdio.h>
long f(int num)
{
    long x=1;
    int i;
    for(i=1;i<=num;i++)
        x*=i;
    return x;
}
main()
{
    int n=4;
    long t;
    t=f(n);
    printf("%ld",t);
}
```

上面程序的输出结果是（　　）。

A. 4　　B. 6　　C. 12　　D. 24

3. 阅读程序

```
#include <stdio.h>
int f(int x,int y)
{
    x=x>y?x:y;
    return(x);
}
main()
{
    int d;
    d=f(f(12,5),f(8,10));
    printf("%d",d);
}
```

上面程序的输出结果是（　　）。

A. 12　　B. 5　　C. 8　　D. 10

4. 阅读程序

```
#include <stdio.h>
long fun(int n)
```

```
{
    long s;
    if(n==1 || n==2)
        s=2;
    else
        s=n-fun(n-1);
    return s;
}
main()
{
    printf("%ld\n",fun(4));
}
```

上面程序的输出结果是（　　）。

A．1　　B．2　　C．3　　D．4

5．阅读程序

```
#include <stdio.h>
f(int b[],int n)
{
    int i,r;
    r=1;
    for(i=0;i<=n;i++)
        r=r*b[i];
    return r;
}
main()
{
    int x,a[]={2,3,4,5,6,7,8,9};
    x=f(a,3);
    printf("%d\n",x);
}
```

上面程序的输出结果是（　　）。

A．720　　B．120　　C．24　　D．6

6．建立函数的目的之一是（　　）。

A．提高程序的执行效率

B．实现模块化程序设计

C．程序编译速度快

D．减少程序文件所占内存

7．C 语言规定，简单变量做实参时，与对应形参之间的数据传递方式是（　　）。

A．地址传递

B．单向值传递

C．由实参传给形参，再由形参传回给实参

D．由用户指定传递方式

三、编写函数的函数头部

1．函数 instructions 不接收任何参数并且没有返回值。
2．函数 hpotenuse 有两个双精度浮点数参数 side1 和 side2，返回一个双精度浮点数结果。
3．函数 smallest 有三个整数参数 x、y、z，返回一个整数结果。
4．函数 int_to_float 有一个整数参数 number，返回一个浮点数结果。

四、给出上题函数的函数原型（即函数声明）

学习项目六　基于指针优化学生成绩排序

学习情境：

一个班有40名学生参加了期中考试，考了三门课，分别是平面设计、计算机应用基础、C程序设计，老师要优化程序输出以下信息：

1. 优化输出学生成绩；
2. 优化一个班学生一门课成绩的输入/输出；
3. 优化一个班学生三门课成绩的输入/输出；
4. 优化输出最高分的记录。

学习目标：

同学们通过本项目的学习，学会使用指针编写程序，学会使用指针作为函数参数的定义和调用，达到优化程序、提高程序效率的目标。

学习框架：

任务一：使用指针输出学生成绩
任务二：使用指针优化一个班学生一门课成绩的输入/输出
任务三：使用指针优化一个班学生三门课成绩的输入/输出
任务四：使用指针实现输出最高分的记录

6.1　任务一　使用指针输出学生成绩

知识目标	（1）指针的概念、指针变量的定义 （2）取地址运算符&和指针运算符*的应用 （3）简单变量的指针 （4）指针变量与简单变量在用法上的区别 （5）指针类型的强制转换 （6）指针在编程中的使用方法
能力目标	（1）学会指针变量的定义 （2）学会取地址运算符&和指针运算符*的应用 （3）学会指针在编程中的使用
素质目标	（1）培养学生自主学习能力和知识应用能力 （2）培养学生勤于思考、认真做事的良好作风 （3）培养学生理论联系实际的工作作风 （4）培养学生独立的工作能力，树立自信心

续表

教学重点	指针的定义、引用
教学难点	指针的定义、引用
效果展示	输入两名学生的成绩:87,92 输出两名学生的成绩: a=87,b=92 *p1=87,*p2=92 图 6-1 任务一运行效果图

6.1.1 任务描述

一个班进行了一次考试，现要将几个学生的成绩输入，用指针的方式输出。该任务的要求如下：

（1）新建 6-1.c 文件；

（2）定义指针变量 p1，p2；

（3）给指针变量 p1，p2 赋值；

（4）使用指针变量输出学生成绩。

6.1.2 任务实现

```
/******************************************
* 任务一：使用指针输出学生成绩
******************************************/
#include <stdio.h>
main()
{
    int *p1,*p2,a,b;
    printf("输入两名学生的成绩:");
    scanf("%d,%d",&a,&b);
    p1=&a;p2=&b;
    printf("输出两名学生的成绩:\n");
    printf("a=%d,b=%d\n",a,b);
    printf("*p1=%d,*p2=%d\n",*p1,*p2);
}
```

程序运行效果如图 6-1 所示。

本任务中需要学习的内容是：

```
int *p1,*p2,a,b;
p1=&a;p2=&b;
printf("*p1=%d,*p2=%d\n",*p1,*p2);
```

从上述例子可分析出要解决这个问题，必须要懂得指针的概念和指针的引用。

6.1.3 相关知识

一、地址和指针的概念

在 C 语言中，每种数据类型都要占用一定字节数的存储单元，如 float 型数据占 4 个字节存储单元，double 型数据占 8 个字节存储单元。程序是通过变量名来使用内存中的数据。每个变量都有数据类型，占用一定字节数的存储单元，变量名和存储单元是对应的。这些变量名在程序编译时，由编译系统把源程序中所有对变量的访问都转换成对相应地址的存储单元的访问，这时就不再有变量名的概念了。例如：int acctNum=0;定义了一个整型变量，初始值为 0，程序编译时，系统给 acctNum 分配 2 个字节的存储单元，并赋初值 0，假设地址为 0x2000。编译后生成的目标代码文件中，不再有变量名 acctNum，而是把 acctNum 和存储单元 0x2000 建立对应关系。但 acctNum 不是代表地址 0x2000，而代表地址 0x2000 存储单元中的数值 0。由此可见，变量名实质上是程序员定义和使用的、用来代表存储单元中数据的符号。

前面的项目中多次使用函数 scanf()给变量输入数据，如语句 scanf("%d",&acctNum);给整型变量 acctNum 输入数值。这里的整型变量 acctNum 是程序员定义和使用的，只有程序员能够理解 acctNum 的名称含义和作用。函数 scanf()是 C 的库函数，是系统预先设计提供的，因此函数 scanf()根本无法知道程序员将定义什么样的变量名，也无法知道变量对应的存储地址到底是多少。如果将数据输入语句改成 scanf("%d",acctNum); "%d"告诉函数输入整型数据，acctNum 代表数值 0，告诉函数一个数值 0，函数 scanf()无法通过这两个数据知道给哪个变量输入数据。那么唯一的解决办法就是把程序员定义的变量 acctNum 的地址告诉函数 scanf()，即&acctNum，而绝对不可以是 acctNum。这种对地址的操作就是本任务中即将介绍的指针的概念。

指针：内存中的每个字节的存储单元都有一个位置编号，这就是“地址”。一个变量的地址就称为该变量的“指针”。

由于变量是有数据类型的，数据类型决定占用存储单元的字节数，因此指针也要有类型，如 int 型指针、double 型指针等。指针也是数据，自然也可以保存到变量中去。保存指针的变量称为指针变量。

二、指针变量

1．什么是指针变量

如前所述，变量的指针就是变量的地址。而用来存放其他变量地址的变量就是指针变量，可以表示为指向另一个变量。在这里应该明确：首先，指针变量也是变量，它具有普通变量的属性，也可以对指针变量进行赋值和运算。其次，指针变量也有它的特殊性，它存储的是其他变量的地址。如图 6-2 所示。

指针变量 p 存放的是变量 a 的地址 0x2000。它指向变量 a。

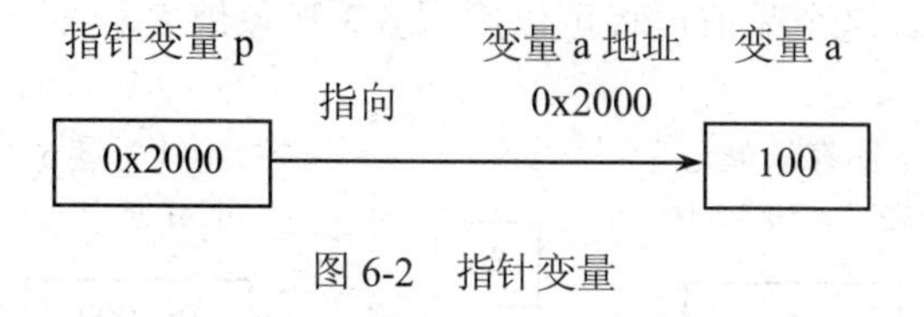

图 6-2　指针变量

2．指针变量的定义

指针变量保存的数据虽然在形式上类似整数，但在概念上不同于整数，它属于一种特殊形式的变量，是专门用来存放地址的变量。指针变量作为变量，和其他变量一样，在使用之前必须先定义。

指针变量定义的一般形式为：

数据类型 *指针变量名;

说明：

（1）与其他变量定义一样，可以一次定义多个指针变量并赋初值。

（2）“数据类型”指出该指针变量用来存放何种数据类型的地址，即它要指向何种数据类型的变量。某种数据类型的指针变量只能存放该种数据类型变量的地址。

（3）定义指针变量时，指针变量名前必须有一个“*”，它是定义指针变量的标志，不同于后面所说的“指针运算符”。

（4）初值的形式通常有四种，分别是“&普通变量名”、“&数组元素”、“数组名”和“函数名”。C 语言规定“数组名”代表的是数组的首地址，即数组的第一个元素的地址。函数名代表函数的入口地址。

例如：指针变量的定义和初始化。

```
int a,b,c;
float f1,f2[10];
int * pa=&a;        （定义 int 型的指针变量 pa，赋初值为变量 a 的地址。它指向 a。其中&
                    为地址运算符，取出变量 a 的地址）
float *pf1=&f1;     （定义 float 型的指针变量 pf1，赋初值为变量 f1 的地址。它指向 f1）
float *p3=f2;       （定义 float 型的指针变量 p3，赋初值为数组 f2 的首地址。它指向数组
                    f2 的首元素 f2[0]）
```

注意：声明为指向某种类型的指针变量必须指向和类型标识符相同类型的变量。另外，不要将任何非地址类型的数据赋给指针变量。

例如：float *pb=a; 或者 int *pa=&f1; 都是错误的。

3. 指针变量的引用

（1）取地址运算符。

取地址运算符&是用来获得它后面的变量的地址。

例如：

```
int a=5;
int *p;
p=&a;
```

通过运算符&取出变量 a 的地址赋给指针变量 p，使指针变量 p 指向整型变量 a。假设变量 a 的地址为 0x3000，那么语句 p=&a;执行后，变量 p 的值为 0x3000，在变量 p 的存储单元中保存的数值为 0x3000。这个赋值过程可以用图 6-3 形象地表示。

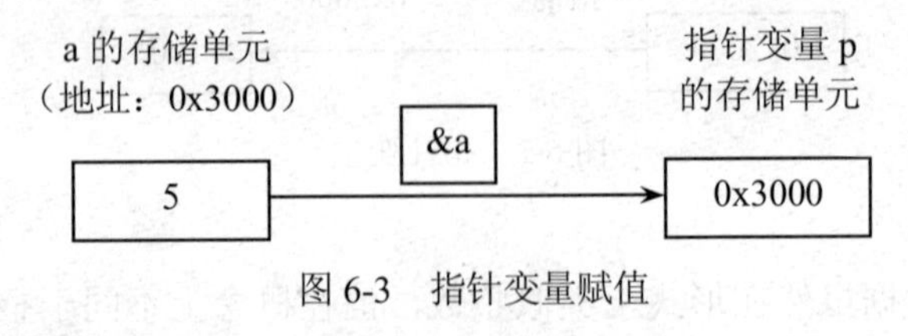

图 6-3 指针变量赋值

注意：①不能对常量或表达式进行取地址操作。例如：

```
int *p;
p=&67;    （是错误的）
```

```
p=&(a+20);   （是错误的）
```

②用运算符取地址的变量的数据类型和指针变量的数据类型应该一致。例如:

```
char c;
int *p;
p=&c;        （是错误的）
```

（2）指针运算符。

指针运算符*也称为“间接访问”运算符。它的功能是访问指针变量所指向的变量值。例如：

```
int a;
int *p;
a=100;
p=&a;
*p=200;
```

这里 a=100 是对变量 a 直接访问。另外还可以通过指针，按“间接访问”的方式给变量 a 赋值，用指向变量 a 的指针变量 p 来访问变量 a，对变量 a 的值进行存取。如*p=200;，指针变量 p 指向变量 a，*p 代表变量 a 的存储单元。运算符*访问 p 所指向的存储单元，而 p 中存放的是变量 a 的地址，因此，*p 访问的是地址为 0x3000、0x3001 的存储单元（因为 p 是指向整数的，所以*p 访问的实际上是从 0x3000 开始的两个字节），它就是 a 所占用的存储区域。所以上面的赋值表达式*p=200 和 a=200 的作用是相同的，都是向地址为 0x3000、0x3001 的内存单元中输入数据 200。

【例 6-1】通过指针变量访问浮点型变量，了解运算符*和&的用法。

```
#include <stdio.h>
main()
{
    float  y;
    float  *py;                    //py 是指向浮点类型变量的指针变量
    py=&y;                         //将 y 的地址赋给指针变量 py
    y=8.8;
    printf("y 的值是%f\n",y);       //显示变量 y 的值
    printf("*py 的值是%f\n\n",*py); //显示* py 的值
    printf("y 的地址是%ld\n",&y);   //显示变量 y 的地址
    printf("py 的值是%ld\n",py);    //显示指针变量 py 的值
}
```

程序运行效果如图 6-4 所示。

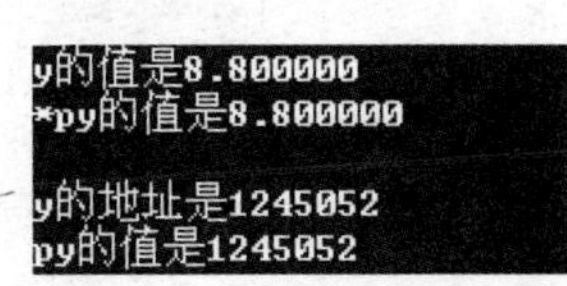

图 6-4　例 6-1 运行效果图

说明：float *py;是定义指针变量 py，此时的“*”表示变量 py 是指针变量，这时的 py 没有确切的值，指向的位置也不确定，俗称“野指针”。如果在指针还没有确定指向哪个变量之前就使用它，会出现不可预测的情况，甚至导致整个程序崩溃。

例如：int　*a;　*a=30; 是错误的。

py=&y;是用地址运算符将变量 y 的地址取出赋给指针变量 py，这时 py 确切地指向变量 y。

printf("*py 的值是%f\n\n",*py);*py 代表变量 y，即 py 所指向的变量 y，此语句将打印输出变量 y 的值。

printf("y的地址是%ld\n",&y);打印输出变量y的地址。

printf("py的值是%ld\n",py);显示py的值，即变量y的地址，它和printf("y的地址是%ld\n",&y)是一样的。

【例6-2】输入a和b两个整数，并按照从小到大的顺序输出a和b。

问题分析：此题用直接访问的方式很好解决，只需要让两个变量a和b相比，如果a>b则把两个变量的值通过一个中间变量进行对调，依次输出a和b的值。

现在，用指针（间接访问的方式）来实现。那么就需要定义两个指针变量p1、p2，分别指向变量a、b。如果a>b，我们不交换两个变量a和b的值，而是交换p1和p2的值，让p1指向a、b中数值小的变量，p2指向a、b中数值大的变量。然后依次输出*p1和*p2的值即可。

算法设计：用伪代码表示算法如下：

```
BEGIN（算法开始）
input  a  and  b
&a→p1 并且 &b→p2
if  a>b
       交换 p1 和 p2 的值
   output  *p1  and  *p2
   END  （算法结束）
```

方法一：

```
#include <stdio.h>
main()
{
    int a,b;
    int *p1,*p2,*temp;
    printf("请输入两个整数:\n");
    scanf("%d,%d",&a,&b);   //给变量a、b输入具体数值，如78,32
    p1=&a;                  //将变量 a 的地址赋给p1
    p2=&b;                  //将变量 b 的地址赋给p2
    if(a>b)
    {
        temp=p1;            //变量p1和p2的值通过temp互换
        p1=p2;
        p2=temp;
    }
    printf("min=%d,max=%d\n",*p1,*p2);  //输出p1和p2所指向的变量
}
```

程序运行效果如图6-5所示。

```
请输入两个整数:
78,32
min=32,max=78
```

图6-5 例6-2运行效果图

说明：开始时，p1和p2中存放的是a和b的地址。但是，如果满足条件a>b，p1和p2就通过temp的置换，使p1中存放的是b的地址，p2中存放的是a的地址。

方法二：

```
#include <stdio.h>
main()
{
```

```
    int a,b,temp;
    int *p1,*p2;
    printf("请输入两个整数:\n");
    scanf("%d%d",&a,&b);     //给变量 a、b 输入具体数值
    p1=&a;                   //将变量 a 的地址赋给 p1
    p2=&b;                   //将变量 b 的地址赋给 p2
    if(*p1>*p2)              //如果 p1 所指向的变量小于 p2 所指向的变量
    {
        temp=*p1;            //将 p1 和 p2 所指向的变量的值通过 temp 互换
        *p1=*p2;             //其实就是交换变量 a 和 b 的值
        *p2=temp;
    }
    printf("min=%d,max=%d\n",*p1,*p2);    //输出 p1 和 p2 所指向的变量
}
```

程序运行效果如图 6-5 所示。

说明：方法二中 p1 和 p2 的指向并没有改变，即 p1 始终指向 a，p2 始终指向 b。但是通过比较交换，p1 和 p2 所指向的变量的值发生了变化。p1 指向的变量 a，总是存放两数中的小的数，p2 指向的变量 b 存放大的数。

4. 指针类型的强制转换

数据类型可以按需要进行强制类型转换，转换方法为：

(数据类型)(变量或表达式);

前面已经阐述，指针变量也是变量，同样具有数据类型，同样也可以进行强制类型转换，转换方法为：

(数据类型 *)(指针变量或指针表达式);

例如：

```
int a;
    char *P;
    p=(char *)&a;
```

因为变量 a 是 int 型数据，所以&a 是 int 型数据的地址，而指针变量 p 是字符型指针，因此将&a 赋值给指针变量 p 时，要强制类型转换。

5. 指针变量的运算

指针变量也可以像整型变量那样进行运算。

【例 6-3】指针变量的运算。

```
#include <stdio.h>
main()
{
    int a;
    int *p;
    p=&a;
    printf("p=%ld\n",p);
    ++p;
    printf("++p=%ld\n",p);
}
```

程序运行效果如图 6-6 所示。

```
p=1245052
++p=1245056
```

图 6-6 例 6-3 运行效果图

说明：在 VC++环境中，打印输出++p 的值比 p 的值大 4，而不是大 1，这因为 VC++中的 int 型数据占 4 个字节，由此可以看出，指针变量的运算结果和数据类型是密切相关的。

6.1.4 任务小结

本任务通过 int *p1,*p2 对指针变量 p1 和 p2 定义，p1=&a;p2=&b 是对指针变量进行赋值，printf("*p1=%d,*p2=%d\n",*p1,*p2)使用指针变量输出学生成绩。通过该任务的学习，同学们掌握指针的定义、赋值以及引用。

6.2 任务二 使用指针优化一个班学生一门课成绩的输入/输出

知识目标	（1）数组指针 （2）指向一维数组的指针变量的引用 （3）指针法、下标法和数组名访问一维数组元素
能力目标	（1）学会指针定义、赋值、引用 （2）学会指针法、下标法和数组名访问一维数组元素
素质目标	（1）培养学生自主学习能力和知识应用能力 （2）培养学生勤于思考、认真做事的良好作风 （3）培养学生理论联系实际的工作作风 （4）培养学生独立的工作能力，树立自信心
教学重点	指向一维数组的指针变量的引用
教学难点	指针法引用一维数组元素
效果展示	输入10名学生的成绩： 78 86 79 91 68 92 86 75 69 83 输出10名学生的成绩为： 78 86 79 91 68 92 86 75 69 83 图 6-7 任务二运行效果图

6.2.1 任务描述

一个班有 40 名学生进行了一次考试，现要用指针实现全班学生成绩的输入/输出。该任务的要求如下：

（1）新建 6-2.c 文件；

（2）使用数组下标方法输入/输出学生成绩；

（3）使用数组名输出学生成绩；

（4）使用指针变量输出学生成绩。

6.2.2　任务实现

```
/****************************************************
* 任务二：使用指针优化一个班学生一门课成绩的输入/输出
****************************************************/
```

以 10 名学生为例，访问数组元素有以下三种方法。

方法一：下标法（常用，很直观）。

```
#include <stdio.h>
main()
{
    int score[10],i;
    printf("输入 10 名学生的成绩:\n");
    for(i=0;i<10;i++)
        scanf("%d",&score[i]);
    printf("输出 10 名学生的成绩为:\n");
    for(i=0;i<10;i++)
        printf("%3d",score[i]);
    printf("\n");
}
```

方法二：用数组名访问（效率与下标法相同，不常用）。

```
#include <stdio.h>
main()
{
    int score[10],i;
    printf("输入 10 名学生的成绩:\n");
    for(i=0;i<10;i++)
        scanf("%d",&score[i]);
    printf("输出 10 名学生的成绩为:\n");
    for(i=0;i<10;i++)
        printf("%3d",*(score+i));
    printf("\n");
}
```

方法三：用指针变量访问（常用，效率高）。

```
#include <stdio.h>
main()
{
    int score[10],*p,i;
    printf("输入 10 名学生的成绩:\n");
    for(i=0;i<10;i++)
        scanf("%d",&score[i]);
    printf("输出 10 名学生的成绩为:\n");
    for(p=score;p<score+10;p++)
        printf("%3d",*p);
    printf("\n");
}
```

程序运行效果如图 6-7 所示。

分析此程序：

```
for(p=score;p<score+10;p++)
printf("%3d",*p);
```

本任务中需要学习的内容是：指向一维数组元素的指针和一维数组元素的指针访问方式。

6.2.3 相关知识

一、数组的指针

C 语言中指针和数组间有着很密切的关系。由于数组中的元素在内存中是连续存放的，每个元素都有相应的地址。所谓数组的指针就是数组的起始地址，即数组的首地址。

二、指向一维数组的指针变量的引用

可以定义指针变量指向数组和数组元素，也就是将数组的起始地址（称为数组的指针）或数组中某一元素的地址（称为数组元素的指针）存放到一个指针变量中。所以，以前任何由数组下标完成的操作都可由指针来完成。一般来说，使用指针时目标程序占用存储空间少，运行速度快。

定义一个指向数组元素的指针变量的方法，与以前介绍的指针变量的定义方法相同。例如：

```
int  b[3]={10,20,30};    （定义 b 为包含 3 个整型数据的数组）
int  *p;                 （定义 p 为指向整型变量的指针变量）
```

数组 b 包含三个整型元素，三个元素 b[0]、b[1]、b[2]的地址分别表示为&b[0]、&b[1]、&b[2]。给指针变量赋值 p=&b[0]; 就是将元素 b[0]的地址赋给指针变量 p。也可以说，p 指向了数组 b 的 b[0]元素。

C 语言规定数组名代表数组的首地址。所以，下面两个语句等价：

```
p=&b[0];
p=b;
```

即 b 和&b[0]相等，也就是说数组的首地址等于数组第一个元素的地址。其中，p=b 的作用是把数组 b 的首地址赋给指针变量 p，而不是把数组的各元素的值赋给 p。

通过图 6-8，可以直观地看到指针变量 p 和数组名 b 及数组元素的关系。由于在内存中数组元素的地址是连续的，所以通过数组 b 的起始地址加上数组元素所占用的空间就可依次求得每个元素的地址。假设 b[0]的地址（即 b）为 3000，则 b[1]的地址就可以用 b+1 表示，即 b+1 指向数组 b 中下标为 1 的元素。它的实际地址为：3000+2=3002（如果是整型变量占 2 个字节，而占 4 个字节时为 3004）。同样，b[i]的地址可表示为 b+i，它的实际地址为 3000+i*d 。(d 表示一个数组元素所占的字节数，此时是整型元素，d=2。如果数组元素是实型，则 d=4；如果数组元素是字符型，则 d=1)。

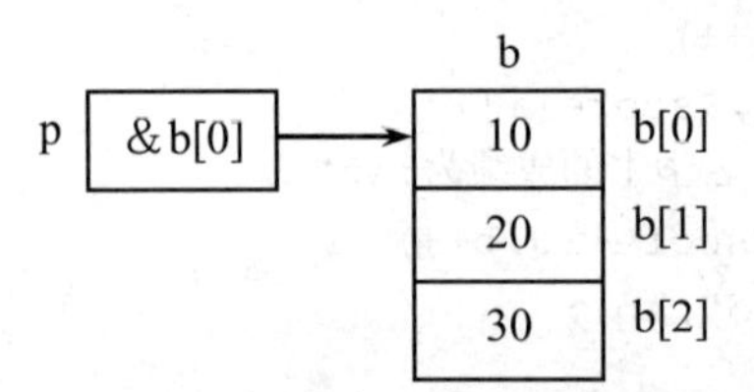

图 6-8 指针变量 p 和数组名 b 及数组元素的关系

同样如果指针变量 p 已指向数组中的一个元素，则 p+1 就指向同一数组中的下一个元素。由此可知，当 p 指向数组 b 的首地址，则 p+i 和 b+i 都代表的是 b[i]的地址。而*（p+i）和*（b+i）代表的是 p+i 和 b+i 所指向的数组元素，即 b[i]，如图 6-9 所示。

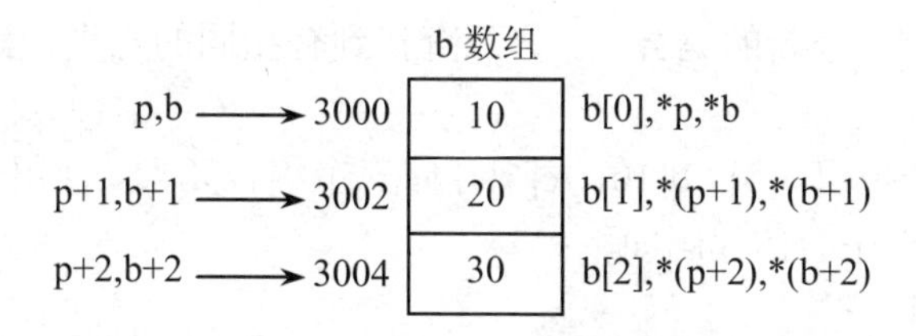

图 6-9　指针变量 p 和数组名 b 及数组元素的关系

因此，当指针变量 p 指向数组 b 的首地址后，数组元素 b[i]可表示为下列几种形式：

*(b+i)　　　*(p+i)　　　b[i]　　　p[i]

数组 b[i]的地址可表示为下列几种形式：

b+i　　　p+i　　　&b[i]　　　&p[i]

综上所述，引用一个数组元素，可以用：

（1）指针法：*(b+i)或*(p+i)。

（2）下标法：b[i]或 p[i]。其中 b 是数组名，p 是指向数组的指针变量，其初值为数组首地址。

【例 6-4】使用指针法、下标法、数组名三种方法访问数组元素。

```
#include <stdio.h>
main()
{
    int a[5]={7,9,4,3,8},i;
    int *pa=a;
    //用下标法访问各数组元素
    printf("使用下标法输出:\n");
    for(i=0;i<5;i++)
        printf("%3d",a[i]);
    printf("\n");
    printf("使用指针法输出:\n");
    for(pa=a;pa<a+5;pa++)
        printf("%3d",*pa);
    printf("\n");
    printf("使用数组名输出:\n");
    for(i=0;i<5;i++)
        printf("%3d",*(a+i));
    printf("\n");
}
```

程序运行效果如图 6-10 所示。

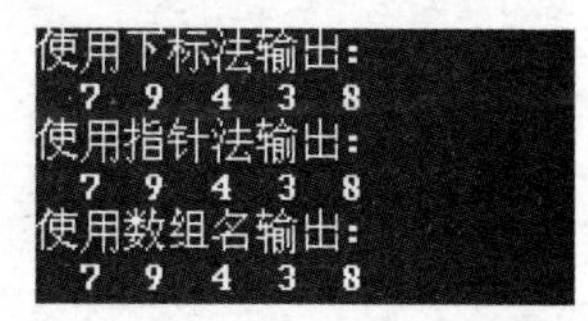

图 6-10　例 6-4 运行效果图

【例 6-5】有两个整数集合，A 集合有 5 个元素，B 集合有 10 个元素。求两个整数集合 A 和 B 的交集并输出。

问题分析：A 和 B 的交集是指既在集合 A 中又在集合 B 中的整数。这个问题就像找出两班同名的学生一样，两个班级就是A、B两个集合，姓名是元素。解决这个问题我们应该怎么做呢？解决的办法就是逐个比较，可以依次到集合B中查找集合A的元素。这是一个两层循环，第一层循环是遍历A集合中所有元素，循环中每个A集合中元素都要依次和B集合中元素比较，如果出现相同的，输出该元素。所以A中元素到B集合中的遍历查找是第二层循环。为了输出清晰，我们建立一个新的集合C，一旦查找到有相同的元素，就把该元素放入C，最后输出C集合即可。

算法设计：使用三个数组a[5]、b[10]、c[5]存储三个集合元素。使用三个指针变量pa、pb、pc分别指向三个数组。程序的伪代码如下：

```
BEGIN（算法开始）
        a→pa
        c→pc
        do （开始第一层循环，让指针pa遍历数组a中各个元素）
            b→pb
            do（开始第二层循环，让pb遍历数组b中各个元素）
                if（*pa==*pb）
                    找到交集元素，将pa元素放入pc指向的c数组中
                    pc=pc+1
                    退出第二层循环，不再比较
                endif
                pb=pb+1
            loop until（pb-b>=10） （结束第二层循环）
            pa=pa+1
        loop until（pa-a>=5）  （结束第一层循环）
        i=1（循环打印c中元素，c中共找到pc-c个元素，i需要循环pc-c次）
        do while（i<=pc-c）
            print c[i-1]
            i=i+1
        loop
    END（算法结束）
#include <stdio.h>
main()
{
    int a[5]={5,3,10,45,33};
    int b[10]={354,22,45,66,43,3,44,7,20,33};
    int c[5],i;
    int *pa,*pb,*pc;
    pa=a;                       //pa指向数组a第一个元素
    pc=c;                       //pc指向数组c第一个元素
    do
    {
        pb=b;                   //pb指向数组b第一个元素
        do
        {
            if(*pa==*pb)
            {
```

```
                    *pc=*pa;       //交集元素放入 c 中 pc 处
                    pc++;          //pc 下移，指向下一个存入交集元素处
                    break;         //退出第二层循环，不用再比
                }
                pb++;              //pb 下移，指向 b 中下一元素
            }while(pb-b<10);       //pb 未遍历完 b 中最后元素
            pa=pa+1;               //pa 下移，指向 a 中下一元素
        }while(pa-a<5);            //pa 未遍历完 a 中最后元素
        for(i=1;i<=pc-c;i++)       //依次打印 c 数组中交集元素
            printf("%3d",c[i-1]);//数组下标从 0 开始
        printf("\n");
    }
```

程序运行效果如图 6-11 所示。

```
  3 45 33
```

图 6-11　例 6-5 运行效果图

6.2.4　任务小结

本任务通过 for(p=score;p<score+10;p++) printf("%3d",*p)程序的实现，通过数组名赋值指针变量 p，通过指针输出学生成绩，优化程序，提高效率。通过该任务的学习，同学们掌握数组的指针和指向一维数组的指针变量的引用。

6.3　任务三　使用指针优化一个班学生三门课成绩的输入/输出

知识目标	（1）二维数组指针 （2）指向二维数组的指针变量的引用 （3）指针法、下标法和数组名访问二维数组元素
能力目标	（1）学会指针定义、赋值、引用 （2）学会指针法、下标法和数组名访问二维数组元素
素质目标	（1）培养学生自主学习能力和知识应用能力 （2）培养学生勤于思考、认真做事的良好作风 （3）培养学生理论联系实际的工作作风 （4）培养学生独立的工作能力，树立自信心
教学重点	指向二维数组的指针变量的引用
教学难点	指针法引用二维数组元素
效果展示	请输入4名学生三门课成绩： 67 87 88 67 91 89 94 92 68 88 67 87 ************************** 输出4名学生三门课成绩： ************************** 67　87　88 67　91　89 94　92　68 88　67　87 图 6-12　任务三运行效果图

6.3.1 任务描述

一个班有 40 名学生参加了期中考试，考了三门课，分别是平面设计、计算机应用基础、C 程序设计，现要用指针实现学生三门课成绩的输入/输出。该任务的要求如下：

（1）新建 6-3.c 文件；

（2）使用指针变量输出学生成绩；

（3）使用数组名输出学生成绩；

（4）直接采用首元素地址计算 i 行 j 列元素的方法。

6.3.2 任务实现

```
/***************************************************
* 任务三：使用指针优化一个班学生三门课成绩的输入/输出
***************************************************/
```

以 4 名学生三门课的成绩为例，完成此任务有以下三种方法。

方法一：用指针变量访问。

```
#include <stdio.h>
main()
{
    int s[4][3];
    int i,j,(*p)[3];
    p=s;
    printf("请输入 4 名学生三门课成绩：\n");
    for(i=0;i<4;i++)
    {
        for(j=0;j<3;j++)
            scanf("%8d",(*(p+i)+j));
    }
    printf("**************************\n");
    printf("输出 4 名学生三门课成绩：\n");
    printf("**************************\n");
    for(i=0;i<4;i++)
    {
        for(j=0;j<3;j++)
            printf("%8d",*(*(p+i)+j));
        printf("\n");
    }
}
```

方法二：用数组名访问。

```
#include <stdio.h>
main()
{
    int s[4][3];
    int i,j;
    printf("请输入 4 名学生三门课成绩：\n");
    for(i=0;i<4;i++)
```

```
    {
        for(j=0;j<3;j++)
            scanf("%8d",(*(s+i)+j));
    }
    printf("**************************\n");
    printf("输出 4 名学生三门课成绩: \n");
    printf("**************************\n");
    for(i=0;i<4;i++)
    {
        for(j=0;j<3;j++)
            printf("%8d",*(*(s+i)+j));
        printf("\n");
    }
}
```

方法三：直接采用首元素地址计算 i 行 j 列元素的方法。

```
#include <stdio.h>
main()
{
    int s[4][3];
    int i,j,row,col;
    row=4;col=3;
    printf("请输入 4 名学生三门课成绩: \n");
    for(i=0;i<row;i++)
    {
        for(j=0;j<col;j++)
            scanf("%8d",(&s[0][0]+i*col+j));
    }
    printf("**************************\n");
    printf("输出 4 名学生三门课成绩: \n");
    printf("**************************\n");
    for(i=0;i<row;i++)
    {
        for(j=0;j<col;j++)
            printf("%8d",*(&s[0][0]+i*col+j));
        printf("\n");
    }
}
```

程序运行效果如图 6-12 所示。

分析此程序：

```
int s[4][3], col=3;
int i,j,(*p)[3];
p=s;
printf("%8d",*(*(p+i)+j));
printf("%8d",*(*(s+i)+j));
scanf("%8d",(&s[0][0]+i*col+j));
printf("%8d",*(&s[0][0]+i*col+j));
```

本任务中需要学习的内容是：指向二维数组元素的指针和二维数组元素的指针访问方式。

6.3.3 相关知识

一、指针与二维数组

指针不仅能够指向一维数组，同时它也能够指向多维数组。只是指向多维数组的指针比指向一维数组的指针，更加复杂一些。

二、多维数组的地址

我们定义以下二维数组：

```
int a[3][4]={{0,1,2,3},{4,5,6,7},{8,9,10,11}};
```

a 为二维数组名，数组有 3 行 4 列，共 12 个元素。可以这样来理解二维数组，数组 a 由三个元素组成：a[0]、a[1]、a[2]；而每个元素又是一个一维数组，且都含有 4 个元素（相当于 4 列）。例如，a[0]代表的一维数组所包含的 4 个元素为：a[0][0]、 a[0][1]、 a[0][2]、a[0][3]，如图 6-13 所示。

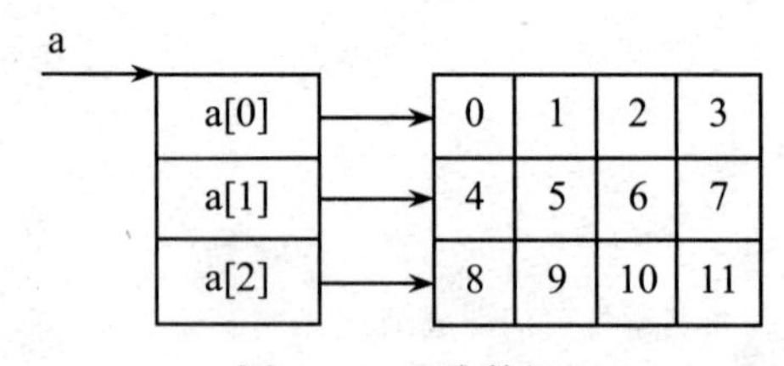

图 6-13 二维数组

从二维数组的角度来看，a 代表二维数组的首地址，当然也可看成是二维数组第 0 行的首地址。a+1 代表第 1 行的首地址，a+2 代表第 2 行的首地址。如果此二维数组的首地址为 1000，由于第 0 行有 4 个整型元素，所以 a+1 为 1008，a+2 就为 1016。

既然我们把 a[0]、a[1]、a[2]看成是一维数组名，可以认为它们分别代表它们所对应的数组的首地址。也就是说，a[0]代表第 0 行中第 0 列元素的地址，即&a[0][0]。a[1]是第 1 行中第 0 列元素的地址，即&a[1][0]。根据地址运算规则，a[0]+1 代表第 0 行第 1 列元素的地址，即&a[0][1]。一般而言，a[i]+j 代表第 i 行第 j 列元素的地址，即&a[i][j]。

在二维数组中，我们还可用指针的形式来表示各元素的地址。如前所述，a[0]与*(a+0)等价，a[1]与*(a+1)等价，因此 a[i]+j 就与*(a+i)+j 等价，它表示数组元素 a[i][j]的地址。因此，二维数组元素 a[i][j]可表示成*(a[i]+j)或*(*(a+i)+j)。

另外，要补充说明一下，如果你编写一个程序输出 a 和*a，你会发现它们的值是相同的，这是为什么呢？我们可这样来理解。首先，为了说明问题，我们把二维数组人为地看成由三个数组元素 a[0]、a[1]、a[2]组成，它们又分别是由 4 个元素组成的一维数组，并可将 a[0]、a[1]、a[2]看成是数组名。因此，a 表示二维数组第 0 行的首地址，而*a 即为 a[0]，它是数组名，当然还是地址，它是二维数组第 0 行第 0 列元素的地址。

三、指向由 n 个元素所组成的数组的指针

在 C 语言中，可定义如下的指针变量： int (*p)[3];

指针 p 为指向一个由 3 个元素所组成的整型数组的指针。在定义中，圆括号是不能少的，否则定义的就是指针数组，这将在后面介绍。这种数组的指针不同于前面介绍的整型指针，当

整型指针指向一个整型数组的元素时，进行指针加 1 运算，指针会指向数组的下一个元素，此时指针的地址值增加 2。而如上所定义的指针指向一个由 3 个元素组成的一维数组，进行地址加 1 运算（即 p+1）时，其地址值会增加 6（2 字节×3 个元素=6）。这种数组指针在 C 语言中用得较少，但在处理二维数组时，还是很方便的。

例如：

```
int a[3][4],(*p)[4];
p=a;
```

开始时 p 指向二维数组第 0 行，当进行 p+1 运算时，根据地址运算规则，此时地址的偏移量为 4×2=8，正好指向二维数组的第 1 行。和二维数组元素地址计算的规则一样，*p+1 指向 a[0][1]，*(p+i)+j 则指向数组元素 a[i][j]，*(*(p+i)+j)即是数组元素 a[i][j]的值。

【例 6-6】用三种方法输出二维数组各元素的值。

```
#include <stdio.h>
main()
{
    int a[3][4]={{1,3,5,7},{9,11,13,15},{17,19,21,23}};
    int i,j,(*p)[4];
    int row,col;
    p=a;
    printf("用二维数组的指针变量计算 i 行 j 列元素的方法\n");
    for(i=0;i<3;i++)
    {
        for(j=0;j<4;j++)
            printf("%8d",*(*(p+i)+j));
        printf("\n");
    }
    printf("用二维数组的数组名计算 i 行 j 列元素的方法\n");
    for(i=0;i<3;i++)
    {
        for(j=0;j<4;j++)
            printf("%8d",*(*(a+i)+j));
        printf("\n");
    }
    printf("用直接采用首元素地址计算 i 行 j 列元素的方法\n");
    row=3;col=4;
    for(i=0;i<row;i++)
    {
        for(j=0;j<col;j++)
            printf("%8d",*(&a[0][0]+i*col+j));
        printf("\n");
    }
}
```

程序运行效果如图 6-14 所示。

```
用二维数组的指针变量计算i行j列元素的方法
       1       3       5       7
       9      11      13      15
      17      19      21      23
用二维数组的数组名计算i行j列元素的方法
       1       3       5       7
       9      11      13      15
      17      19      21      23
用直接采用首元素地址计算i行j列元素的方法
       1       3       5       7
       9      11      13      15
      17      19      21      23
```

图 6-14　例 6-6 运行效果图

6.3.4 任务小结

本任务通过

```
int s[4][3],col=3;
int i,j,(*p)[3];
p=s;
printf("%8d",*(*(p+i)+j));
printf("%8d",*(*(s+i)+j));
scanf("%8d",(&s[0][0]+i*col+j));
printf("%8d",*(&s[0][0]+i*col+j));
```

程序的实现，通过二维数组名赋值指针变量 p，通过指针输出学生成绩，优化程序，提高效率。通过该任务的学习，同学们掌握指向二维数组元素的指针和二维数组元素的指针访问方式。

6.4 任务四　使用指针实现输出最高分的记录

知识目标	（1）指针作为函数参数的定义和调用 （2）字符指针的使用 （3）指针数组的使用
能力目标	（1）学会指针作为函数参数的定义和调用 （2）学会字符指针的使用 （3）学会指针数组的使用
素质目标	（1）培养学生自主学习能力和知识应用能力 （2）培养学生勤于思考、认真做事的良好作风 （3）培养学生理论联系实际的工作作风 （4）培养学生独立的工作能力，树立自信心
教学重点	指针作为函数参数的定义和调用
教学难点	指针作为函数参数的定义和调用
效果展示	学生的成绩单为: 81 72 73 450 85 76 77 474 69 80 91 478 最高分为: 69 80 91 478 图 6-15　任务四运行效果图

6.4.1　任务描述

一个班有 40 名学生参加了期中考试，考了三门课，分别是平面设计、计算机应用基础、C 程序设计，现要用指针优化学生成绩单，即用指针实现全班学生成绩的输入/输出以及输出最高分的学生记录。该任务的要求如下：

（1）新建 6-4.c 文件；

（2）定义函数 void print(int score[][4],int n)或 void print(int (*p)[4],int n)，功能实现输出 n 名学生的成绩；

（3）定义函数 void total(int score[][4],int n)或 void total(int (*p)[4],int n)，功能实现计算 n 名学生三门课的总分；

（4）定义函数 int max(int score[][4],int n)或 int max(int (*p)[4],int n)，功能实现计算最高分的是第几位学生；

（5）主函数中调用 print()、total()、max()函数，实现用指针输入全班学生成绩的输入并输出以及输出最高分的学生记录。

6.4.2　任务实现

```
/*********************************************
* 任务四：使用指针实现输出最高分的记录
*********************************************/
```

以 3 名学生三门课的成绩为例，用指针和函数的方法实现。

方法一：

```
#include <stdio.h>
//输出数组元素的函数
void print(int score[][4],int n)
{
    int i,j;
    printf("学生的成绩单为：\n");
    for(i=0;i<n;i++)
    {
        for(j=0;j<4;j++)
            printf("%5d",*(*(score+i)+j));
        printf("\n");
    }
}

//计算每名学生三门课的总分
void total(int score[][4],int n)
{
    int i,j;
    for(i=0;i<n;i++)
        for(j=0;j<4;j++)
            *(*(score+i)+3)+=*(*(score+i)+j);
}
```

```
//计算最高分的是第几位学生
int max(int score[][4],int n)
{
    int i,max,k;
    max=score[0][3];k=0;
    for(i=1;i<3;i++)
        if(score[i][3]>max)
        {
            k=i;
        }
        return k;
}
//主函数
main()
{
    int s[3][4]={81,72,73,-1,85,76,77,-1,69,80,91,-1};//-1的位置是存放三名
                                                      //同学各自的总分
    int i,kk;
    total(s,3);
    print(s,3);
    printf("最高分为: \n");
    kk=max(s,3);
    for(i=0;i<4;i++)
        printf("%5d",s[kk][i]);
    printf("\n");
}
```

方法二：

```
#include <stdio.h>
//输出数组元素的函数
void print(int (*p)[4],int n)
{
    int i,j;
    printf("学生的成绩单为: \n");
    for(i=0;i<n;i++)
    {
        for(j=0;j<4;j++)
            printf("%5d",*(*(p+i)+j));
        printf("\n");
    }
}

//计算每名学生三门课的总分
void total(int (*p)[4],int n)
{
    int i,j;
```

```
    for(i=0;i<n;i++)
        for(j=0;j<4;j++)
            *(*(p+i)+3)+=*(*(p+i)+j);
}

//计算最高分是第几位学生
int max(int (*p)[4],int n)
{
    int i,*max,k;
    max=p[0];k=0;
    for(i=1;i<3;i++)
        if(*(*(p+i)+4)>*max)
        {
            k=i;
        }
        return k;
}

//主函数
main()
{
    int s[3][4]={81,72,73,-1,85,76,77,-1,69,80,91,-1};//-1的位置是存放三名
                                                      //同学各自的总分
    int i,kk;
    total(s,3);
    print(s,3);
    printf("最高分为：\n");
    kk=max(s,3);
    for(i=0;i<4;i++)
        printf("%5d",s[kk][i]);
    printf("\n");
}
```

程序运行效果如图 6-15 所示。

分析此程序：

```
void print(int (*p)[4],int n), void total(int (*p)[4],int n),int max(int
(*p)[4],int n)
```

本任务中需要学习的内容是：指针作为函数参数的定义和调用。

6.4.3 相关知识

一、指针作为函数参数

函数的参数不仅可以是整型、实型、字符型等数据，还可以是指针类型。它的作用是将一个变量的地址传送到另一个函数中。

【例 6-7】输入 a 和 b 两个整数，按先大后小的顺序输出 a 和 b。

```
#include <stdio.h>
main()
```

```
{
    void swap(int *p1,int *p2);       //函数声明
    int a,b;
    int *pointer1,*pointer2;          //定义指向整型变量的指针变量
    scanf("%d,%d",&a,&b);
    pointer1=&a;                      //将变量 a 的地址赋给指针变量 pointer1
    pointer2=&b;                      //将变量 b 的地址赋给指针变量 pointer2
    if(a<b)
        swap(pointer1,pointer2);      //比较 a,b 的值，调用相应函数进行交换
    printf("%d,%d\n",a,b);            //输出处理后 a 和 b 的值
}
void swap(int *p1,int *p2)            //交换函数
{
    int temp;                         //中间变量，用于保存临时数据
    temp=*p1;
    *p1=*p2;
    *p2=temp;
}
```

```
4,8
8,4
```

图 6-16　例 6-7 运行效果图

程序运行效果如图 6-16 所示。

说明：swap()是用于交换两个形参指针所指向的地址的值的函数。如图 6-17 所示，main()主函数中 pointer1 为指向变量 a 的指针，a 中存的是整数 4。pointer2 为指向变量 b 的指针，b 中存的是整数 8，如图 6-17（a）所示。调用 swap()函数，将实参 pointer1、pointer2 传递给形参 p1 和 p2，这时 p1 和 p2 才分配存储空间。p1 和 pointer1 的值一样，存的都是变量 a 的地址，指向 a。同理 p2 指向 b，如图 6-17（b）所示。执行函数体的功能，将 p1、p2 指向的地址单元值交换，结果如图 6-17（c）所示。函数结束后，释放 p1 和 p2，但释放前 p1 和 p2 指向的单元的值已发生改变，完成两数交换，如图 6-17（d）所示。这种函数参数传递方式称为“地址传递”。

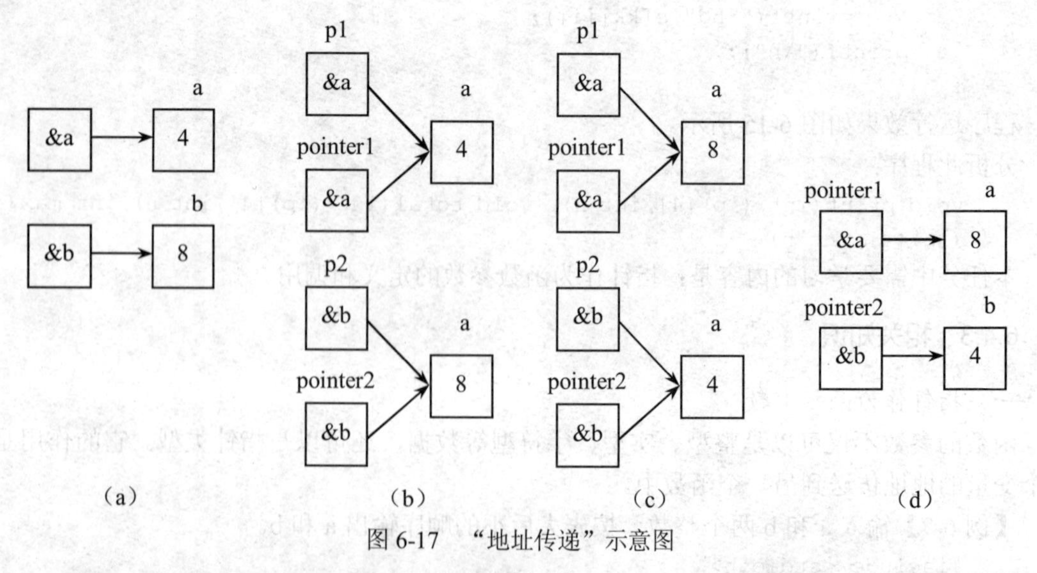

图 6-17　“地址传递”示意图

如果我们把上例中的 swap()函数改为如下所示，并在 main()主函数中调用 swap(a,b)，分

析一下是否也能实现 a 和 b 的值的交换。

```
void swap(int x,int,y)
{
    int temp;
    temp=x;
    x=y;
    y=temp;
}
```

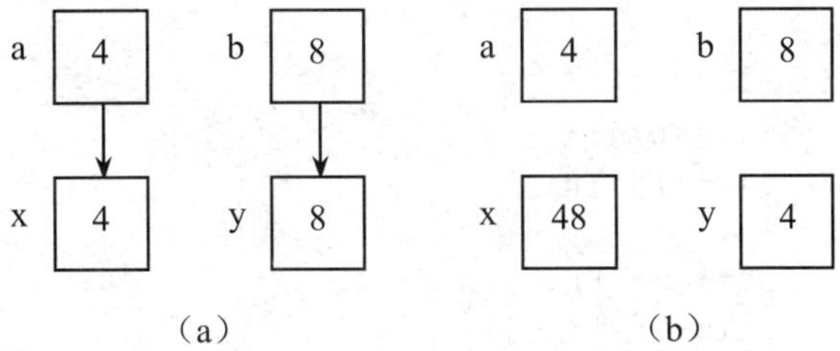

图 6-18　“值传递”示意图

这个例子使用整型变量作为函数参数，如图 6-18 所示，我们在 main()函数中调用“swap(a,b);”，那么 a 的值 4 传送给 x，b 的值 8 传送给 y，如图 6-18（a）所示，x 和 a、y 和 b 都占用不同的内存单元。执行 swap()函数，将形参 x 和 y 的值进行交换，这时 a 和 b 的值并未改变，如图 6-18（b）所示。执行完 swap()函数后，形参 x 和 y 立即释放。主函数中 a 和 b 的值没有发生任何改变，也就是说由于“单向传送”的“值传递”方式，形参值的改变无法传给实参。

【例 6-8】将数组 a 中的 n 个整数按相反的顺序存放。

```
#include <stdio.h>
void inv(int *x,int n)
{
    int *p,m,t,*i,*j;
    m=(n-1)/2;
    i=x;
    j=x+n-1;
    p=x+m;
    for(;i<=p;i++,j--)
    {
        t=*i;
        *i=*j;
        *j=t;
    }
}
main()
{
    int a[10]={3,7,9,11,0,6,7,5,4,2};
    int *p;
    p=a;
    inv(p,10);
```

```
    for(p=a;p<a+10;p++)
        printf("%d,",*p);
    printf("\n");
}
```

程序运行效果如图 6-19 所示。

2,4,5,7,6,0,11,9,7,3,

图 6-19 例 6-8 运行效果图

【例 6-9】将数组 a 中的 n 个整数按从高到低的顺序存放。

```
#include <stdio.h>
void sort(int *x,int n)
{
    int i,j,t;
    for(i=0;i<n-1;i++)
        for(j=i+1;j<n;j++)
            if(*(x+i)<*(x+j))
            {
                t=*(x+i);
                *(x+i)=*(x+j);
                *(x+j)=t;
            }
}
main()
{
    int a[10]={3,7,9,11,0,6,7,5,4,2};
    int *p;
    p=a;
    sort(p,10);
    for(p=a;p<a+10;p++)
        printf("%d,",*p);
    printf("\n");
}
```

程序运行效果如图 6-20 所示。

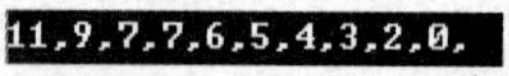

11,9,7,7,6,5,4,3,2,0,

图 6-20 例 6-9 运行效果图

【例 6-10】用函数输出二维数组中各元素的值。

```
#include <stdio.h>
void print(int (*p)[4])
{
    int i,j;
    for(i=0;i<3;i++)
    {
        for(j=0;j<4;j++)
            printf("%5d",*(*(p+i)+j));
        printf("\n");
    }
}
main()
{
    int s[3][4]={1,2,3,4,5,6,7,8,9,10,11,12};
    int i;
    print(s);
}
```

程序运行效果如图 6-21 所示。

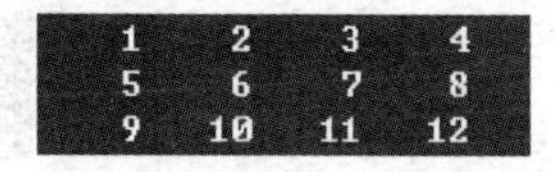

图 6-21　例 6-10 运行效果图

二、字符指针

我们已经知道，字符串常量是由双引号括起来的字符序列。例如："I love China!"就是一个字符串常量，该字符串最后一个字符后面还有一个字符串结束符'\0'，所以它由 14 个字符序列组成。在程序中如果出现字符串常量，C 编译程序就给字符串常量安排一个存储区域，这个区域是静态的，在整个程序运行的过程中始终占用。平时所讲的字符串常量的长度是指该字符串的字符个数，但在安排存储区域时，C 编译程序还自动给该字符串序列的末尾加上一个空字符'\0'，用来标志字符串的结束。因此一个字符串常量所占的存储区域的字节数总比它的字符个数多一个字节。

C 语言中操作一个字符串常量的方法有两种：

（1）字符串常量存放在一个字符数组中。

例如：

```
char string[]="I love China!";
```

数组 string 共由 14 个元素组成，其中 string[13]中的内容是'\0'。

（2）用字符指针指向字符串，然后通过字符指针来访问字符串存储区域。

可以使用指向字符串的指针变量来访问字符串。因为字符串常量在内存中是以字符数组的方式存储的，使用一个指针变量指向该字符串的首地址，也就是指向该字符串的第一个字符的地址。

例如：

```
char *string="I love China!";
```

也可以这样初始化：

```
char *string;
string="I love China!";
```

字符指针变量 string 中存放的是字符串常量的起始地址，即"I love China!"中的首字母 I 的地址，而不是把字符串常量中的字符存放到指针 string 指向的存储区域。

注意不允许这样定义：char string[15]; string="I love China!";这是完全错误的，因为数组的首地址是不允许更改的，所以用字符指针表示字符串有更好的灵活性。

【例 6-11】通过字符数组名和字符指针变量名可以输出一个字符串。

```
#include <stdio.h>
main()
{
    char string[]="I love C!";                //初始化字符数组
    char *string1="I love VB!";               //初始化字符指针变量 string1
    printf("数组 string 的内容是%s\n",string); //显示字符数组的内容
    //显示指针变量 string1 指向的字符串
    printf("指针变量 string1 所指向字符串的内容是%s\n",string1);
    //将字符串"I love C#"的首地址赋给 string1
    string1="I love C#!";
    printf("指针变量 string1 重新指向的字符串内容是%s\n",string1);
}
```

程序运行效果如图 6-22 所示。

```
数组string的内容是I love C!
指针变量string1所指向字符串的内容是I love VB!
指针变量string1重新指向的字符串内容是I love C#!
```

图 6-22 例 6-11 运行效果图

说明：上面的例子，通过字符数组名和字符指针变量名可以输出一个字符串，但不能对数值型数组用数组名输出它的全部元素，只能逐个元素输出。那么能否逐个存取字符串中的字符呢？答案是可以。可以用指针方法，也可以用下标方法实现。

【例 6-12】将字符串 a 拷贝到字符串 b 中。

方法一：用下标法来完成。

```
#include <stdio.h>
main()
{
   char a[]="I am a student.",b[20];     //定义两个字符数组，初始化数组 a
   int i;                                //定义一个变量，控制循环次数
   for(i=0;a[i]!='\0';i++)               //用 for 循环将 a 中字符拷贝到 b 串中
      b[i]=a[i];
   b[i]='\0';                            //给数组 b 加上字符串结束标志
   printf("数组 a 的内容是:%s \n",a);      //输出 a 串
   printf("数组 b 的内容是:");
   for(i=0;b[i]!='\0';i++)
      printf("%c",b[i]);                 //用 for 循环，逐个显示数组 b 中的内容
   printf("\n");
}
```

程序运行效果如图 6-23 所示。

方法二：用指针变量来完成。

```
#include <stdio.h>
main()
{
    char a[]="I am a student.",b[20];
    char *p1,*p2;               //用于指向操作数组 a 和 b
    p1=a;   p2=b;               //将字符数组 a、b 的首地址赋给指针变量 p1 和 p2
    for(;*p1!='\0';p1++,p2++)
        *p2=*p1;                //将 p1 指向 a 中各元素值拷贝到 p2 所指向的 b 中元素
    *p2='\0';                   //给 p2 所指向的数组 b 加上字符串结束标志
    printf("数组 a 的内容是:%s\n",a);        //输出 a 串
    p2=b;
    printf("数组 b 的内容是:%s\n",p2);       //输出 b 串
}
```

程序运行效果如图 6-23 所示。

```
数组a的内容是:I am a student.
数组b的内容是:I am a student.
```

图 6-23 例 6-12 运行效果图

三、指针数组

一个数组，其元素均为指针类型数据，称为指针数组。也就是说，指针数组中的每个元

素都是一个指针变量，该指针变量指向的都是相同类型的数据。一维指针数组的定义格式为：

类型名 *指针数组名[整型常量表达式];

例如：

```
int *a[10];
```

由于[]优先级比*高，因此，指针数组名 a 先与[ ]结合，形成一个包含 10 个元素的数组。然后该数组再与*结合，形成指针数组。数组中的每个元素都是指向整型数据的指针，即 a[0]、a[1]、a[2]、… a[9]，它们均为整型指针变量。a 为该指针数组名，和数组一样，a 是常量，不能对它进行增量运算。a 为指针数组元素 a[0]的地址，a+i 为 a[i]的地址，*a 就是 a[0]，*(a+i) 就是 a[i]。

为什么要定义和使用指针数组呢？主要是由于指针数组对处理字符串提供了更大的方便和灵活。使用二维数组处理长度不等的字符串的效率低，而指针数组由于其中每个元素都为指针变量，都可以用来指向一个字符串。因此，用指针数组存储多个长度不同的字符串是非常有用的。

指针数组和一般数组一样，允许指针数组在定义时初始化，但由于指针数组的每个元素都是指针变量，它只能存放地址，所以对指向字符串的指针数组来说，赋初值时应把字符串的首地址赋给指针数组的对应元素。

【例 6-13】使用字符指针数组实现输入四个长度不超过 50 的字符串，并输出这四个字符串。

```
#include <stdio.h>
#include <stdlib.h>
main()
{
    int i;
    char *name[4];
    printf("请输入四个字符串：");
    for(i=0;i<4;i++)
    {
    name[i]=malloc(51); //为第 i 个字符串动态申请 51 个字节的存储区
    if(!name[i])         //如果申请成功，返回首地址。否则，返回 0
    {
        printf("内存不足，中断运行：\n");
        exit(1);              //中止程序运行
    }
    else
        scanf("%s",name[i]);//如果动态申请地址成功，输入第 i 个字符
                              //串并存入该 name[i]指向的地址处
    }
    printf("输入的四个字符串分别为：\n");
    for(i=0; i<4; i++)
        printf("%s\n",*(name+i));
}
```

程序运行效果如图 6-24 所示。

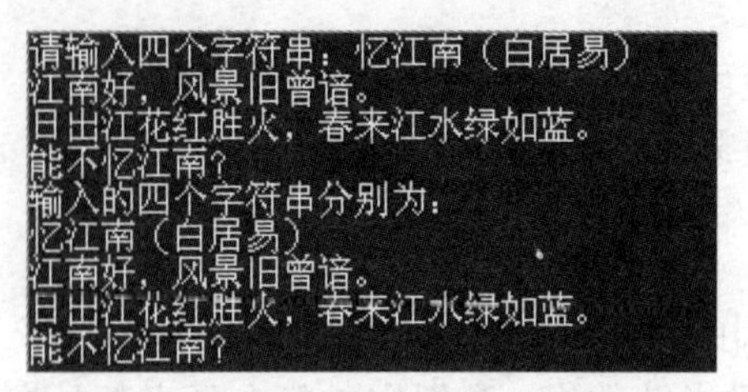

图 6-24 例 6-13 运行效果图

说明：程序中通过 char *name[4];定义了包含四个元素的指针数组，每个数组元素为一个字符型指针变量，分别指向四个字符串数组的首地址。这时系统并没有给这四个字符串分配具体的地址，也就是 name 数组中的四个元素都没有指向确切的地址，是“野指针”，这时不能直接使用。程序在输入四个字符串前先使用了一个库函数 malloc()动态申请内存地址，它的函数原型在 stdlib.h 头文件中。malloc 的参数是要申请的内存字节数，如果申请成功，返回已申请地址的首地址；如果申请失败，返回 0 值，程序显示内存不足信息，并调用另一个库函数 exit()强制中止程序运行。

程序内存表示如图 6-25 所示。

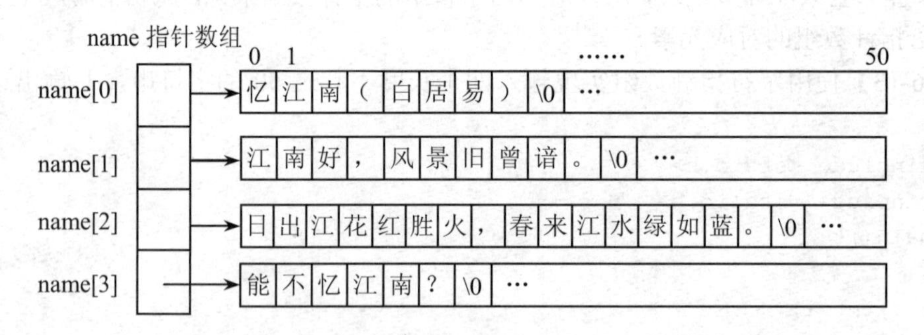

图 6-25 程序内存表示

6.4.4 任务小结

本任务通过 void print(int (*p)[4],int n)，void total(int (*p)[4],int n)，int max(int (*p)[4],int n)指针作为函数参数的定义和实现，在主函数中调用时通过数组名传递给指针参数，实现了地址传递。通过该任务的学习，同学们掌握使用指针作为函数参数的定义和调用。

习题六

一、填空题

1．C 语言的取地址符是__________。

2．定义指针变量时必须在变量名前加__________，指针变量是存放__________的变量。

3．已知整型变量 k 定义为 int k;，则指向变量 k 的指针变量定义方法是__________。

4．数组名代表数组的__________。

5．已知一维数组 float array[5];，则指向一维数组的指针变量定义方法是__________。

二、单选题

1．已知：int a,*p;则下面的赋值语句正确的是（　　）。

A．p=a;　　B．&p=a;　　C．p=&a;　　D．p=*a;

2．已知：float *p[5];它表示的含义是（　　）。

A．p 是指向 float 型变量的指针　　B．p 是 float 型数组

C．p 是 float 型指针数组　　D．p 是 float 型数组指针

3．已知：char str[4]="15",*p;则执行下面语句后的输出结果为（　　）。

```
p=str;
printf("%c\n",*(p+1));
```

A．字符 '1'　　B．字符 '5'

C．字符 '1' 的地址　　D．字符 '5' 的地址

4．已知：int a[10],*p=a; 则 p+5 表示（　　）。

A．元素 a[5]的地址　　B．元素 a[6]的地址

C．元素 a[5]的值　　D．元素 a[6]的值

5．设有定义 int a=3,b,*p=&a;则下列语句中使 b 不为 3 的语句是（　　）。

A．b=*p;　　B．b=a;　　C．b=*a;　　D．b=*p-5+a+2;

6．阅读程序

```
#include <stdio.h>
main()
{
    char *p,*s="abcdef";
    p=s;
    while(*p!='\0') p++;
        printf("%d\n",p-s);
}
```

上面程序的输出结果是（　　）。

A．-1　　B．0　　C．5　　D．6

7．阅读程序

```
#include <stdio.h>
s(char *s)
{
    char *p=s;
    while(*p)
        p++;
    return (p-s);
}
main()
{
    char *a="abcded";
    int i;
    i=s(a);
    printf("%d",i);
}
```

上面程序的输出结果是（　　）。

A．-1　　B．0　　C．5　　D．6

8．若输入的值分别为1，3，5，则下面程序运行结果是（　　）。

```
#include <stdio.h>
s(int *p)
{
    int sum=10;
    sum=sum+*p;
    return(sum);
}
main()
{
    int a=0,i,*p,sum;
    for(i=0;i<=2;i++)
    {
        p=&a;
        scanf("%d",p);
        sum=s(p);
        printf("%3d",sum);
    }
}
```

A．-1 -1 -1　　B．10 10 10　　C．11 11 11　　D．0 0 0

三、编程题

1．输入的两个整数按大小顺序输出。
2．输入a、b、c三个整数，按大小顺序输出。
3．从10个数中找出最大值和最小值。
4．用选择法对10个整数排序。
5．输出字符串中第n个字符后的所有字符。
6．用指针实现把一个字符串的内容复制到另一个字符串中。
7．输入5个国名并按字母顺序排列后输出。

学习项目七　基于结构体开发学生成绩管理系统

学习情境：

一个班的学生参加了平面设计、计算机应用基础、C程序设计三门专业课程的考试，老师为了方便成绩管理，准备开发简易学生成绩管理系统，主要完成如下功能：

1. 输出/输出学生信息；
2. 统计学生的总成绩、平均成绩；
3. 按降序输出学生成绩单。

学习目标：

同学们通过本项目的学习，学会在C程序中使用结构体存储数据，以及利用结构体数组对数据进行统计分析。

学习框架：

任务一：利用结构体数组输入/输出学生信息

任务二：求平均分最高的学生信息

任务三：输出排序后的学生成绩单

7.1　任务一　利用结构体数组输入/输出学生信息

知识目标	（1）结构体概念 （2）结构体定义与引用 （3）结构体数组
能力目标	（1）学会利用结构体存储复杂数据的方法 （2）学会使用结构体数组进行程序设计的方法
素质目标	（1）培养学生主动学习能力 （2）培养学生良好的沟通能力 （3）培养学生程序设计能力
教学重点	结构体的定义、结构体变量、结构体数组
教学难点	结构体数组使用

续表

效果展示	请输入第[1]个同学的成绩： 1001 A1 65 70 75 请输入第[2]个同学的成绩： 1002 A2 70 75 80 请输入第[3]个同学的成绩： 1003 A3 75 80 85 请输入第[4]个同学的成绩： 1004 A4 80 85 90 请输入第[5]个同学的成绩： 1005 A5 85 90 95 该班学生成绩单为： 学号 姓名 平面 基础 c程序 == 1001 A1 65 70 75 -- 1002 A2 70 75 80 -- 1003 A3 75 80 85 -- 1004 A4 80 85 90 -- 1005 A5 85 90 95 -- 图 7-1 任务一运行效果图

7.1.1 任务描述

一个班的学生在第一学期参加了平面设计、计算机应用基础、C 程序设计三门专业课程的考试，老师为了方便成绩管理，制定设计一个学生成绩管理系统的任务，该程序主要用来完成学生信息的输入与输出功能。该任务要求如下：

（1）新建 7-1.c 文件；

（2）定义结构体 Student，结构体成员为：学号（id）、姓名（name）、平面设计（score1）、计算机应用基础（score2）、C 程序设计（score3）；

（3）定义结构体数组 students；

（4）通过结构体数组 students 输入/输出多名学生的考试信息。

7.1.2 任务实现

```
/*******************************************
* 任务一：利用结构体数组输入/输出学生信息
*******************************************/
#include <stdio.h>
#define N 5                         //以 5 名学生为例
//定义结构体 Student
struct Student
    {
    char id[6];                     //学号
    char name[10];                  //姓名
    int score1,score2,score3;       //平面成绩，基础成绩,C 程序成绩
    };
```

```
main()
{
    struct Student stu[N];          //定义结构体数组
    int i;
    for(i=0;i<N;i++)                //输入 N 个学生的成绩信息
    {
        printf("请输入第[%d]个同学的成绩：\n",i+1);
    scanf("%s%s%d%d%d",stu[i].id,stu[i].name,&stu[i].score1,
          &stu[i].score2,&stu[i].score3);
    }
    printf("该班学生成绩单为：\n");
    printf("\n 学号\t 姓名\t 平面\t 基础\tC 程序\n");
    printf("==========================================\n");
    for(i=0;i<N;i++)                //输出 N 个学生的成绩信息
    {
    printf("%s\t%s\t%d\t%d\t%d\n",stu[i].id,stu[i].name,stu[i].score1,
          stu[i].score2,stu[i].score3);
    printf("\n------------------------------------------");
    }
    printf("\n");
}
```

程序运行结果如图 7-1 所示。

本任务中需要学习的内容是：

（1）定义能够保存学号、姓名三门课程成绩的特殊数据类型，即结构体。

```
struct Student
    {
    char id[6];                     //学号
    char name[10];                  //姓名
    int score1,score2,score3;       //平面成绩，基础成绩，C 程序
    };
```

（2）结构体数组变量的定义。

```
struct Student stu[N];
```

（3）结构体变量与结构体数组的引用。

```
scanf("%s%s%d%d%d",stu[i].id,stu[i].name,&stu[i].score1,&stu[i].score2,
    &stu[i].score3);
printf("%s\t%s\t%d\t%d\t%d\n",stu[i].id,stu[i].name,stu[i].score1,
    stu[i].score2,stu[i].score3);
```

7.1.3　相关知识

在学生成绩管理系统中，一个学生的成绩信息具有多个相关的成员，每个成员具有不同的数据类型。例如，学号可以为整型，姓名为字符型，年龄为整型，性别为字符型，成绩为整型或实型。处理这种数据显然不能用一个数组来存放这组数据。因为数组中各元素的数据类型和字节长度都必须一致，以便于编译系统处理。为了解决这个问题，C 语言中给出了另一种构

造数据类型——“结构（structure）”或叫“结构体”。“结构”是一种构造类型，它是由若干“成员”组成的，是不同数据类型的集合。每个成员可以是一个基本数据类型或者是另一个构造类型。结构在使用之前必须先定义它，也就是构造它。

在实际工作中，学生基本信息应该包括学号、姓名、性别、生日、联系方式及各科的考试成绩等信息，在本例中，为简单明了、突出重点，学生信息只考虑学号、姓名、各科成绩等属性，如表7-1所示。

表7-1 学生成绩信息表

学号	姓名	平面设计	计算机应用基础	C程序设计
1001	A1	65	70	75
1002	A2	70	75	80
1003	A3	75	80	85
1004	A4	80	85	90
1005	A5	85	90	95

从上面表格中可以看出，每位学生的属性结构相同，其基本结构如表7-2所示。

表7-2 Student结构体成员表

构造数据类型名称	学生(Student)		
成员名称	中文含义	数据类型	长度
id	学号	char	6
name	姓名	char	10
score1	平面设计	int	
score2	计算机应用基础	int	
score3	C程序设计	int	

通过上面表格，我们可以看出学生的信息是一个整体，其各项数据是互相联系的，都属于同一个学生。在C语言中可以用结构体类型将这些不同类型的数据组合成一个有机的整体，以便引用。

一、结构体类型

1. 定义结构体类型

（1）定义一个结构体类型的一般形式。

```
struct 结构体名
{
  成员列表;
};
```

成员列表由若干个成员组成，每个成员都是该结构的一个组成部分。对每个成员也必须作类型说明，其形式为：

```
类型说明符 成员名;
```

根据表7-2定义的结构体类型为：

```
struct Student
    {
    char id[6];                    //学号
    char name[10];                 //姓名
    int score1,score2,score3;   //平面成绩，基础成绩，C程序成绩
    };
```

（2）在定义结构体类型时需要注意：

- struct 是 C 语言关键字，不能省略，表示要定义一个结构体类型。
- 结构体类型名为 Student，命名时要符合“标识符”命名规则。
- 在{ }中定义的变量叫做成员或属性，其定义方法和变量的定义方法相同。
- {}后面的分号不能省略。

这种自定义的数据类型叫构造类型。实际上在前面我们已经学习了一种构造类型——数组，数组是具有相同数据类型的一组元素的集合。

2. 声明结构体类型变量

在声明结构类型变量之前需要先定义结构体类型，常用的定义结构体变量的方法主要有以下三种：

（1）先定义结构体类型，再声明结构体变量。

格式如下：

```
struct 结构体名
{
  成员表列;
};
struct 结构体名 变量名表列;
```

例如：

```
struct Student                         //定义结构体 Student
{
    char id[6],name[10];
    int score1,score2,score3;
};

struct Student stu1,stu2;            //定义结构体变量
struct Student students[10];         //定义结构体数组
```

通常，在所有函数之外定义结构体类型，这样可以在程序设计时根据需要随时声明相应的结构体变量。

（2）在定义结构体类型的同时声明变量。

格式如下：

```
struct 结构体名
{
  成员表列;
}变量名表列;
```

例如：

```
struct Student
{
    char id[6],name[10];
    int score1,score2,score3;
} stu1,stu2;
```

这种方法既定义了结构体类型 struct Student，又声明了结构体变量 stu1、stu2，而且在程序中还可以继续用该结构体类型定义其他结构体变量，如：

```
struct Student stu3;
struct Student students[10];
```

（3）定义匿名结构体，直接声明变量。

格式如下：

```
struct
{
  成员表列;
}变量名表列;
```

例如：

```
struct
{
    char id[6];
    char *name;
    int score1,score2,score3;
} stu1,stu2;
```

使用这种方法定义结构体类型时没有指定类型名称，所以无法在程序的其他地方再声明该结构体类型的变量，如：

```
struct stu2;    //错误
```

这种写法是不允许的，所以这种方法适合于只在局部区域使用结构体类型的情形。

3. 嵌套定义结构体

实际上，结构体成员可以是任何数据类型，包括结构体类型。例如，为学生增加一个新属性——生日，主要包括年、月、日三个值，在定义结构时可以先定义日期结构体，再定义学生结构体，如：

```
struct Date             //日期结构体
{
     int year;          //年
     int month;         //月
     int day;           //日
 };

struct Student          //学生结构体
{
      char id[6];       //学号
      char name[10];    //姓名
      char sex;         //性别
```

```
        struct Date birthday;          //生日
    }stu1,stu2;
```

首先定义一个结构 Date，由 year（年）、month（月）、day（日）三个成员组成。在定义 Student 结构时，其中的成员 birthday 被说明为 Date 结构体类型。

二、结构体变量的引用

1. 结构体变量的引用

结构体变量是不同类型数据的集合，可以通过结构体变量引用任何一个成员，其引用格式为：

结构体变量名.成员名

“.”是成员（又叫分量）运算符，它的优先级最高。

例如：

```
struct Student
{
    char name[10];   //学生姓名
    int score;       //成绩
}stu1;
```

（1）对于 score 成员，可以把 stu1.score 看作一个 int 类型的变量操作，如：

```
stu1.score=90;
scanf("%d",&stu1.score);          //为 stu1.score 成员输入一个整数
printf("%d",stu1.score);          //输出 stu1.score 成员值
```

（2）对于 name 成员，由于 stu1.name 是一个一维字符类型数组，需要使用 strcpy() 函数对其赋值，如：

```
strcpy(stu1.name, "刘慧杰");      //是正确的，而 stu1.name="刘慧杰"则是错误的
scanf("%s",stu1.name);            //为 stu1.name 成员输入一个字符串
printf("%s",stu1.name);           //输出 stu1.name 成员值
```

2. 引用结构体变量时，需要注意以下几点：

（1）一般情况下，一个结构体变量不能作为整体来引用，只能引用其成员。

```
scanf("%s%s%d%d%d%f",&stu1);                 //错误，不能整体读入结构体变量的值
printf("%s\t%s\t%5d%5d%5d\n",stu1);          //错误，不能整体输出结构体变量的值
```

正确表达式为：

```
scanf("%s%s%d%d%d",stu.id,stu.name,&stu.score1,&stu.score2,&stu.score3);
printf("%s\t%s\t%d\t%d\t%d",stu.id,stu.name,stu.score1,stu.score2,
        stu.score3);
```

（2）两个同类型的结构体变量赋值时，可作为整体来引用。

```
struct Student stu1,stu2;
stu1.id="1001";
strcpy(stu1.name, "A1");
stu1.score1=100;
stu2=stu1;  //将 stu1 的各个成员值赋值给 stu2
```

注意，stu1 与 stu2 必须是同结构的变量才可以互相赋值。

（3）当成员的类型又是另一结构体类型时，应一级一级地引用成员。

例如：

①定义结构体及变量。

```
struct Student          //学生结构体
{
    char id[6];         //学号
    char name[10];      //姓名
    char sex;           //性别
    struct Date         //日期结构体
    {
    int year;           //年
    int month;          //月
    int day;            //日
    } birthday;         //生日
}stu1,stu2;
```

②结构体成员访问。

```
stu1.id;                //访问 stu1 的成员 id
stu1.birthday.year;     //访问 stu1.birthday 的成员 year
```

【例 7-1】在键盘上输入一个学生的信息（包含学号、姓名、三门课程的成绩），然后在显示器上格式化输出学生信息。

```
#include  <stdio.h>
main()
{
     struct Student
     {
     char id[6];
     char name[10];
     int score1,score2,score3;
     } stu;
     printf("\n 请输入学生成绩信息[学号 姓名 平面 基础 C程序]:\n");
     scanf("%s%s%d%d%d",stu.id,stu.name,&stu.score1,&stu.score2,
            &stu.score3);
     printf("\n 该学生的成绩信息为：\n");
     printf("\n 学号\t 姓名\t 平面\t 基础\tC 程序\n");
     printf("==============================================\n");
     printf("%s\t%s\t%d\t%d\t%d",stu.id,stu.name,stu.score1,stu.score2,
             stu.score3);
     printf("\n----------------------------------------------\n");
}
```

程序运行效果如图 7-2 所示。

```
请输入学生成绩信息[学号 姓名 平面 基础 C程序]:
1001    张一加  80      85      90

该学生的成绩信息为:

学号    姓名    平面    基础    C程序
============================================
1001    张一加  80      85      90
--------------------------------------------
```

图 7-2　例 7-1 运行效果图

三、结构体变量的初始化

在定义结构体变量时，可以给结构体变量的各个成员指定初值，进行初始化。

【例 7-2】修改例 7-1，将结构体变量的定义改为定义时直接进行初始化。

```
#include  <stdio.h>
main()
{
    struct Student  //定义 Student 结构体
    {
        char id[6],name[10];
        int score1,score2,score3;
    } stu1={"1001","李晶",80,85,90};//定义结构体变量时初始化结构体成员
        printf("\n 学号\t 姓名\t 平面\t 基础\tC 程序\n");
        printf("=============================================\n");
        printf("%s\t%s\t%d\t%d\t%d",stu1.id,stu1.name, stu1.score1,
                stu1.score2, stu1.score3);
        printf("\n---------------------------------------------\n");
}
```

程序运行效果如图 7-3 所示。

图 7-3　例 7-2 运行效果图

【例 7-3】利用嵌套定义的结构体声明学生类型，并格式化输出学生信息。

```
#include <stdio.h>
struct Student        //学生结构体
{
    char id[6];       //学号
    char name[10];    //姓名
    char sex;         //性别
    struct Date       //日期结构体
{
   int year;          //年
   int month;         //月
   int day;           //日
 } birthday;          //生日
};

main()
{
    //定义结构体变量 stu 并进行初始化
    struct Student stu={"1001","周冬杰",'F',{1990,1,10}};
    //输出结构体 stu 成员
    printf("\n 输出结构体 stu 成员\n");
    printf("\n 学号\t 姓名\t 性别\t 出生日期\n");
```

```
    printf("==============================================\n");
    printf("%s\t%s\t%c\t%d年%d月%d日",stu.id,stu.name,stu.sex,
       stu.birthday.year,stu.birthday.month,stu.birthday.day);
    printf("\n----------------------------------------------\n");
}
```

```
输出结构体stu成员
学号    姓名    性别    出生日期
==========================================
1001    周冬杰  F       1990年1月10日
------------------------------------------
```

图 7-4 例 7-3 运行效果图

注意：不能在结构体内对成员赋初值，如：

```
struct Date               //日期结构体
{
   int year=1990;         //年
   int month=1;           //月
   int day=10;            //日
};
```

四、结构体数组

在前面例子中，处理的数据量非常小，仅使用结构体变量就可以了。但在学生成绩管理系统中，统计的学生信息量很大，所以要用到结构体数组。结构体数组与基本数据类型数组的不同之处在于每个数组元素都是结构体类型的数据。

1. 结构体数组的定义

（1）由于结构体数组的成员为结构体类型数据，所以在定义结构体数组之前必须先定义结构体类型。

例如：

```
struct Student
    {
    char id[6];                    //学号
    char name[100];                //姓名
    int score1,score2,score3;     //平面  基础  C程序
    };

main()
{
    struct Student students[10],stu;
    ……
}
```

（2）定义结构体时直接声明结构体数组。

例如：

```
struct Student
    {
    char id[6];                    //学号
```

```
        char name[10];                //姓名
        int score1,score2,score3;     //平面  基础  C程序
    }students[100];
```

2. 结构体数组的初始化

与其他类型的数组一样，结构体数组也可以在声明时进行初始化。例如：

（1）不给出数组长度，数组长度由初始化的数据决定。

```
students[]={{……},{……},{……}};
```

【例 7-4】使用结构体数组格式化输出 3 名学生信息。

```
#include <stdio.h>
#define N 3
struct Student
{
    char id[6],name[10];
    int score1,score2,score3;
}students[N]=   //定义结构体数组并初始化所有成员
{
    {"1001","周冬杰",90,95,100},
    {"1002","姜赫楠",85,90,95},
    {"1003","刘慧杰",95,95,100}
};

main()
{
    int i;
    printf("\n 学号\t 姓名\t 平面\t 基础\tC 程序\n");
    printf("==============================================\n");
    for(i=0;i<N;i++)
    {
        printf("%s\t%s\t%d\t%d\t%d",
            students[i].id,students[i].name,
            students[i].score1,students[i].score2,students[i].score3);
        printf("\n----------------------------------------------\n");
    }
}
```

程序运行效果如图 7-5 所示。

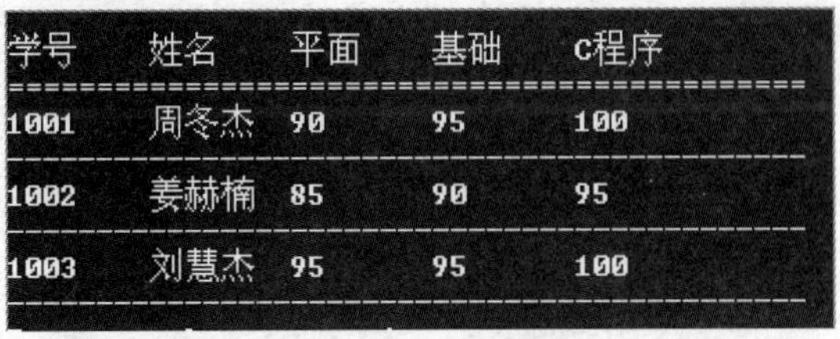

```
学号    姓名    平面    基础    c程序
==============================================
1001    周冬杰  90      95      100
----------------------------------------------
1002    姜赫楠  85      90      95
----------------------------------------------
1003    刘慧杰  95      95      100
----------------------------------------------
```

图 7-5　例 7-4 运行效果图（a）

（2）定义数组时指定数组长度，并对部分数组元素初始化。

例如，修改上例中常量 N 的值为 5，即：

```
#define N 5
```

再次执行程序运行效果如图 7-6 所示。

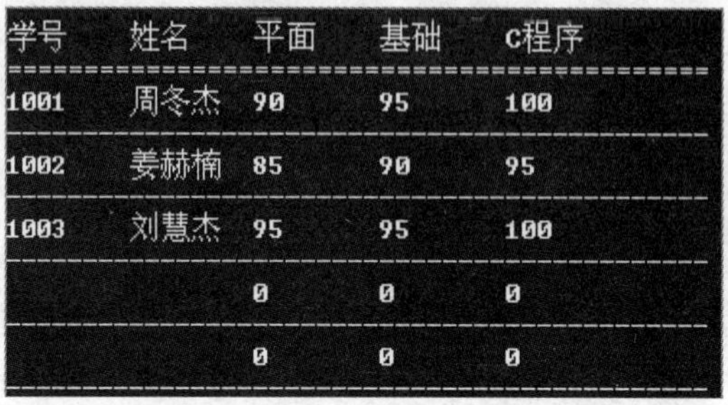

```
学号    姓名    平面    基础    c程序
=========================================
1001    周冬杰  90      95      100
-----------------------------------------
1002    姜赫楠  85      90      95
-----------------------------------------
1003    刘慧杰  95      95      100
-----------------------------------------
                0       0       0
-----------------------------------------
                0       0       0
-----------------------------------------
```

图 7-6　例 7-4 运行效果图（b）

3. 结构体数组的应用

【例 7-5】输入 3 名学生成绩信息，并计算总成绩、平均成绩。

问题分析：

（1）需要定义一个结构体，其成员有学号、姓名、三门课的成绩、总分、平均分；

（2）定义一个结构体数组，并赋初值；

（3）计算 3 名同学的总分及平均分；

（4）输出这 3 名同学的信息。

程序如下：

```
#include <stdio.h>
#define N 3
struct Student
{
    char id[6];      //学号
    char name[10];   //姓名
    int score1,score2,score3;
    int sum;         //总分
    float avg;       //平均分
}students[N]=        //定义结构体数组并初始化所有成员
{
    {"1001","周冬杰",90,95,100},
    {"1002","姜赫楠",85,90,95},
    {"1003","刘慧杰",95,95,100}
};

main()
{
    int i;
    printf("\n 学号\t 姓名\t 平面\t 基础\tC 程序\t 总成绩\t 平均分\n");
    printf("==========================================================\n");
    for(i=0;i<N;i++)
    {
```

```
            //计算总成绩
            students[i].sum=students[i].score1+students[i].
            score2+students[i].score3;
            //计算平均成绩，将 int 类型转换为 float 类型
            students[i].avg=students[i].sum/3.0f;
            printf("%s\t%s\t%d\t%d\t%d\t%d\t%3.2f",
                students[i].id,students[i].name,
                students[i].score1,students[i].score2,students[i].score3,
                students[i].sum,students[i].avg);
            printf("\n---------------------------------------------------\n");
        }
    }
```

程序运行效果如图 7-7 所示。

```
学号    姓名    平面    基础    c程序   总成绩  平均分
======================================================
1001    周冬杰  90      95      100     285     95.00
------------------------------------------------------
1002    姜赫楠  85      90      95      270     90.00
------------------------------------------------------
1003    刘慧杰  95      95      100     290     96.67
------------------------------------------------------
```

图 7-7　例 7-5 运行效果图

7.1.4　任务小结

通过本任务的学习，同学们学习了结构体类型、结构体变量、结构体数组等相关知识，通过结构体类型的使用，可以快速设计出学生成绩管理程序，为进一步的学习奠定了良好的基础。

7.2　任务二　求平均分最高的学生信息

知识目标	（1）结构体指针 （2）指向结构体数组的指针 （3）结构体、结构体指针与函数
能力目标	（1）学会利用结构体指针访问结构体数组的方法 （2）学会将复杂程序分解成为不同子函数的方法
素质目标	（1）培养学生自主学习能力 （2）培养学生勤于思考、认真做事的良好作风 （3）培养学生理论联系实际的工作作风 （4）培养学生独立的工作能力，树立自信心
教学重点	结构体指针访问数组、结构体指针作函数参数
教学难点	结构体指针作函数参数

续表

效果展示	请输入学生的信息[学号 姓名 平面 基础 C程序]: 1001 刘慧杰 85 90 95 1002 周东杰 80 85 90 1003 李佳乐 75 80 85 该班成绩单为: 学号 姓名 平面 基础 C程序 总成绩 平均分 1001 刘慧杰 85 90 95 270.0 90.0 1002 周东杰 80 85 90 255.0 85.0 1003 李佳乐 75 80 85 240.0 80.0 平均分为最高分的学生是: 学号 姓名 平面 基础 C程序 总成绩 平均分 1001 刘慧杰 85 90 95 270.0 90.0 图 7-8 任务二运行效果图

7.2.1 任务描述

在考试结束后，老师要计算出平面设计、计算机应用基础、C 程序设计三门专业课程的总成绩与平均成绩，同时要求统计出平均分最高的学生信息。该任务要求如下：

（1）新建文件 7-2.c；

（2）定义结构体 Student，结构体成员为：学号（id）、姓名（name）、平面设计（score1）、计算机应用基础（score2）、C 程序设计（score3）、总成绩（sum）、平均成绩（avg）；

（3）定义结构体数组 students；

（4）通过结构体数组 students 输入/输出多名学生的考试信息；

（5）计算每个学生总成绩与平均成绩；

（6）统计出平均成绩最高的学生信息并输出。

7.2.2 任务实现

为了简化程序，假设该任务只有 3 名同学。

```
/*********************************************
* 任务二：输入学生成绩，显示平均分最高的学生信息
*********************************************/
#include <stdio.h>
#define N 3
struct Student
{
    char id[6];                          //学号
    char name[12];                       //姓名
    int score1,score2,score3;            //平面  基础  C 程序
    float sum,avg;                       //总成绩 平均分
};
```

```
/*****************************************
* 函数名：input
* 功  能：通过控制台输入 N 个学生信息，
*         计算学生总成绩与平均成绩
* 参  数：*sp：Student 结构体指针变量
*            n：输入学生信息数量
*****************************************/
void input(struct Student *sp,int n)
{
    int i;
    for(i=0;i<N;i++,sp++)
    {
        //输入学生信息
        scanf("%s%s%d%d%d",sp->id, sp->name,
            &sp->score1,&sp->score2,&sp->score3);
        //求学生总成绩
        sp->sum=(float)(sp->score1+sp->score2+sp->score3);
        //求学生平均成绩
        sp->avg=sp->sum/3.0f;
    }
}

/********************************************************
* 函数名：getMax
* 功  能：遍历 students 数组，统计平均成绩最高的学生信息
* 参  数：*sp：Student 结构体指针变量
* 算  法：如果 max->avg 值小于当前结构体数组成员的 avg 值时，
*         将当前结构体成员整体赋值给 max
********************************************************/
struct Student getMax(struct Student *sp,int n)
{
    int i=0;
    struct Student *max=sp;
    max->avg=sp->avg;
    for(i=0;i<n;i++,sp++)
    {
        if(max->avg<sp->avg)
            max=sp;
    }
    return *max;
}

/********************************************************
* 函数名：print
* 功  能：通过结构体指针输出学生信息
* 参  数：*sp：Student 结构体指针变量
```

```
*          n：输出学生个数
*******************************************************/
void print(struct Student *sp,int n)
{
    int i;
    printf("\n 学号\t 姓名\t 平面\t 基础\tC 程序\t 总成绩\t 平均分\n");
    printf("=====================================================\n");
    for(i=0;i<n;i++,sp++)
    {
       printf("%s\t%s\t%d\t%d\t%d\t%.1f\t%.1f",
       sp->id,sp->name,sp->score1,sp->score2,sp->score3,sp->sum,sp->avg);
       printf("\n-------------------------------------------------\n");
    }
}

main()
{
    //定义结构体数组、最高平均分对象
    struct Student students[N],max;

    //输入学生信息
    printf("请输入学生的信息[学号 姓名 平面 基础 C 程序]:\n");
    input(students,N);

    //输出学生信息
    printf("\n 该班成绩单为: \n");
    print(students,N);

    //查找最高平均分学生
    max = getMax(students,N);
    //输出平均分最高的学生信息
    printf("\n 平均分为最高分的学生是: \n");
    print(&max,1);
}
```

程序运行效果如图 7-8 所示。

7.2.3 相关知识

在前面任务中，我们已经学会了使用结构体数组存取学生成绩信息，实现了学生成绩信息的输入与输出。但是在程序设计中，如果使用结构体指针来访问数组，不但可以节省内存，提高程序的执行效率，而且在使用结构体作函数参数时，能够提高函数灵活性。

一、结构体指针

与简单类型的指针变量一样，也可以定义指向结构体变量的指针。一个指针变量当用来指向一个结构变量时，称之为结构指针变量。结构指针变量中的值是其所指向的结构变量的首地址。在程序中可以通过结构体指针访问该结构体变量。

1. 结构指针变量的定义

struct 结构名 *结构指针变量名

例如：

```
struct Student
{
    char id[6];
    char name[10];
    int score1,score2,score3;
}stu={"1001","周冬杰",90,95,100};
```

上面代码使用一个结构体类型 Student 创建结构体变量 stu，可用&stu 表示结构体变量的地址，如图 7-9 所示。

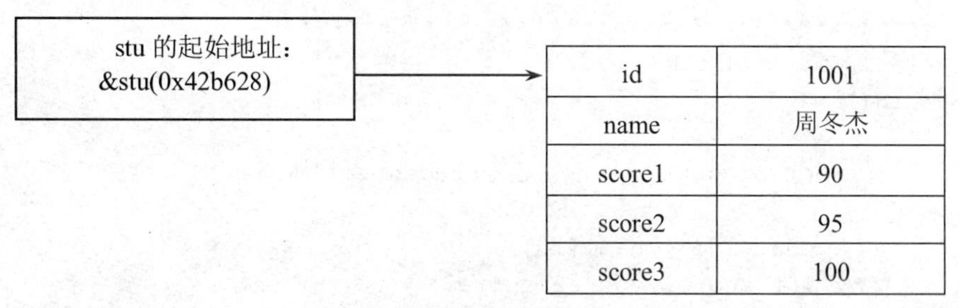

图 7-9　结构体类型指针

```
struct Student *sp; //定义结构体指针变量，但 sp 的值不确定
sp=&stu1;           //结构体指针变量指向结构体变量 stu1 首地址
```

使用一个结构体类型 Student 创建结构体指针变量 sp，将&stu 值赋予 sp，则 sp 指向 stu 变量的首地址，如图 7-10 所示。

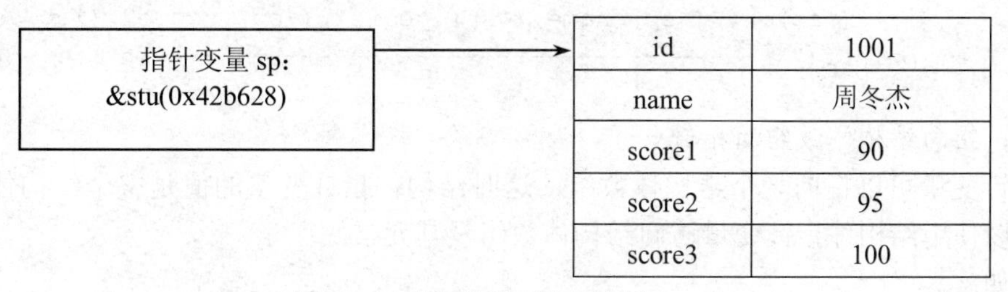

图 7-10　结构体类型指针变量

2. 结构体成员的引用方法

（1）用结构体变量名引用结构体成员：

结构体变量.成员名

这种方法在前面已经学习过，如 stu1.id、stu1.name、stu1.avg 等。

（2）用结构体指针变量引用结构体成员：

(*结构体指针变量).成员名

或

结构体指针变量->成员名

例如：

```
(*sp).成员名
```

或

```
sp->成员名
```

请注意：由于“.”运算符优先级高，所以一定要在*sp两侧加上小括弧。

例如：

```
(*sp).id,(*sp).name,(*sp).avg
```

或

```
sp->id,sp->name,sp->avg
```

【例7-6】使用结构体指针变量输出学生成绩。

```
/****************************************
* 使用结构体指针输出结构体成员的值
****************************************/
#include  <stdio.h>
main()
{
    struct Student      //定义Student结构体
    {
        char id[6],name[10];
        int score1,score2,score3;
    } stu1={"1001","李佳乐",80,85,90},*sp;   //定义结构体变量及结构体指针
    sp=&stu1;
    printf("\n学号\t姓名\t平面\t基础\tC程序\n");
    printf("======================================\n");
    printf("%s\t%s\t%d\t%d\t%d\n",
        sp->id,sp->name,sp->score1,sp->score2,sp->score3);
    printf("%s\t%s\t%d\t%d\t%d",
        (*sp).id,(*sp).name,(*sp).score1,(*sp).score2,(*sp).score3);
    printf("\n--------------------------------------\n");
}
```

二、指向结构体数组的指针

指针变量可以指向一个结构体数组，这时结构体指针变量的值是整个结构体数组的首地址。可以使用结构体指针变量访问结构体数组及其元素。

例如：

```
struct Student
{
    char id[6];
    char name[10];
    int score1,score2,score3;
};
    struct student *pStudent,students[10]; //定义结构体类型的指针变量数组
    pStudent=students;                     //结构体指针指向结构体数组
```

使用指针变量可以方便地在结构体数组中移动，当pStudent指针指向数组首地址时，可以执行pStudent++，让指针指向下一个数组单元；执行pStudent--，可以让指针指向上一个数组单元。

【例 7-7】使用结构体指针统计学生总成绩与平均成绩。

```
/**************************************
* 使用结构体指针访问结构体数组成员
**************************************/
#include <stdio.h>
#define N 3
struct Student
{
    char id[6];                         //学号
    char name[10];                      //姓名
    int score1,score2,score3;           //平面  基础  C程序
    float sum,avg;                      //总成绩  平均分
};

main()
{
    //初始化结构体数组,总成绩与平均分默认值为 0
    struct Student students[N]=
    {
        {"1001","周冬杰",90,95,100},
        {"1002","姜赫楠",85,90,95},
        {"1003","刘慧杰",95,95,100}
    },*sp;
    int i;
    //结构体指针指向 students 数组
    sp=students;
    //求总成绩与平均成绩
    for(i=0;i<N;i++,sp++)
    {
        sp->sum= (float)(sp->score1+sp->score2+ sp->score3);
        sp->avg= sp->sum/3.0f;
    }
    //结构体指针重新指向 students 数组
    sp=students;
    printf("\n学号\t姓名\t平面\t基础\tC程序\t总成绩\t平均分\n");
    printf("=====================================================\n");
    for(i=0;i<N;i++,sp++)
    {
        printf("%s\t%s\t%d\t%d\t%d\t%3.1f\t%3.1f",
            (*sp).id, (*sp).name, (*sp).score1, (*sp).score2, (*sp).score3,
            (*sp).sum, (*sp).avg);
        //下行输入结果与上行相同，只是表达式写法不同
        printf("\n%s\t%s\t%d\t%d\t%d\t%3.1f\t%3.1f",
            sp->id, sp->name, sp->score1, sp->score2, sp->score3,
            sp->sum, sp->avg);
        printf("\n-----------------------------------------------------\n");
    }
}
```

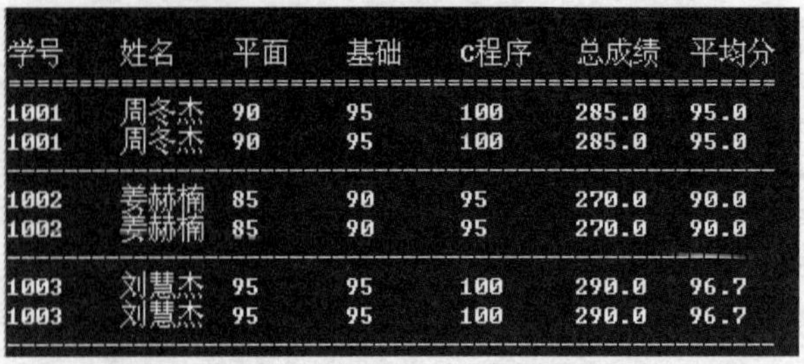

```
学号   姓名    平面   基础   c程序   总成绩   平均分
==================================================
1001   周冬杰  90     95     100     285.0    95.0
1001   周冬杰  90     95     100     285.0    95.0
--------------------------------------------------
1002   姜赫楠  85     90     95      270.0    90.0
1002   姜赫楠  85     90     95      270.0    90.0
--------------------------------------------------
1003   刘慧杰  95     95     100     290.0    96.7
1003   刘慧杰  95     95     100     290.0    96.7
--------------------------------------------------
```

图 7-11　例 7-7 运行效果图

三、结构指针变量作函数参数

在 ANSI C 标准中允许用结构变量作函数参数进行整体传送。但是这种传送要将全部成员逐个传送,特别是成员为数组时将会使传送的时间和空间开销很大,严重地降低了程序的效率。因此最好的办法就是使用指针，即用指针变量作函数参数进行传送。这时由实参传向形参的只是地址，从而减少了时间和空间的开销。

例如，在本任务中定义函数 print()。

```
void print(struct Student *sp,int n)
{
    int i;
    printf("\n 学号\t 姓名\t 平面\t 基础\tC 程序\t 总成绩\t 平均分\n");
    printf("==================================================\n");
    for(i=0;i<n;i++,sp++)
    {
        printf("%s\t%s\t%d\t%d\t%d\t%.1f\t%.1f",
            sp->id,sp->name,sp->score1,sp->score2,sp->score3,
            sp->sum,sp->avg);
        printf("\n--------------------------------------------------\n");
    }
}
```

在主程序中调用 print()函数输出所有学生信息、最高平均分学生信息。

```
main()
{
    ......
    //输出学生信息
    printf("\n 该班成绩单为: \n");
    print(students,N);

    //统计最高平均分学生
    max = getMax(students,N);
    //输出平均分最高的学生信息
    printf("\n 平均分为最高分的学生是: \n");
    //结构体
    print(&max,1);
    ......
}
```

在定义 print()函数时，使用结构体指针（struct Student *sp）作函数形式参数，在调用函数时，不需要复制结构体数组，仅传递实际参数的地址，这样既提高了程序的执行效率，又节省了系统内存。

在两次调用函数时，实际参数结构不同，print(students,N)是将结构体数组名（即数组首地址）作实参，利用指针实现结构体数组遍历；第二次传递的是结构变量地址，利用指针访问其指向结构体变量的成员。如果不用指针作函数形式参数，一般需要定义两个函数来实现数据输出，而使用结构体指针作函数参数则增强了程序的灵活性。

7.2.4　任务小结

通过本任务的学习，同学们学会了利用结构体指针访问结构体成员、结构体数组的知识，掌握了结构体指针作函数参数的方法。在程序设计中，合理地使用指针，可以提高程序执行效率，节省内存空间，增强程序的灵活性。

7.3　任务三　按学生分数重新排序成绩单

知识目标	（1）结构体数组排序 （2）利用指针实现结构体数组排序
能力目标	（1）学会利用结构体指针访问结构体数组的方法 （2）学会将复杂程序分解成不同子函数的方法
素质目标	（1）培养学生自主学习能力 （2）培养学生勤于思考、认真做事的良好习惯 （3）培养学生程序设计能力
教学重点	结构体指针访问数组
教学难点	结构体指针作函数参数
效果展示	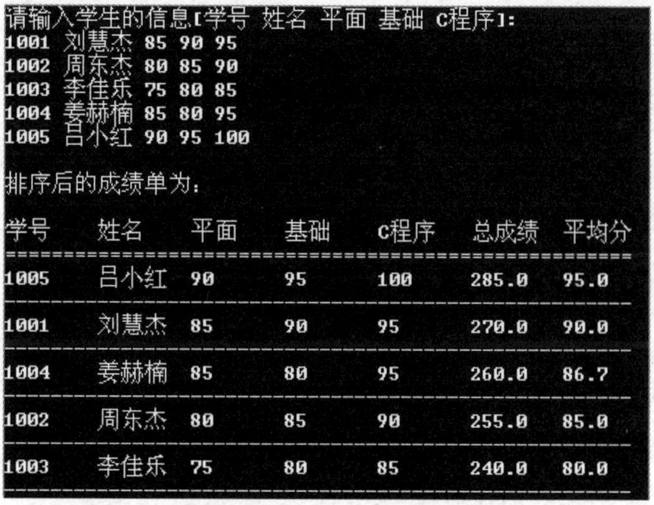 请输入学生的信息[学号 姓名 平面 基础 C程序]: 1001 刘慧杰 85 90 95 1002 周东杰 80 85 90 1003 李佳乐 75 80 85 1004 姜赫楠 85 80 95 1005 吕小红 90 95 100 排序后的成绩单为: 学号 姓名 平面 基础 C程序 总成绩 平均分 == 1005 吕小红 90 95 100 285.0 95.0 1001 刘慧杰 85 90 95 270.0 90.0 1004 姜赫楠 85 80 95 260.0 86.7 1002 周东杰 80 85 90 255.0 85.0 1003 李佳乐 75 80 85 240.0 80.0 图 7-12　任务三运行效果图

7.3.1 任务描述

在考试结束后，软件教研室老师要计算出平面设计、计算机应用基础、C 程序设计三门专业课程的总成绩与平均成绩，同时按照统计出的总成绩对成绩单进行降序排列。该任务要求如下：

（1）新建文件 7-3.c；

（2）定义结构体 Student，结构体成员为：学号（id）、姓名（name）、平面设计（score1）、计算机应用基础（score2）、C 程序设计（score3）、总成绩（sum）、平均成绩（avg）；

（3）定义结构体数组 students；

（4）通过结构体数组 students 输入/输出多名学生的考试信息；

（5）计算每个学生的总成绩与平均成绩；

（6）按学生总成绩进行降序排列；

（7）输出重排序后的学生成绩。

7.3.2 任务实现

为了简化程序，假设只有 5 个同学。

```
/************************************
* 任务三：输入学生成绩并进行排序
************************************/
#include <stdio.h>
#define N 5

struct Student
{
    char id[6];                //学号
    char name[12];             //姓名
    int score1,score2,score3;        //平面  基础  C程序
    float sum,avg;                   //总成绩  平均分
};

/*****************************************
* 函数名：input
* 功  能：通过控制台输入 N 个学生信息，
*         计算学生总成绩与平均成绩
* 参  数：*sp：Student 结构体指针变量
*           n：输入学生信息数量
*****************************************/
void input(struct Student *sp,int n)
{
    int i;
    for(i=0;i<N;i++,sp++)
    {
        //输入学生信息
```

```
        scanf("%s%s%d%d%d",
            sp->id, sp->name,&sp->score1,&sp->score2,&sp->score3);
        //求学生总成绩
        sp->sum=(float)(sp->score1+sp->score2+sp->score3);
        //求学生平均成绩
        sp->avg=sp->sum/3.0f;
    }
}

/*********************************************************
* 函数名：print
* 功　能：通过结构体指针输出学生信息
* 参　数：*sp：Student结构体指针变量
*         n：输出学生个数
*********************************************************/
void print(struct Student *sp,int n)
{
    int i;
    printf("\n学号\t姓名\t平面\t基础\tC程序\t总成绩\t平均分\n");
    printf("=====================================================\n");
    for(i=0;i<n;i++,sp++)
    {
        printf("%s\t%s\t%d\t%d\t%d\t%.1f\t%.1f",
        sp->id,sp->name,sp->score1,sp->score2,sp->score3,sp->sum,sp->avg);
        printf("\n-----------------------------------------------------\n");
    }
}

/*********************************************************
* 函数名：sort
* 功　能：通过数组对学生成绩重新排序
* 参　数：students：Student结构体数组
*********************************************************/
void sort(struct Student students[])
{
    int i,j;
    struct Student t;
    for(i=0;i<N-1;i++)
        for(j=0;j<N-1-i;j++)
            if(students[j].sum<students[j+1].sum)
            {
                t=students[j];
                students[j]=students[j+1];
                students[j+1]=t;
            }
}
```

```
/*****************************************************
* 函数名：sortP
* 功  能：通过结构体指针对学生成绩重新排序
* 参  数：*pStudent：Student 结构体指针变量
*****************************************************/
void sortP(struct Student *pStudent)
{
    int i,j;
    struct Student p;
    for(i=0;i<N-1;i++)
        for(j=0;j<N-1-i;j++)
        if((pStudent+j)->sum<(pStudent+j+1)->sum)
        {
            p=*(pStudent+j);
            *(pStudent+j)=*(pStudent+j+1);
            *(pStudent+j+1)=p;
        }
}
main()
{
    //定义结构体数组
    struct Student students[N];
    //输入学生信息并计算总成绩与平均成绩
    printf("请输入学生的信息[学号 姓名 平面 基础 C程序]:\n");
    input(students,N);
    //重新排序学生成绩单
    sortP(students);     //与sort函数结果相同
    sort(students);      //与sortP函数结果相同
    //输出排序后学生成绩
    printf("\n排序后的成绩单为：\n");
    print(students,N);
}
```

程序运行效果如图 7-12 所示。

7.3.3 相关知识

在前面任务中，我们已经学会了使用结构体指针来访问数组，不但可以节省内存，提高程序的执行效率，而且当使用结构体指针变量作函数参数时，可以提高函数灵活性。本任务主要学习结构体作为函数参数并使用冒泡法对学生成绩单进行排序，完善学生成绩管理系统。

一、利用结构体数组进行降序排列

冒泡法排序的规则是：如果相邻的总分值后一个比前一个大，则应交换相邻元素的信息。对于相同结构体类型的变量，也可以互相赋值，如：

```
void sort(struct Student students[])
{
    int i,j;
```

```
        struct Student t;
        for(i=0;i<N-1;i++)
            for(j=0;j<N-1-i;j++)
                if(students[j].sum<students[j+1].sum)
                {
                    t=students[j];
                    students[j]=students[j+1];
                    students[j+1]=t;
                }
    }
```

sort(struct Student students[])函数的形式参数是结构体数组，在 main 函数中调用 sort(students)函数就可以将主函数中定义的结构体数组传递给形式参数。

在 sort()函数体内，通过 for 循环遍历数组，依次比较相邻的两个数组元素，如果后一个数组元素的总成绩比前一个的大，则通过临时结构体变量 t 交换两个数组元素的值。

二、利用结构体指针进行降序排列

在前面分析的 sort()函数中，形式参数是结构体数组，在排序时需要交换数组元素来完成排序工作。不过在 C 程序设计中也可以通过结构体指针实现排序，如果利用结构体指针，可以使用交换地址方式实现排序，如：

```
    void sortP(struct Student *pStudent)
    {
        int i,j;
        struct Student p;
        for(i=0;i<N-1;i++)
            for(j=0;j<N-1-i;j++)
            if((pStudent+j)->sum<(pStudent+j+1)->sum)
            {
                p=*(pStudent+j);
                *(pStudent+j)=*(pStudent+j+1);
                *(pStudent+j+1)=p;
            }
    }
```

sortP(struct Student *pStudent)函数的形式参数是结构体指针，在 main 函数中调用 sortP(students)函数就可以让指针 pStudent 指向主函数中定义的结构体数组 students。

在 sortP()函数体内，通过 for 循环遍历数组，通过指针依次比较相邻的两个数组元素，如果后一个数组元素的总成绩比前一个的大，则通过临时结构体变量 p 交换两个元素来实现降序排列。

7.3.4　任务小结

通过本任务的学习，同学们掌握了利用结构体数组及结构体指针进行数组排序的方法，在程序设计中，合理地使用指针，可以优化程序设计，提高程序执行效率，节省内存空间，增强程序的灵活性。

习题七

一、填空题

1．构造类型要先定义__________再定义__________。

2．定义结构体类型的关键字是__________。

3．结构体变量占用内存空间的大小由__________决定。

4．下面程序的输出结果是__________。

```
#include <stdio.h>
void main()
{
    struct
    {
        int num;
        float socre;
    }person;
    int num;
    float score;
    num=1;
    score=2;
    person.num=3;
    person.score=5;
    printf("%d,%f",num,score);
}
```

5．下面程序的输出结果是__________。

```
#include <stdio.h>
struct person
{
    int num;
    float socre;
};
void main()
{
    struct person per,*p;
    per.num=1;
    per.score=2.5;
    p=&per;
    printf("%d,%f",p->num,p->score);
}
```

二、选择题

1．当说明一个结构体变量时系统分配给它的内存是（　　）

A．各成员所需内存量的总和

B．结构中第一个成员所需内存量
C．成员中占内存量最大者所需的容量
D．结构中最后一个成员所需内存量
2．设有以下说明语句

```
struct student
{
    int a;
    float b;
}stutype;
```

则下面的叙述不正确的是（　　）。
A．struct 是结构体类型的关键字
B．struct student 是用户定义的结构体类型
C．stutype 是用户定义的结构体类型名
D．a 和 b 都是结构体成员名

三、编程题

1．计算机系新采购一批参考书，图书信息如表 7-3 所示，请同学们根据要求设计简易图书管理系统。

表 7-3　图书信息表

书名	出版社	作者	单价	数量	合计（元）
Java 编程思想	机械工业出版社	陈昊鹏	108	5	
计算机应用基础	中国水利水电出版社	林成文	30	10	
PHP 和 MySQL Web 开发	机械工业出版社	威利	95	8	
计算机网络安全教程	北京交通大学出版社	石志国	31	5	
软件测试技术与项目实训	中国人民大学出版社	于艳华	27	5	

（1）定义结构体 Book，结构体成员如表 7-4 所示；

表 7-4　结构体成员表

成员名称	中文含义	数据类型	长度	备注
isbn	编号	char*		
name	名称	char*		
publisher	出版社	char*		
author	作者	char*		
price	单价	float		
count	数量	int		
amount	金额	float		

（2）定义函数 input，实现输入图书信息，并计算每种书所花销的金额；

（3）定义函数 sort，实现对图书单价进行排序；

（4）定义函数 getBookById，实现输入编号、在结构体数组中查询图书信息；

（5）定义函数 print，输出图书信息；

（6）在 main 函数测试以上函数。

2．输入年、月，求当前月的天数，具体要求如下：

（1）定义结构体类型 Date，包括 year、month、day 三个成员；

（2）输入年与月；

（3）计算当前月的天数，在计算时要考虑闰年问题；

（4）输出年月及天数，程序运行效果如图 7-13 所示。

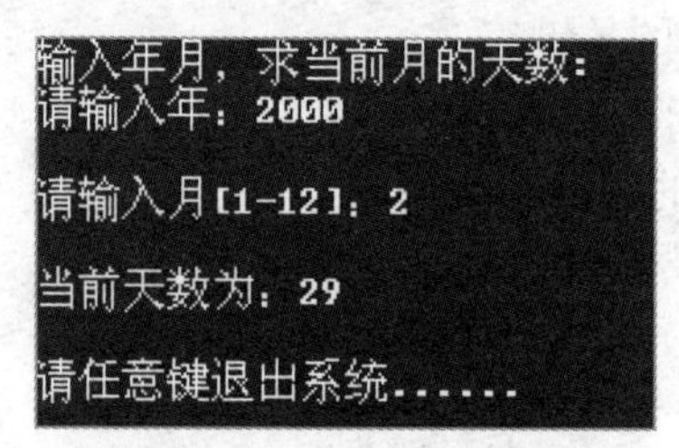

图 7-13　程序运行效果图

3．输入商品销售信息，包括产品编号、名称、价格、销售折扣、销售数量，计算销售额（销售额=商品价格*销售数量*销售折扣/10）。

分析：

（1）定义结构体类型 ProductSale，包括 id、name、price、discount、count、amount 成员；

（2）输入商品销售信息；

（3）计算商品销售金额；

（4）输出商品销售信息，程序运行效果如图 7-14 所示。

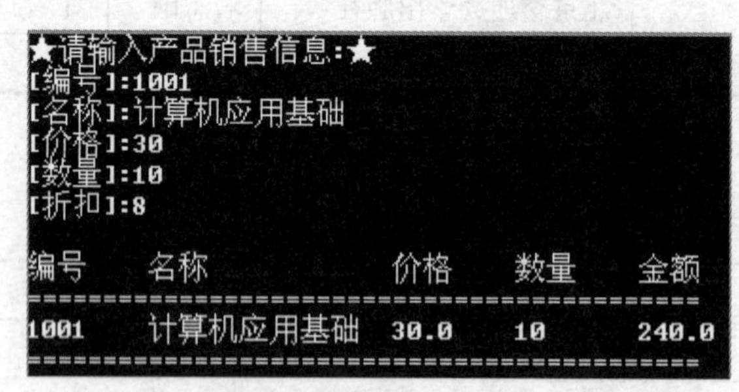

图 7-14　程序运行效果图

学习项目八　基于文件实现学生成绩存储

学习情境：

软件技术专业教师计划开发简易学生成绩管理系统，系统要求将学生的信息保存到文件中，用户可以随时查询学生成绩信息。

学习目标：

同学们通过本项目的学习，可以学会C语言文本与随机文件读写技术，实现数据持久化，进一步完善学生成绩管理系统。

学习框架：

任务一：开发日志管理子系统
任务二：输入/输出学生成绩信息
任务三：使用随机文件开发学生成绩管理系统

8.1　任务一　开发日志管理子系统

知识目标	（1）文件概念 （2）文件指针 （3）文件打开、关闭 （4）文本文件读取与写入
能力目标	（1）掌握C语言中打开文件的函数与打开文件的模式 （2）掌握文本文件数据读写函数的使用
素质目标	（1）培养学生自主学习能力 （2）培养学生良好的程序设计习惯 （3）培养团队协作开发能力
教学重点	文件的打开与关闭、文本文件的读写
教学难点	文本文件的读写
效果展示	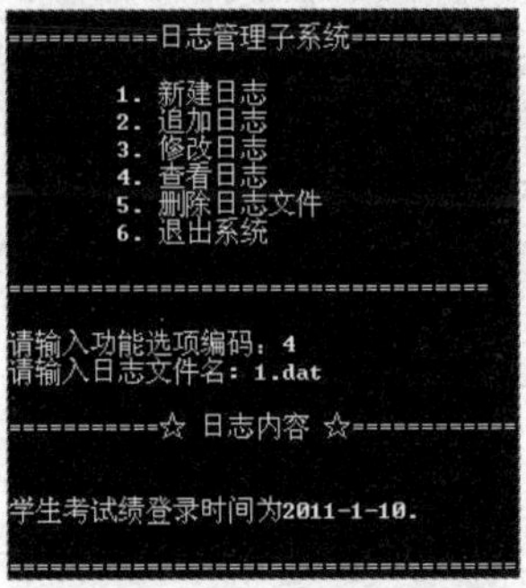 ==========日志管理子系统========== 1. 新建日志 2. 追加日志 3. 修改日志 4. 查看日志 5. 删除日志文件 6. 退出系统 ================================ 请输入功能选项编码：4 请输入日志文件名：1.dat ==========☆ 日志内容 ☆========== 学生考试绩登录时间为2011-1-10. ================================ 图 8-1　任务一运行效果图

8.1.1 任务描述

在设计学生管理系统时，要求增加系统日志管理子系统，主要用来记录系统在使用过程中发生的重要事件。系统要求每个日志保存成一个文件，系统可以实现新建日志、在原有日志文件后追加内容、查看日志内容、修改原有日志内容、删除日志文件的功能。该任务具体要求如下：

（1）新建文件 8-1.c；

（2）每个日志保存为一个文本文件，文件名由用户输入；

（3）分模块设计程序，每个功能设计为一个函数；

（4）程序界面友好，具有良好的用户提示；

（5）程序代码简洁、清晰，注释良好，可读性强。

8.1.2 任务实现

```
/*****************************************
*任务一：日志管理子系统 1.0
*****************************************/
#include <stdio.h>
#include <process.h>      //exit()
#include <string.h>       //strcat()
#include <ctype.h>        //tolower()
#include <malloc.h>
#define TRUE 1
#define FALSE 0

//函数声明
FILE * openLog(char *);        //打开日志文件
void createLog(FILE *);        //新建日志
void appendLog(FILE *);        //追加日志内容
void updateLog(FILE *);        //修改日志
void removeLog(FILE *);        //删除日志文件
void readLog(FILE *);          //查看日志
int  menu();                   //子系统菜单
char *fileName;

/*************************************************************
* 函数名：openLog
* 功  能：打开文件，如果文件打开失败，提示用户重新输入
* 参  数：*mode:打开文件方式
*************************************************************/
FILE * openLog(char *mode)
{
    FILE *fp;
    char ch,fname[30];
    int flag=TRUE;
    while(flag)
```

```
    {
        printf("请输入日志文件名: ");
        scanf("%s",fname);
        strcpy(fileName,fname);      //将输入文件名保存到全局变量*fileName 中
        if((fp=fopen(fname,mode))==NULL)
        {
            printf("\n 无法访问您指定的文件，是否重新输入[y/n]?\n");
            ch=getch();
            if(tolower(ch)!='y')     //将字符转换为小写
            {
                flag=FALSE;
            }
        }
        else
        {
            flag=FALSE;
        }
    }
    return fp;
}

/************************************************************
* 函数名: createLog
* 功　能: 新建日志，输入#号结束，并将其保存到文本文件
* 参　数: *fp:保存的文件指针
************************************************************/
void createLog(FILE *fp)
{
    char *sp=(char *)malloc(200);   //动态申请内存
    char ch;
    printf("\n 请输入日志内容[1-200]: \n\n");
    ch=getchar();
    while(ch!='#')
    {
        fputc(ch,fp);                //将输入字符写入文件
        ch=getchar();
    }
    printf("\n 日志已保存到文件中....\n");
    fclose(fp);
}

/************************************************************
* 函数名: appendLog
* 功　能: 在原有日志后追加内容，输入#号结束，并将其保存
* 参　数: *fp:保存文件指针
************************************************************/
```

```
void appendLog(FILE *fp)
{
    char *sp=(char *)malloc(200);
    char ch;
    printf("\n原日志内容[1-200]: \n");
    readLog(fp);
    printf("\n请输入追加日志内容[1-200]: \n\n");
    ch=getchar();
    while(ch!='#')
    {
        fputc(ch,fp);              //将输入字符写入文件
        ch=getchar();
    }
    printf("\n日志已保存到文件中....\n");
    fclose(fp);                    //关闭文件，将缓存的内容写入文件
}

/*************************************************************
* 函数名: updateLog
* 功  能: 修改日志。打开原有日志，重新输入新日志内容
* 参  数: *fp:保存的文件指针
*************************************************************/
void updateLog(FILE *fp)
{
    char *sp=(char *)malloc(200);   //动态分配内存
    char ch;
    printf("\n原日志内容[1-200]: \n");
    readLog(fp);                    //查看日志
    rewind(fp);                     //文件位置指针移文件首
    printf("\n请输入新日志内容[1-200]: \n");
    printf("========================================\n");
    ch=getchar();
    while(ch!='#')
    {
        fputc(ch,fp);
        ch=getchar();
    }
    printf("\n日志已保存到文件中....\n");
    fclose(fp);
}

/*************************************************************
* 函数名: readLog
* 功  能: 查看日志。打开日志文件，显示日志内容
* 参  数: *fp:保存的文件指针
*************************************************************/
```

```
void readLog(FILE *fp)
{
    printf("\n===========☆ 日志内容 ☆===========\n\n");
    while(!feof(fp))
    {
        putchar(fgetc(fp)); //将从文件读取的字符输出到屏幕
    }
    printf("\n\n======================================\n\n");
}

/***********************************************************
* 函数名: removeLog
* 功  能: 显示指定文件内容，用户确认后删除日志文件
* 参  数: *fp:保存的文件指针
***********************************************************/
void removeLog(FILE *fp)
{
    char ch;
    readLog(fp);
    fclose(fp); //在删除之前关闭文件，因为正在使用的文件不能删除
    printf("您真的要删除当前日志文件吗[y/n]?");
    ch=getch();
    if(tolower(ch)=='y')
    {
        //删除文件,返回值 0:删除正常;-1:删除失败
        if(!remove(fileName))
            printf("\n【%s】文件删除成功 ^_^!",fileName);
        else
            printf("\n【%s】文件删除失败⊙_⊙!",fileName);
    }
    getch();
}

/***********************************************************
* 函数名: menu
* 功  能: 按界面提示输入子程序主菜单选项
* 返回值: 菜单项值[1-6]
***********************************************************/
int menu()
{
    int in=0;
    printf("\n\n===========日志管理子系统===========\n\n");
    printf("\t1. 新建日志\n");
    printf("\t2. 追加日志\n");
    printf("\t3. 修改日志\n");
    printf("\t4. 查看日志\n");
```

```
    printf("\t5. 删除日志文件\n");
    printf("\t6. 退出系统");
    printf("\n\n====================================\n\n");
    printf("请输入功能选项编码: ");
    scanf("%d",&in);
    if(in>=1 && in<=6)
        return in;
    else
        return menu();  //如果输入选项不是[1-6]则递归执行菜单函数
}

//主程序
main()
{
    FILE *fp;
    int flag=TRUE;
    fileName=(char*)malloc(30);
    strcpy(fileName,"");
    while(flag)
    {
        system("cls");            //清屏
        switch(menu())
        {
        case 1:                   //新建日志
            fp=openLog("wt");     //新建
            if(fp!=NULL)
                createLog(fp);
            break;
        case 2:                   //追加日志
            fp=openLog("at+");    //追加
            if(fp!=NULL)
                appendLog(fp);
            break;
        case 3:                   //修改日志
            fp=openLog("rt+");    //读写
            if(fp!=NULL)
                updateLog(fp);
            break;
        case 4:                   //查看日志
            fp=openLog("rt");     //只读
            if(fp!=NULL)
            {
                readLog(fp);
                fclose(fp);
            }
            break;
```

```
        case 5:                     //删除日志文件
            fp=openLog("rt");   //只读
            if(fp!=NULL)
                removeLog(fp);
            break;
        case 6:
            flag=FALSE;
            continue;
            break;
        }
        printf("\n 按任意键返回.......\n");
        getch();
    }
}
```

本任务中需要学习的内容是：

（1）文件指针变量的定义：

```
FILE *fp;
```

（2）文件的打开与关闭：

```
fp=fopen(fname,mode) ;  //打开文件
fclose(fp);             //关闭文件
```

（3）文本文件读写方法：

```
fputc(ch,fp) ;
putchar(fgetc(fp));        //将从文件读取的字符输出到屏幕
```

（4）判断文件位置指针是否到文件尾：

```
while(!feof(fp)) ;
```

8.1.3　相关知识

在 C 程序设计中，要将输入数据持久化保存下来，开发人员必须要懂得文件的打开与关闭、数据读写等相关函数的使用。

一、文件的基本概念

1．文件简介

存储在变量和数组中的数据是临时的，这些数据在程序运行结束后都会消失。而程序处理的数据中，有很多需要长时间保存。这些需要长时间保存的数据，必须存储到外部存储介质（磁带、软盘、硬盘、U 盘或光盘等）上。外部存储介质上存储的数据需要有一定的组织形式，即文件。所谓“文件”一般指存储在外部介质上数据的集合。操作系统是以文件为单位对数据进行管理的，也就是说，如果想找存在外部介质上的数据，必须先按文件名找到所指定的文件，然后再从该文件中读取数据。要向外部介质上存储数据也必须先建立一个文件（以文件名标识）或打开一个已经存在的文件，才能向它输出数据。

2. 数据的层次

计算机处理的所有数据项最终都是 0 和 1 的二进制组合。采用这种组合方式是因为它非常简单，并且能够经济地制造表示两种稳定状态的电子设备（一种代表 1，另一种代表 0）。计算机所完成的复杂功能都是通过对 0 和 1 的操作来实现的。0 和 1 可以认为是计算机中的最小

的数据项，人们称之为“位”(bit)。

在机器语言阶段，程序员是以二进制序列来编写计算机的操作指令和操作数的，其烦琐和困难程度，不难想象。高级语言允许程序员使用十进制数字（即0、1、2、3、4、5、6、7、8、9）、字母（即A～Z、a～z）和专门的符号（即$、@、%、&、*、(、)、-、+、“、”、:、？、/等）来编写程序。数字、字母和专门的符号称为“字符”(character)。能够在特定的计算机上用来编写程序和代表数据项的所有字符的集合称为“字符集”(character set)。因为计算机只能处理1和0，所以计算机字符集中每个字符都是用称为“字节”(byte)的0、1序列表示的。目前最常见的是用8位构成一个字节。在程序设计中程序员以字符为单位建立程序和数据项，而计算机按位模式操作和处理这些字符。

字符是由二进制位构成的，域（field）是由字符构成的。一个域就是一组有意义的字符。例如，一个仅仅包含大写和小写字母的域可用来表示某人的名字，如Tom、LiMing。

记录（即C语言中的结构）由多个域构成（即结构体中的成员）。例如，在一份学生成绩表中，为某个特定的学生建立的一条记录可能是由如下域组成的，如表8-1所示。

表8-1 学生成绩记录

学号	姓名	平面设计	应用基础	C程序设计	…	总成绩	平均成绩

因此，一条记录是一组相关的域组成的。在上面的例子中，每个域都针对同一个学生。当然，每个专业会有许多学生，所以要为学生建立一个成绩表（记录），如表8-2所示。一个文件就是一组相关的记录的集合。一个大型项目的数据文件可能有一个或多个，每个文件中又可能包含几十至几百万个字符信息。

表8-2 学生成绩表

学号	姓名	平面设计	应用基础	C程序设计	…	总成绩	平均成绩
1001	刘慧杰	85	90	95	…	270	90
1002	周东杰	75	80	85	…	240	80
1003	姜赫楠	65	70	75	…	210	70
…	…	…	…	…	…	…	…

综上所述，计算机对数据的组织是按层次来实现的，由8个二进制位组成字节，由若干字节组成域，由若干域组成记录，由若干记录组成文件，由若干文件组成文件系统。

多数商业机构要用许多文件来存储数据。例如，公司里可能要有工资表文件、应收账目文件（列出客户的欠款）、应付账目文件（列出欠供应商的金额）、存货文件（列出库存货物）和其他多种类型文件。有时把一组相关的文件称为“数据库”(DataBase)。为建立和管理数据库而设计的文件集合称为“数据库管理系统”(DBMS)。

3. 文件的分类

- 按文件所依附的介质来分：有磁盘文件、磁带文件、内存文件、设备文件等。
- 按文件内容来分：有源程序文件、目标文件、数据文件等。
- 按文件中的数据组织形式来分：数据文件可分为ASCII文件（文本文件）和二进制文件。

4. 文件的存储和读取方式

C 语言把文件看作一个字节的有序序列，即由一连串的字节组成（见图 8-1），称为“流（stream）”，它以字节为单位访问。

文本文件（text file）的每个字节放一个 ASCII 码，代表一个字符。在中文系统环境中，一般英文字符占一个字节，用 ASCII 码表示，字节的最高位为 0；汉字占 2 个字节，用汉字机内码表示，每个字节的最高位均为 1。

二进制文件是把内存中的数据按其在内存中的存储形式原样输出到磁盘上存放。例如有一个整数 10000，在内存中占 2 个字节，如果按 ASCII 码形式输出，则占 5 个字节，而按二进制形式输出，在磁盘上只占 2 个字节，见图 8-2。用 ASCII 码形式输出数据时，一个字节代表一个字符，因而便于对字符进行逐个处理，也便于输出字符。但一般占空间较多，而且要花费转换的时间（二进制形式和 ASCII 码间的转换）。用二进制形式输出数值，可以节省外存空间和转换时间，但一个字节并不对应一个字符，不能直接输出字符形式。一般中间结果数据需要暂时保存在外存上，以后又需要输入到内存的，常用二进制文件保存。

在内存中的存放形式：	00100111	00010000			
二进制文件存放形式：	00100111	00010000			
文本文件的存放形式：	00110001	00110000	00110000	00110000	0011000
	'1'	'0'	'0'	'0'	'0'

图 8-2　文件存储方式

如前所述，一个 C 文件是一个字节流或二进制流。它把数据看作是一连串的字节，而不考虑记录的界限。换句话说，C 语言中文件并不是由记录（record）组成的（这是和 PASCAL 或其他高级语言不同的），为了方便对数据的组织管理，可以人为地把文件看成由记录组成。C 语言中对文件的存取是以字节为单位的。输入输出的数据流的开始和结束受程序控制而不受物理符号（如回车换行符）控制。也就是说，在输出时不会以回车换行符作为记录的间隔。我们把这种文件称为流式文件。C 语言允许对文件一次存取一个或多个字符，这就增加了文件处理的灵活性。

二、文件类型指针

1. 文件指针

在文件系统中，关键的概念是“文件指针”。每个被使用的文件都在内存中开辟一个区，用来存放文件的有关信息（如文件的名字、文件的状态及文件当前存取位置等）。这些信息被保存在一个结构体变量中，该结构体类型是由系统预定义的，取名为 FILE。在 VC++ 6.0 集成开发环境的 stdio.h 文件中有 FILE 类型声明原型：

```
struct   _iobuf   {
          char   *_ptr;           //文件输入的下一个位置
          int    _cnt;            //当前缓冲区的相对位置
          char   *_base;          //指基础位置(即文件的起始位置)
          int    _flag;           //文件标志
          int    _file;           //文件的有效性验证
          int    _charbuf;        //检查缓冲区状况，如果无缓冲区则不读取
          int    _bufsiz;         //文件的大小
          char   *_tmpfname;      //临时文件名
```

```
    };
typedef  struct  _iobuf  FILE;
```

通过结构体 FILE 类型，可以用它来定义若干个 FILE 类型的指针变量，对它所指的文件进行各种操作，也可以通过文件指针变量输出各成员值。

2. 文件指针变量

一般定义格式如下：

```
FILE *指针变量标识符;
```

例如：

```
FILE  *fp1,*fp2,*fp3;
```

*fp1、*fp2、*fp3 是指向 FILE 类型结构体的指针变量，从而通过文件指针变量能够找到与它相关的文件。一个文件指针同一时刻只能指向一个文件，只有将该文件关闭后，才能用这个指针指向另一个文件。

注意：这里需要定义 FILE 类型的结构体指针变量，而不能定义 FILE 类型的结构体变量。这是因为FILE 类型的结构体变量是保存在系统区的内存空间里，在我们的程序里只能用FILE类型的指针指向系统区的内存地址。FILE 类型的结构体变量之所以要保存在系统区内存中，是因为操作系统要统一管理文件系统的使用情况。

三、文件的打开与关闭

在对文件进行读写操作之前一定要先打开文件，使用完毕要关闭文件。在 C 语言中，没有文件的输入输出语句，对文件的读写都是用库函数来实现的。

1. 文件的打开（fopen()函数）

fopen()函数用来打开一个文件，其调用的一般形式为：

```
FILE *fp;
fp=fopen(文件名,打开文件方式);
```

其中，fp 为文件指针名，它必须是被说明为 FILE 类型的指针变量，“文件名”是被打开文件的磁盘文件名。“打开文件方式”是指文件的类型和操作要求。

例如：

```
FILE *fp
fp=fopen("demo.dat","r");
```

其含义是打开当前目录下的文本文件 demo.dat，只允许进行读操作，并使 fp 指向该文件。

又如：

```
FILE *fp
fp=fopen("D:\\workspaces\\demo.dat","rb");
```

其含义是打开 D 盘 workspaces 目录下的二进制文件 demo.dat，允许以二进制方式进行读操作，fp 指向该文件。两个反斜线“\\”中第一个表示转义字符，第二个表示目录。

打开文件方式共有 12 种，表 8-3 给出了它们的符号和意义。

表 8-3　打开文件的 12 种方式

打开文件方式	含义
rt	只读打开一个文本文件，只允许读数据
wt	只写打开或建立一个文本文件，只允许写数据

续表

打开文件方式	含义
at	追加打开一个文本文件，并在文件末尾写数据
rb	只读打开一个二进制文件，只允许读数据
wb	只写打开或建立一个二进制文件，只允许写数据
ab	追加打开一个二进制文件，并在文件末尾写数据
rt+	读写打开一个文本文件，允许读和写
wt+	读写打开或建立一个文本文件，允许读和写
at+	读写打开一个文本文件，允许读，或在文件末追加数据
rb+	读写打开一个二进制文件，允许读和写
wb+	读写打开或建立一个二进制文件，允许读和写
ab+	读写打开一个二进制文件，允许读，或在文件末追加数据

2. 对于文件使用方式有以下几点说明

（1）文件使用方式由“r、w、a、t、b、+”六个字符拼成，各字符的含义是：

r(read)：　读
w(write)：　写
a(append)：　追加
t(text)：　文本文件，可省略不写
b(banary)：　二进制文件
+：　读和写

（2）凡用“r”打开一个文件时，该文件必须已经存在，且只能从该文件读出。

（3）用“w”打开的文件只能向该文件写入。若打开的文件不存在，则以指定的文件名建立该文件，若打开的文件已经存在，则将该文件删去，重建一个新文件。

（4）若要向一个已存在的文件追加新的信息，只能用“a”方式打开文件。但此时该文件必须是存在的，否则将会出错。

（5）在打开一个文件时，如果出错，fopen 将返回一个空指针值 NULL。在程序中可以用这一信息来判别是否完成打开文件的工作，并作相应的处理。因此常用以下程序段打开文件：

```
if((fp1=fopen("demo.dat","rb"))==NULL)
{
    printf("文件打开错误......");
    getch();
exit(1);
}
```

这段程序的意义是：如果返回的指针为空，表示不能打开当前目录下的文件 demo.bat，则屏幕提示“文件打开错误......”信息，当用户按下任意键时执行 exit(1)退出程序。

（6）把一个文本文件读入内存时，要将 ASCII 码转换成二进制码，而把文件以文本方式写入磁盘时，也要把二进制码转换成 ASCII 码，因此文本文件的读写要花费较多的转换时间。对二进制文件的读写不存在这种转换。

（7）标准输入文件（键盘）、标准输出文件（显示器）、标准出错输出（出错信息）是由系统打开的，可直接使用。

四、文件的关闭（fclose()函数）

在使用完一个文件后应该关闭文件。因为在文件访问过程中，会有部分数据缓存在内存中，当关闭文件后才会保证文件数据的准确。“关闭”就是使文件指针变量不再指向任何文件。在C语言中，用fclose()函数关闭文件。fclose()函数调用的一般形式为：

```
fclose(文件指针);
```

例如：

```
fclose(fp);
```

前面我们曾把（用fopen()函数）打开文件时所带回的指针赋给了fp，现在通过fp把该文件关闭，即fp不再指向该文件。为了防止丢失数据，应该养成在程序终止之前关闭所有文件的习惯。因为在向文件写数据时，是先将数据输出到缓冲区，待缓冲区充满后才正式输出给文件。如果当缓冲区未充满而程序结束运行，就会将缓冲区中的数据丢失。用fclose()函数关闭文件，可以避免这个问题，它先把缓冲区的数据输出到磁盘文件，然后才释放文件指针变量。fclose()函数也带回一个值，当顺利地执行了关闭操作，则返回值为0；否则返回EOF，即-1。

五、文件的读写

C语言中提供了多种文件读写的函数，主要都在stdio.h头文件中。

1. 字符读写函数fgetc()和fputc()

（1）fputc()函数。

把一个字符写到文件中，该文件必须是以写或读写的方式打开，其调用形式为：

```
fputc(字符量,文件指针);
```

其中，待写入的字符量可以是字符常量或变量。fputc()函数也带回一个值：如果输出成功则返回值就是输出的字符；如果输出失败，则返回一个EOF。EOF 是在stdio.h文件中定义的符号常量，值为-1。

（2）fgetc()函数。

从指定的文件读入一个字符，该文件必须是以读或读写的方式打开，其调用形式为：

```
字符变量=fgetc(文件指针);
```

fgetc()函数返回一个字符赋给字符型变量；如果在执行fgetc()函数读字符时遇到文件结束符，函数返回一个文件结束标志 EOF。如果想从一个磁盘文件顺序读入字符并在屏幕上显示出来，可以通过以下代码：

```
ch=fgetc(fp)
while(ch!=EOF)
{
    putchar(ch);
    ch=fgetc(fp);
}
```

注意：EOF不是可打印字符，不能在屏幕上显示，因此EOF定义为-1是合适的。当从文件读入的字符值等于-1（即EOF）时，表示读入的已不是正常的字符而是文件的结束符。但这种情况只适用于读文本文件的情况。ANSI C允许用缓冲的文件系统处理二进制文件，而读入某一个字节中的二进制数据的值可以是一个字节所能表示的任何数值，有可能就是-1，而这又恰好是EOF的值，这就出现了读入的有用数据却被误处理为“文件结束”。为了解决这个问题，

ANSI C 提供 feof()函数来判断文件是否真的结束。

2. feof()函数

feof(fp)用来测试 fp 所指向的文件的位置指针是否为“文件结束”，如果文件结束，函数 feof(fp)的值为 1（真），否则为 0（假）。

调用的一般形式：

feof(文件指针)

例如，如果想顺序读入一个二进制文件中的数据，常用代码为：

```
while(!feof(fp))
{
    c=fgetc(fp);
}
```

在代码中，如果文件位置指针未指向文件尾，feof(fp)的值为 0，!feof(fp)的值为 1，则执行循环体，从文件读入一个字符赋给变量 c；当遇到文件结束时，feof(fp)值为 1，!feof(fp)值为 0，则结束 while 循环。建议在程序设计中无论是文本文件，还是二进制文件，都使用 feof(fp) 函数来判断文件是否结束。

问题分析：

（1）打开日志文件函数。

```
FILE * openLog(char *mode)
{
    FILE *fp;
    char fname[30];
    printf("请输入日志文件名: ");
    scanf("%s",fname);
    strcpy(fileName,fname);
    if((fp=fopen(fname,mode))==NULL)
        printf("[%s]文件无法打开......",fileName);
    return fp;
}
```

openLog()函数的功能是按*mode 指定的方式打开文件，返回值是文件指针。这是一个自定义的通用函数，在新建日志、追加日志、查看日志等模块中都要调用。如果 fopen(fname,mode) 返回的值是 NULL，则表示文件打开失败，系统提示用户文件无法打开。

在主函数 main 中，当程序执行不同的功能时，要使 openLog()函数采用适合的模式成功打开文件后才可以调用相关的子函数，如：

```
fp=openLog("wt");    //调用打开日志文件函数
    if(fp!=NULL)
        createLog(fp);
```

（2）写入日志文件函数。

```
void createLog(FILE *fp)
{
    char ch;
    printf("\n 请输入日志内容[1-200]: \n\n");
    ch=getchar();
    while(ch!='#')
```

```
    {
        fputc(ch,fp);    //将输入字符写入文件
        ch=getchar();
    }
    printf("\n 日志已保存到文件中....\n");
    fclose(fp);
}
```

createLog()函数用于新建日志文件。当用户从控制台输入一个字符时，如果不是#号，则通过 fputc()函数写入 fp 指向的文件中，当遇到#号时，结束文件写入。在程序设计时，一定要注意，在程序中必须使用 fclose(fp)函数关闭文件，否则控制台输入的内容仅保存在缓存区内，而不会真正写入文件中。

（3）读取日志文件内容函数。

```
void readLog(FILE *fp)
{
    printf("\n===========☆ 日志内容 ☆============\n\n");
    while(!feof(fp))
    {
        putchar(fgetc(fp)); //将从文件读取的字符输出到屏幕
    }
    printf("\n\n========================================\n\n");
}
```

readLog()函数用于从文件中读取日志内容。其中 feof(fp)函数用于判断文件位置指针是否在文件尾，如果其返回值为真则退出循环，否则使用 fgetc(fp)函数继续读取下一个字符，同时使用 putchar()函数将读取结果输出到控制台。

（4）删除指定文件函数。

```
void removeLog(FILE *fp)
{
    char ch;
    readLog(fp);
    fclose(fp); //在删除之前关闭文件，因为正在使用的文件不能删除
    printf("您真的要删除当前日志文件吗[y/n]?");
    ch=getch();
    if(tolower(ch)=='y')
    {
        //删除文件,返回值 0:删除正常;-1:删除失败
        if(!remove(fileName))
            printf("\n【%s】文件删除成功 ^_^!",fileName);
        else
            printf("\n【%s】文件删除失败⊙_⊙!",fileName);
    }
    getch();
}
```

removeLog()函数用于删除指定日志文件。在删除文件前要调用 readLog()函数查看日志文件内容，在等待用户确认后调用 remove(fileName)函数删除文件。要注意，文件删除可能有错

（如文件正被其他程序打开等），所以要判断其返回值，并提示用户删除结果。

8.1.4　任务小结

通过本任务的学习，同学们学习了文件指针的使用、文件打开与关闭、文本文件的读写等相关知识。通过这些知识的灵活运用，在程序设计可以合理地使用文本文件进行数据持久化，同时也为后面任务的完成奠定了基础。

8.2　任务二　输入/输出学生成绩信息

知识目标	（1）格式化输入 （2）格式化输出
能力目标	（1）掌握使用格式化输入函数进行程序设计的方法 （2）掌握使用格式化输出函数进行程序设计的方法
素质目标	（1）培养学生自主学习能力 （2）培养学生勤于思考、认真做事的良好作风
教学重点	格式化输入与格式化输出

效果展示

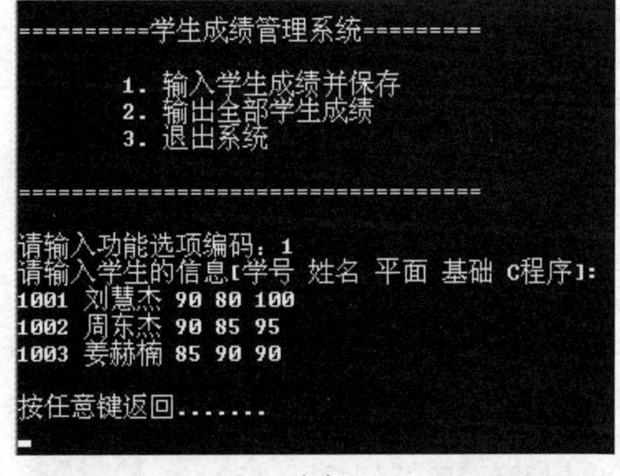

（a）

```
=========学生成绩管理系统=========

        1. 输入学生成绩并保存
        2. 输出全部学生成绩
        3. 退出系统

==================================

请输入功能选项编码：2

学号    姓名    平面    基础    C程序   总成绩  平均分
=====================================================
1001    刘慧杰  90      80      100     270.0   90.0
-----------------------------------------------------
1002    周东杰  90      85      95      270.0   90.0
-----------------------------------------------------
1003    姜赫楠  85      90      90      265.0   88.3
-----------------------------------------------------

按任意键返回.......
```

（b）

图 8-3　任务二运行效果图

8.2.1 任务描述

在学生成绩管理系统中，要求将成绩保存到文件中，并按指定的格式输入/输出成绩信息，该任务要求如下：

（1）新建8-2.c文件；

（2）定义结构体Student，结构体成员为：学号（id）、姓名（name）、平面设计（score1）、计算机应用基础（score2）、C程序设计（score3）；

（3）录入学生成绩并保存到文件data.dat中；

（4）读取data.dat文件中的学生成绩并将其显示到屏幕上。

8.2.2 任务实现

```
/************************************************************
* 任务二：学生成绩管理系统 0.8
************************************************************/
#include <stdio.h>
#include <process.h>    //exit()
#include <string.h>
#define N 3
#define TRUE 1
#define FALSE 0
struct Student
{
    char id[6];                         //学号
    char name[12];                      //姓名
    int score1,score2,score3;           //平面  基础  C程序
    float sum,avg;                      //总成绩  平均分
};

void input(struct Student *);                 //控制台输出N个学生成绩
void printFile(FILE *,struct Student *);      //从文件读取所有学生成绩
void scanfFile(FILE *,struct Student *);      //将数组中数据保存到文件
void print(struct Student *,int);             //在屏幕打印数组中的学生信息
int  menu();                                  //返回菜单选项值

/***********************************************************
* 函数名：input
* 功  能：通过控制台输入N个学生信息，计算学生总成绩与平均成绩
* 参  数：*sp:Student结构体指针变量
***********************************************************/
void input(struct Student *sp)
{
    int i;
    printf("请输入学生的信息[学号 姓名 平面 基础 C程序]:\n");
    for(i=0;i<N;i++,sp++)
```

```
    {
        //输入学生信息
        scanf("%s%s%d%d%d",sp->id, sp->name,&sp->score1,
              &sp->score2,&sp->score3);
        //求学生总成绩
        sp->sum=(float)(sp->score1+sp->score2+sp->score3);
        //求学生平均成绩
        sp->avg=sp->sum/3.0f;
    }
}

/*************************************************************
* 函数名: printFile
* 功　能: 通过结构体指针将学生信息写入文件中
* 参　数: *sp:Student 结构体指针变量
*************************************************************/
void printFile(FILE *fp,struct Student *sp)
{
    int i;
    rewind(fp);
    for(i=0;i<N;i++,sp++)
    {
        fprintf(fp,"%s\t%s\t%d\t%d\t%d\t%.1f\t%.1f\n",
            sp->id,sp->name,sp->score1,sp->score2,sp->score3,
            sp->sum,sp->avg);
    }
}

/*************************************************************
* 函数名: scanfFile
* 功　能: 从文件中读出学生信息，并将其保存到数组
* 参　数: *sp:Student 结构体指针变量
*************************************************************/
void scanfFile(FILE *fp,struct Student *sp)
{
    int i;
    rewind(fp);
    for(i=0;i<N;i++,sp++)
    {
        //从文件中读取学生信息到 sp 指向的结构体数组
        fscanf(fp,"%s%s%d%d%d%f%f\n",
            sp->id,sp->name,&sp->score1,&sp->score2,&sp->score3,
            &sp->sum,&sp->avg);
    }
}
/*********************************************************
```

```
* 函数名：print
* 功  能：通过结构体指针在控制台输出学生信息
* 参  数：*sp：Student结构体指针变量，n：学生个数
*******************************************************/
void print(struct Student *sp,int n)
{
    int i;
    printf("\n学号\t姓名\t平面\t基础\tC程序\t总成绩\t平均分\n");
    printf("============================================================\n");

    for(i=0;i<n;i++,sp++)
    {
        printf("%s\t%s\t%d\t%d\t%d\t%.1f\t%.1f",
        sp->id,sp->name,sp->score1,sp->score2,sp->score3,sp->sum,sp->avg);
        printf("\n-----------------------------------------------------\n");
    }
}

int menu()
{
    char in;
    printf("\n\n==========学生成绩管理系统=========\n\n");
    printf("\t1. 输入学生成绩并保存\n");
    printf("\t2. 输出全部学生成绩\n");
    printf("\t3. 退出系统");
    printf("\n\n========================================\n\n");
    printf("请输入功能选项编码：");
    scanf("%d",&in);
    if(in>=1 && in<=3)
        return in;
    else
        return menu();
}

main()
{
    //定义结构体数组
    struct Student students[N];
    FILE *fp;
    int flag=TRUE;

    while(flag)
    {
        system("cls");      //清屏
        switch(menu())
        {
```

```
        case 1: //输入学生信息
            //如果文件不存在则新建二进制文件 data.dat
            if((fp=fopen("data.dat","wb+"))==NULL)
            {
                printf("无法访问您指定的文件......\n");
                exit(-1);         //退出程序
            }
            input(students);
            printFile(fp,students);
            fclose(fp);
            break;
        case 2: //从文件读取所有数据
            if((fp=fopen("data.dat","rb"))==NULL)
            {
                printf("无法访问您指定的文件......\n");
                exit(-1);         //退出程序
            }
            scanfFile(fp,students);
            print(students,N);
            fclose(fp);
            break;
        case 3: //退出系统
            flag=FALSE;
            continue;
            break;
        }
        printf("\n 按任意键返回.......\n");
        getch();
    }

}
```

程序运行效果如图 8-3 所示。

本任务中需要学习的内容是：

（1）向文件写入格式化数据：

```
fprintf(fp,"%s\t%s\t%d\t%d\t%d\t%.1f\t%.1f\n",
sp->id,sp->name,sp->score1,sp->score2,sp->score3,sp->sum,sp->avg);
```

（2）从文件格式化读取数据：

```
fscanf(fp,"%s%s%d%d%d%f%f\n",sp->id, sp->name,
&sp->score1,&sp->score2,&sp->score3,&sp->sum,&sp->avg);
```

8.2.3 相关知识

1. 格式化写函数 fprintf()

fprintf()函数与 printf()函数功能相似，都是格式化写函数。二者的区别是 fprintf()函数的写对象是磁盘文件，printf()函数的读写对象是终端。

fprintf()函数调用格式：

```
fprintf(文件指针,格式字符串,输出表列);
```

例如：

```
fprintf(fp,"%D,%F",A,B);
```

2. 格式化读函数 fscanf()

fscanf()函数与 scanf()函数功能相似，都是格式化读函数。二者的区别是 fscanf()函数读对象是磁盘文件，scanf()函数读对象是终端。

fscanf()函数调用格式：

```
fscanf(文件指针,格式字符串,输入表列);
```

例如：

```
fscanf(fp,"%d,%f",&a,&b);
```

用 fprintf()和 fscanf()函数对磁盘文件读写，使用方便，容易理解，但由于在输入时要将 ASCII 码转换为二进制形式，在输出时又要将二进制形式转换成字符，花费时间比较多。因此，在内存与磁盘频繁交换数据的情况下，最好不用 fprintf()和 fscanf()函数，而用 fread()和 fwrite()函数。

任务分析：

（1）格式化写入成绩函数。

```
void printFile(FILE *fp,struct Student *sp)
{
    int i;
    rewind(fp);
    for(i=0;i<N;i++,sp++)
    {
        fprintf(fp,"%s\t%s\t%d\t%d\t%d\t%.1f\t%.1f\n",
            sp->id,sp->name,sp->score1,sp->score2,sp->score3,
            sp->sum,sp->avg);
    }
}
```

printFile()函数用于将结构体数组中的内容写入 data.dat 文件中，fprintf()函数是格式化写入文件，因为该函数每次只能写入一行，所以需要使用循环结构写入多个学生成绩。

（2）格式化读取成绩函数。

```
void scanfFile(FILE *fp,struct Student *sp)
{
    int i;
    rewind(fp);
    for(i=0;i<N;i++,sp++)
    {
        //读取学生信息
        fscanf(fp,"%s%s%d%d%d%f%f\n",sp->id, sp->name,
        &sp->score1,&sp->score2,&sp->score3,&sp->sum,&sp->avg);
    }
}
```

scanfFile()函数用于将 data.dat 文件中的数据按指定的格式读入 sp 指针指向的结构体数组

中，fscanf()函数每次只能读取一行，所以要使用循环结构完成。

8.2.4　任务小结

通过本任务的学习，同学们可以学会使用格式化写入/输出函数对数据文件操作。但由于格式化函数效率低，所以在下一任务中将使用随机文件完成学生成绩管理系统。

8.3　任务三　使用随机文件开发学生成绩管理系统

知识目标	（1）随机文件概念 （2）文件定位 （3）随机文件读写
能力目标	（1）学会用结构体数组及随机文件设计管理信息系统 （2）掌握访问随机文件各种函数的使用技巧
素质目标	（1）培养学生良好的团队协作开发意识 （2）培养学生模块化设计程序习惯 （3）培养学生具有良好的沟通意识 （4）培养学生独立的工作能力，树立自信心
教学重点	文件位置指针定位、随机文件读写
教学难点	随机文件位置指针定位
效果展示	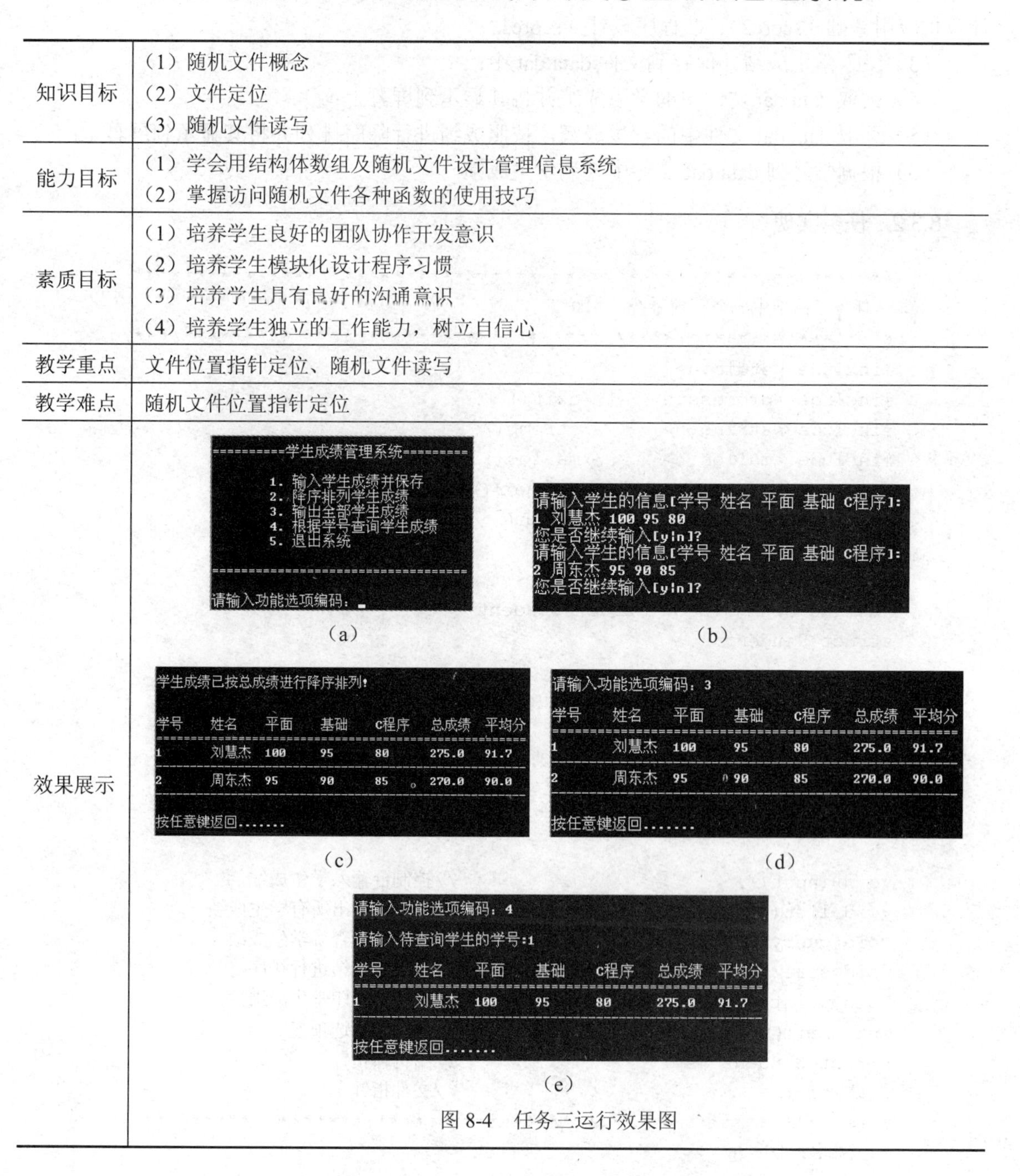

图 8-4　任务三运行效果图

8.3.1 任务描述

软件技术专业学生参加了平面设计、计算机应用基础、C程序设计三门专业课程的考试，软件教研室教师为了方便成绩管理，计划设计学生成绩管理系统，主要用来输入、保存、查询、排序学生成绩信息。该任务要求如下：

（1）新建8-3.c文件；

（2）定义结构体Student，结构体成员为：学号（id）、姓名（name）、平面设计（score1）、计算机应用基础（score2）、C程序设计（score3）；

（3）录入学生成绩并保存到文件data.dat中；

（4）读取data.dat文件中的学生成绩并将其显示到屏幕上；

（5）读取data.dat文件中的学生成绩，按照成绩进行降序排列并将其显示到屏幕上；

（6）根据学号到data.dat文件中查询学生成绩。

8.3.2 任务实现

```
/************************************************************
* 任务三：学生成绩管理系统  1.0
************************************************************/
#include <stdio.h>
#include <process.h>    //exit()
#include <string.h>     //strcmp()
#include <malloc.h>     //malloc()
#include <ctype.h>      //tolower()
#include <conio.h>      //getch()
#define TRUE 1
#define FALSE 0
#define SIZE sizeof(struct Student)
struct Student
{
   char  id[6];
   char  name[12];                  //姓名
   int   score1,score2,score3;      //平面  基础  C程序
   float sum,avg;                   //总成绩  平均分
};

void input();                       //控制台输入学生成绩
void list();                        //控制台输出所有学生成绩
void queryById();                   //根据学号查询学生成绩
void sort();                        //对学生成绩进行排序
void print(struct Student *,int);   //在屏幕打印学生成绩
int  menu();                        //返回菜单选项值
struct Student *sp;                 //结构体指针
FILE *fp;                           //文件指针
/************************************************************
* 函数名：input
```

```
* 功  能：通过控制台输入学生信息,计算学生总成绩与平均成绩,将成绩保存到文件中
**********************************************************/
void input()
{
    char in;
    int flag = TRUE;
    struct Student student;
    //如果文件不存在则新建二进制文件 data.dat
    if((fp=fopen("data.dat","ab+"))==NULL)
    {
        printf("无法访问您指定的文件......\n");
        return;
    }
    system("cls");                          //清屏
    while(flag)
    {
        printf("\n 请输入学生的信息[学号 姓名 平面 基础 C程序]:\n");
        //输入学生信息
        scanf("%s%s%d%d%d",student.id,student.name,&student.score1,
        &student.score2,&student.score3);
        //求学生总成绩
        student.sum=(float)(student.score1+student.score2+student.score3);
        //求学生平均成绩
        student.avg=student.sum/3.0f;
        fwrite(&student,SIZE,1,fp);     //写入文件
        printf("您是否继续输入[y|n]?");
        fflush(stdin);                  //清除缓存
        in=getch();
        if(tolower(in)=='n')        //tolower:转换为小写,如果输入 n 或 N 退出
        {
            flag=FALSE;
        }
    }
    fclose(fp);
}

/**********************************************************
* 函数名：list
* 功  能：从文件中读出学生信息,在控制台输出
**********************************************************/
void list()
{
    int record;                                 //文件中的记录个数
    long fileLenth = 0L;                        //文件字节数
    if((fp=fopen("data.dat","rb"))==NULL)
    {
```

```
        printf("无法访问您指定的文件......\n");
        return;
    }
    fseek(fp,0,SEEK_END);                           //文件指针定位到文件尾
    fileLenth=ftell(fp);                            //文件指针位置
    record=(int)fileLenth/SIZE;                     //求记录个数
    sp=(struct Student *)calloc(record,SIZE);       //动态申请内存
    rewind(fp);                                     //文件指针指向开始
    fread(sp,SIZE,record,fp);                       //从文件中读取数据
    fclose(fp);
    print(sp,record);                               //输出sp指向的数据
}

/*******************************************************
* 函数名: queryById
* 功  能: 根据学号查询学生信息
*******************************************************/
void queryById()
{
    int flag = FALSE;
    char id[6];
    if((fp=fopen("data.dat","rb"))==NULL)
    {
        printf("无法访问您指定的文件......\n");
        return;
    }
    printf("\n请输入待查询学生的学号:");
    scanf("%s",id);
    rewind(fp);
    while(!feof(fp))
    {
        fread(sp,SIZE,1,fp);
        //如果输入的id与文件读出的学生id值相同则输出
        //strcmp比较字符串函数,0:相等
        if(strcmp(id,sp->id)==0)
    {
            print(sp,1);
            flag = TRUE;
        break;
    }
    }
    fclose(fp);
    if(!flag)
    {
        printf("\n查不到学号为[%s]的学生!",id);
    }
}
```

```
/*********************************************************
* 函数名: sort
* 功  能: 通过结构体指针对学生成绩重新排序
*********************************************************/
void sort()
{
    int i,j;
    int record;
    struct Student p;
    long fileLenth = 0L;
    if((fp=fopen("data.dat","rb"))==NULL)
    {
        printf("无法访问您指定的文件......\n");
        return;
    }
    fseek(fp,0,SEEK_END);
    fileLenth=ftell(fp);                    //文件指针位置
    record=(int)fileLenth/SIZE;             //求记录个数
    sp=(struct Student *)calloc(record,SIZE);
    rewind(fp);                             //文件指针指向开始
    fread(sp,SIZE,record,fp);
    fclose(fp);
    //使用冒泡法进行排序
   for(i=0;i<record-1;i++)
       for(j=0;j<record-1-i;j++)
       if((sp+j)->sum<(sp+j+1)->sum)
    {
           p=*(sp+j);
           *(sp+j)=*(sp+j+1);
           *(sp+j+1)=p;
    }
   printf("\n学生成绩已按总成绩进行降序排列!\n\n");
   print(sp,record);
}

/*********************************************************
* 函数名: print
* 功  能: 通过结构体指针输出学生信息
* 参  数: *sp:Student结构体指针变量,n:学生个数
*********************************************************/
void print(struct Student *sp,int n)
{
   int i;
   printf("\n学号\t姓名\t平面\t基础\tC程序\t总成绩\t平均分\n");
   printf("=========================================================\n");
```

```
    for(i=0;i<n;i++,sp++)
    {
        printf("%s\t%s\t%d\t%d\t%d\t%.1f\t%.1f",
        sp->id,sp->name,sp->score1,sp->score2,sp->score3,sp->sum,sp->avg);
        printf("\n--------------------------------------------------------\n");
    }
}

int menu()
{
    int in=0;
    system("cls");  //清屏
    printf("\n\n========★学生成绩管理系统★=======\n\n");
    printf("\t1. 输入学生成绩并保存\n");
    printf("\t2. 降序排列学生成绩\n");
    printf("\t3. 输出全部学生成绩\n");
    printf("\t4. 根据学号查询学生成绩\n");
    printf("\t0. 退出系统");
    printf("\n\n=====================================\n\n");
    printf("请输入功能选项编码: ");
    scanf("%d",&in);
    if(in>=0 && in<=4)
        return in;
    else
        return menu();
}

main()
{
    int flag=TRUE;
    while(flag)
    {
        system("cls");  //清屏
        switch(menu())
        {
        case 1:   //输入学生信息并保存
            input(fp);
            break;
        case 2:  //排序并输出
            sort();
            break;
        case 3:  //从文件读取所有数据
            list();
            break;
        case 4:  //根据学号查询学生信息
```

```
                queryById();
                break;
            case 0:  //退出系统
                flag=FALSE;
                continue;
                break;
        }
            printf("\n 按任意键返回.......\n");
            getch();
        }
        fclose(fp);
    }
```

程序运行效果如图 8-4 所示，用户可以选择相应的菜单项运行系统。

本任务中需要学习的内容是：

（1）向随机文件中读写数据：

```
fwrite(&student,SIZE,1,fp);        //写入文件
fread(sp,SIZE,record,fp);          //从文件中读取数据
```

（2）文件位置指针定位：

```
rewind(fp);
fseek(fp,0,SEEK_END);              //文件指针定位到文件尾
fileLenth=ftell(fp);               //文件指针位置
```

8.3.3　相关知识

用格式化的输出函数 fprintf()建立的记录不一定具有同样的长度，是灵活性很差的文件访问方式，而且仅限于文本文件，所以很少使用。随机存取文件的方式通常具有固定的长度，并且能够直接灵活地访问，因而，随机存取文件适用于要求快速访问指定数据的事务处理系统（Transaction Procession System），如航空订票系统、银行系统、销售系统等。

由于随机存取文件中的每一条记录都具有相同的长度，所以能够用记录长度计算出每一条记录相对于文件起始点的位置，再根据记录位置就可以随机存取任意一条记录。

我们可以把随机存取文件和一列货运车厢类比：一些车厢是空的，还有一些车厢满载货物，但是火车中的每辆车厢具有相同的长度，我们可以对任意指定的车厢进行货物装卸；同理，随机存取文件中的每条记录就像一节车厢，我们可以在不影响其他记录的情况下，对其中某条记录进行写入和读出，这就是随机文件的最大优越。下面将详细讨论随机文件的存取方法。

一、建立随机文件

前面介绍的对文件的读写方式都是顺序读写，即读写文件只能从头开始，顺序读写各个数据。但在实际问题中经常要求只读写文件中指定的某一部分。为了解决这个问题可移动文件内部的位置指针到需要读写的位置，再进行读写，这种读写方式称为随机读写。实现随机读写的关键是根据要求移动位置指针，这称为文件的定位。由于随机文件操作灵活自如，所以一般对数据文件的存取大都采用随机文件方式。

实现随机文件随机存取的前提是记录长度固定，只有记录长度固定才能计算出某条记录在文件中的具体位置。另外，必须将随机文件以二进制方式打开，即便存取的是文本信息，也

得按二进制文件统一处理。因为文本文件在存取过程中系统自动对0x0d、0x0a（回车换行符）等数值进行变换处理，如果存取的数据记录中含有0x0d、0x0a这样的数值，经过变换后，0x0d、0x0a就不是两个字节了，这就破坏了记录的长度，因此随机文件存取必须按二进制文件打开。

例如：

```
FILE *fp;
if(fp=fopen("c:\\data\\f1.dat","ab"))==NULL)
{
    printf("Cannot open this file.\n");
    exit(-1);
}
fclose(fp);
if(fp=fopen("c:\\data\\f2.dat","wb"))==NULL)
{
    printf("Cannot open this file.\n");
    exit(-1);
}
fclose(fp);
```

说明：(1)“ab”方式：如果此文件已经存在，则保留此文件；如果此文件不存在，则新建此文件。此方式用于每次程序运行时，使用文件的原来数据。

(2)“wb”方式：如果此文件已经存在，则废弃该文件数据；如果此文件不存在，则新建此文件。这种方式用于每次程序运行时，删除文件的原来数据，重新写入数据。

二、文件定位

移动文件内部位置指针的函数主要有两个，即rewind()函数和fseek()函数。

(1) rewind()函数。

rewind()函数用来在文件运行的过程中将文件指针重新移动到文件开头的位置。

调用的形式：

```
rewind(文件指针);
```

(2) fseek()函数。

fseek()函数用来移动文件内部位置指针，其调用形式为：

```
fseek(文件指针,位移量,起始点);
```

fseek()函数一般用于二进制文件，因为文本文件要发生字符转换，计算位置时往往会发生混乱，所以在文本文件中不建议使用。

位移量可以为正数也可以为负数。如果为正数，指针向地址高的方向移动；如果为负数，指针向地址低的方向移动；若位移量为常数，则要求加后缀L。

起始点必须是0、1、2中的一个，分别代表如表8-4所示的3个符号常量。

表8-4 符号常量

起始点	表示符号	含义
0	SEEK_SET	文件开始
1	SEEK_CUR	当前文件指针位置
2	SEEK_END	文件末尾

例如：

```
fseek(fp,100L, SEEK_SET);    //位置指针移到离文件首 100 个字节处
fseek(fp,50L, SEEK_CUR);     //位置指针移到当前位置 50 个字节后位置
fseek(fp,-50L, SEEK_CUR);    //位置指针移到当前位置 50 个字节前位置
fseek(fp,-50L, SEEK_END);    //位置指针移到距离文件末尾 50 个字节的位置
```

文件的随机读写在移动位置指针之后，即可用前面介绍的任一种读写函数进行读写。

（3）ftell()函数。

ftell()函数用于得到文件位置指针当前位置相对于文件首的偏移字节数。在对文件存取过程中，由于文件位置频繁地前后移动，程序不容易确定文件的当前位置。利用函数 ftell()能非常容易地确定文件的当前位置。如果 ftell()函数返回值为-1L，表示出错。

三、向随机文件中读写数据

对随机文件的存取，一般是通过结构体变量来实现，一个结构体变量的数据作为一条记录，结构体的长度就是记录的长度。

C 语言提供了 fread()和 fwrite()函数来读写整块数据，如一个数组、一个结构变量的值等。这两个函数是二进制形式输入/输出的函数，在输入/输出中不必进行数据的转换，输入/输出速度相对较快。

读写数据块函数调用的一般形式为：

```
fread(buffer,size,count,fp);
fwrite(buffer,size,count,fp);
```

其中：

- buffer：是一个指针，在 fread()函数中，它表示存放输入数据的首地址。在 fwrite()函数中，它表示存放输出数据的首地址。
- size：表示数据块的字节数。
- count：表示要读写的数据块块数。
- fp：表示文件指针。

任务分析：

（1）保存学生成绩函数。

```
void input()
{
    char in;
    int flag = TRUE;
    struct Student student;
    //如果文件不存在则新建二进制文件 data.dat
    if((fp=fopen("data.dat","ab+"))==NULL)
    {
        printf("无法访问您指定的文件......\n");
        return;
    }
    system("cls");                          //清屏
    while(flag)
    {
        printf("\n 请输入学生的信息[学号 姓名 平面 基础 C 程序]:\n");
```

```
            //输入学生信息
            scanf("%s%s%d%d%d",student.id,student.name,&student.score1,
                  &student.score2,&student.score3);
            //求学生总成绩
            student.sum=(float)(student.score1+student.score2+student.score3);
            //求学生平均成绩
            student.avg=student.sum/3.0f;
            fwrite(&student,SIZE,1,fp); //写入文件
            printf("您是否继续输入[y|n]?");
            fflush(stdin);                  //清除缓存
            in=getch();
            if(tolower(in)=='n')            //tolower:转换为小写,如果输入n或N退出
            {
                flag=FALSE;
            }
        }

        fclose(fp);
    }
```

input()函数的作用是将 sp 指向的结构体数组中的数据写入到 sp 指向的文件中，其中：

- rewind(fp)函数是将文件位置指针定位到 fp 指向文件首。
- fwrite(sp,SIZE,1,fp)函数是将 sp 指向的结构体数据写入 sp 指向的可写文件 data.dat，其中每条记录大小为 SIZE（即 sizeof(struct Student)）。

（2）输出所有学生成绩函数。

```
    void list()
    {
        int record;                                    //文件中的记录个数
        long fileLenth = 0L;                           //文件字节数
        if((fp=fopen("data.dat","rb"))==NULL)
        {
            printf("无法访问您指定的文件......\n");
            return;
        }
        fseek(fp,0,SEEK_END);                          //文件指针定位到文件尾
        fileLenth=ftell(fp);                           //文件指针位置
        record=(int)fileLenth/SIZE;                    //求记录个数
        sp=(struct Student *)calloc(record,SIZE);      //动态申请内存
        rewind(fp);                                    //文件指针指向开始
        fread(sp,SIZE,record,fp);                      //从文件中读取数据
        fclose(fp);
        print(sp,record);                              //输出 sp 指向的数据
    }
```

list()函数的作用是从 fp 指向的文件中读取数据保存到 sp 中并在控制台输出，其中：

- fseek(fp,0,SEEK_END)用于将文件指针定位到文件尾。
- fileLenth=ftell(fp)返回文件指针位置。

- record=(int)fileLenth/SIZE 是根据文件指定位置及结构变量字节数求出记录个数。
- sp=(struct Student *)calloc(record,SIZE)用于根据记录个数动态申请内存。
- rewind(fp)函数是将文件位置指针定位到 fp 指向的文件首。
- fread(sp,SIZE,record,fp)函数的作用是从 sp 指向的可读文件 data.dat 中，一次性读出数据并保存到 sp 指针指向的结构体数组，读出数据的字节数为 SIZE×record。

（3）查询指定学号学生成绩函数。

```
void queryById()
{
    int flag = FALSE;
    char id[6];
    if((fp=fopen("data.dat","rb"))==NULL)
    {
        printf("无法访问您指定的文件......\n");
        return;
    }
   printf("\n 请输入待查询学生的学号:");
   scanf("%s",id);
   rewind(fp);
   while(!feof(fp))
   {
        fread(sp,SIZE,1,fp);
        //如果输入的 id 与文件读出的学生 id 值相同则输出
        //strcmp 比较字符串函数,0:相等
        if(strcmp(id,sp->id)==0)
    {
        print(sp,1);
        flag = TRUE;
        break;
    }
   }
    fclose(fp);
    if(!flag)
    {
        printf("\n 查不到学号为[%s]的学生!",id);
    }
}
```

queryById()函数的作用是根据输入的 id 从 fp 指向的文件中找到匹配的学生信息并在控制台输出，如果没有找到相关的数据则提示用户。

8.3.4　任务小结

通过本任务的学习，同学们掌握了对于结构体数据采用随机文件进行存取的技巧。采取随机文件保存记录，长度固定、方便查询，程序执行效率高，是管理信息系统最常用的数据存储方式。另外，在本任务中，采用模块化设计，代码清晰、结构简单，提高了程序的可读性，为同学们在以后的学习与工作奠定了良好的基础。

习题八

一、填空题

1．在 C 语言中，文件可以用__________方式存取，也可以用__________方式存取。

2．打开文件的含义是__________，关闭文件的含义是__________。

3．文本文件在内存中以_________方式存储，二进制文件在内存中以_________方式存储。

4．fopen()函数有两个形式参数，一个表示__________，另一个表示__________。

5．C 语言提供了__________和__________函数用来读写整块数据，这两个函数是二进制形式输入/输出的函数，在输入/输出中不必进行数据的转换，输入/输出速度相对较快。

6．函数__________用于得到文件位置指针当前位置相对于文件首的偏移字节数。

7．_________函数与 printf()函数功能相似，都是格式化写函数。两者的区别是_________函数的写对象是磁盘文件，printf()函数的读写对象是终端。

8．_________函数与 scanf()函数功能相似，都是格式化读函数。两者的区别是_________函数的读对象是磁盘文件，scanf()函数的读对象是终端。

9．__________函数用来测试文件位置指针是否为“文件结束”。

10．使用 fopen()函数打开文件出错时将返回一个空指针值__________。

二、选择题

1．以下可作为函数 fopen()中第一个参数的正确格式是（　　）。

A．C:user\text.txt　　B．C:\user\text.txt

C．"C:\user\text.txt"　　D．"C:\\user\\text.txt"

2．若要用 fopen()函数打开一个新的二进制文件，该文件要既能读也能写，则文件打开方式字符串应是（　　）。

A．"ab+"　　B．"wb+"　　C．"rb+"　　D．"ab"

3．fscanf()函数的正确调用形式是（　　）。

A．fscanf(格式字符串,输出表列,fp);

B．fscanf(fp,格式字符串,输出表列);

C．fscanf(格式字符串,文件指针,输出表列);

D．fscanf(文件指针,格式字符串,输出表列);

4．移动文件指针到文件末尾的 fseek()函数调用方法为（　　）。

A．fseek(fp,0,SEEK_CUR);　　B．fseek(fp,0,SEEK_SET);

C．fseek(fp,0,SEEK_END);　　D．fseek(fp,0,SEEK_END);

5．rewind()函数的作用为（　　）。

A．用来在文件运行的过程中将文件内容恢复

B．用来在文件运行的过程中将文件指针移动到文件末尾位置

C．返回文件指针位置

D．用来在文件运行的过程中将文件指针重新移动到文件开头的位置

附录A 运算符的优先级及结合性

<table>
<tr><th>优先级</th><th>运算符</th><th>解释</th><th>目数</th><th>结合方向</th></tr>
<tr><td>1</td><td>()
[]
->
·</td><td>圆括号
下标运算符
指向结构体成员运算符
结构体成员运算符</td><td></td><td>自左至右</td></tr>
<tr><td>2</td><td>!
~
++
--
-
(type)
*
&
sizeof</td><td>逻辑非运算符
按位取反运算符
自增运算符
自减运算符
负号运算符
类型转换运算符
指针运算符
取地址运算符
长度运算符</td><td>单目运算</td><td>自右至左</td></tr>
<tr><td>3</td><td>*
/
%</td><td>乘法运算符
除法运算符
求余运算符</td><td>双目运算</td><td>自左至右</td></tr>
<tr><td>4</td><td>+
-</td><td>加法运算符
减法运算符</td><td>双目运算</td><td>自左至右</td></tr>
<tr><td>5</td><td><<
>></td><td>左移运算符
右移运算符</td><td>双目运算</td><td>自左至右</td></tr>
<tr><td>6</td><td><、<=、>、>=</td><td>关系运算符</td><td>双目运算</td><td>自左至右</td></tr>
<tr><td>7</td><td>==
!=</td><td>等于运算符
不等于运算符</td><td>双目运算</td><td>自左至右</td></tr>
<tr><td>8</td><td>&</td><td>按位与运算符</td><td>双目运算</td><td>自左至右</td></tr>
<tr><td>9</td><td>∧</td><td>按位异或运算符</td><td>双目运算</td><td>自左至右</td></tr>
<tr><td>10</td><td>|</td><td>按位或运算符</td><td>双目运算</td><td>自左至右</td></tr>
<tr><td>11</td><td>&&</td><td>逻辑与运算符</td><td>双目运算</td><td>自左至右</td></tr>
<tr><td>12</td><td>||</td><td>逻辑或运算符</td><td>双目运算</td><td>自左至右</td></tr>
<tr><td>13</td><td>?:</td><td>条件运算符</td><td>三目运算</td><td>自右至左</td></tr>
<tr><td>14</td><td>= += -= *= /= %=
>>= <<= &= ^= |=</td><td>复合赋值运算符</td><td>双目运算</td><td>自右至左</td></tr>
<tr><td>15</td><td>,</td><td>逗号运算符（顺序求值）</td><td></td><td>自左至右</td></tr>
</table>

说明：同一优先级的运算符优先级别相同，运算次序由结合方向决定。例如：－和++为同一优先级，结合方向为自右向左，因此，－i++就体现在i先跟右边的结合，相当于－(i++)。

附录B　常用标准库函数

1. 数学标准库函数（函数原型：math.h）

函数名	函数原型	功能
acos	double acos(double x)	计算并返回 acos(x)值。要求-1<=x<=1
asin	double asin(double x)	计算并返回 asin(x)值。要求-1<=x<=1
atan	double atan(double x)	计算并返回 atan(x)值
cos	double cos(double x)	计算并返回 cos(x)值。x 的单位为弧度
cosh	double cosh(double x)	计算并返回双曲余弦值 cosh(x)
exp	double exp(double x)	计算并返回 e^x 值
fabs	double fabs(double x)	计算并返回 x 的绝对值|x|
floor	double floor(double x)	求不大于 x 的最大整数部分，并以双精度实型返回该整数部分
log	double log(double x)	计算并返回自然对数值 ln(x)。要求 x>0
log10	double log10(double x)	计算并返回常用对数值 log10(x)。要求 x>0
pow	doublepow(double x,double y)	计算并返回 x^y 的值
sin	double sin(double x)	计算并返回 sin(x)值，x 的单位为弧度
sinh	double sinh(double x)	计算并返回双曲正弦值 sinh(x)
sqrt	double sqrt(double x)	计算 x 的平方根。要求 x>=0
tan	double tan(double x)	计算并返回正切值 tan(x)值。x 的单位为弧度
tanh	double tanh(double x)	计算并返回 x 双曲正切值 tanh(x)

2. 输入/输出库函数（函数原型：stdio.h）

函数名	函数与形参类型	功能
close	int close(FILE *fp)	关闭 fp 指向的文件。若成功，返回 0；否则返回-1
fclose	int fclose(FILE *fp)	关闭 fp 指向的文件，释放缓冲区。有则返回 1，否则返因 0
feof	int feof(FILE *fp)	检查 fp 所指向的文件是否结束，遇文件结束返回 1，否则返回 0
fgetc	int fgetc(FILE *fp)	从 fp 所指的文件中读取下一个字符，返回取得的字符，若出错，则返回 EOF
fgets	char *fgets(char *buf,int n, FILE *fp)	从 fp 所指的文件中读取长度为（n-1）的字符串，存入起始地址为 buf 的空间。返回地址 buf；若遇文件结束或出错，则返回 NULL
fopen	FILE *fopen(char *fname, char *mode)	以 mode 指定的方式打开名为 fname 的文件。若成功，则返回一个文件指针（即文件信息区的起始地址）；否则返回空指针

续表

函数名	函数与形参类型	功能
fprintf	int fprintf(FILE *fp,char *format,args,……)	把 args 的值以 format 指定的格式输出到 fp 所指定的文件中。返回输出的字符数
fputc	int fputc(char ch, FILE *fp)	将字符 ch 输出到 fp 所指向的文件中。若成功，则返回该字符；否则返回 EOF
fputs	int fputs(char ch, FILE *fp)	将字符 ch 输出到 fp 所指向的文件中。若成功，则返回 0，否则返回非 0
fread	int fread(char *pt,unsigned size,unsigned n, FILE *fp)	从 fp 所指定的文件中读取长度为 size 的 n 个数据项，存到 pt 指向的内存区。返回读取数据项个数，如遇文件结束或出错，则返回 0
fscanf	int fscanf(FILE *fp, char format,*args, ……)	从 fp 指定的文件中按 format 给定的格式将输入数据送到 args 所指向的内存单元。返回输入的数据个数
fseek	int fseek(FILE *fp, long offest,int base)	将 fp 指向的文件的位置指针移到以 base 所指出的位置为基准，以 offest 为偏移量。若成功，则返回当前位置；否则返回-1
ftell	long ftell(FILE *fp)	返回 fp 所指向的文件中的读写位置
fwrite	int fwrite(char *ptr,unsigned size,unsigned n, FILE *fp)	把 ptr 所指向的 n*size 个字节输出到 fp 所指向的文件中。返回写到文件中的数据项的个数
getc	int getc(FILE *fp)	从 fp 所指向的文件中读取一个字符。若成功，则返回所读取的字符；若文件结束或出错，则返回 EOF
getchar	int getchar()	从标准输入设备读取下一个字符。若成功，则返回读取的字符；若文件结束或出错，则返回-1
gets	char *gets(char *str)	从标准输入设备读取字符串，存入由 str 指向的字符数组中
printf	int printf(char *format, args,……) args 为表达式	在参数输出格式 format 的控制下，将输出表列 args 的值输出到标准输出设备。返回字符输出个数；若出错，则返回负数
putc	int putc(char ch, FILE *fp)	把一个字符 ch 输出到 fp 所指向的文件中。返回输出的字符 ch；若出错，则返回 EOF
putchar	int putchar(char ch)	把字符 ch 输出到标准输出设备；返回输出的字符 ch；若出错，则返回 EOF
puts	int puts(char *str)	把 str 指向的字符串输出到标准输出设备，将'\0'转换为回车行，返回换行符；若失败，则返回 EOF
rewind	void rewind(FILE *fp)	将 fp 所指的文件中的位置指针置于文件开头位置，并清除文件结束标志或错误标志
scanf	int scanf(char *format, args,……) args 为指针	从标准输入设备 format 指向的格式字符串规定的格式，输入数据给 args 所指向的存储单元。返回读入并赋给 args 的数据个数；若遇文件结束，则返回 EOF；若出错，则返回 0
write	int write(int fd, char *buf,unsigned count)	从 buf 指示的缓冲区输出 count 个字符到 fd 所指向的文件中。返回实际输出的字符数；若出错，则返回-1

3. 字符函数与字符串函数（函数原型：string.h）

函数名	函数原型	功能
isalnum	int isalnum(int ch)	检查 ch 是否是字母或数字。若是，则返回 1；否则返回 0
isalpha	int isalpha(int ch)	检查 ch 是否是字母。若是，则返回 1；否则返回 0
iscntr	int iscntr(int ch)	检查 ch 是否是控制字符。若是，则返回 1；否则返回 0
isdigit	int isdigit(int ch)	检查 ch 是否是数字。若是，则返回 1；否则返回 0
isgraph	int isgraph(int ch)	检查 ch 是否是字母或数字。若是，则返回 1；否则返回 0
islower	int islower(int ch)	检查 ch 是否是小写字母。若是，则返回 1；否则返回 0
isprint	int isprint(int ch)	检查 ch 是否是可打印字符（包括空格）。若是，则返回 1；否则返回 0
ispunct	int ispunct(int ch)	检查 ch 是否是标点符号。若是，则返回 1；否则返回 0
isspace	int isspace(int ch)	检查 ch 是否是空格、跳格符或换行符。若是，则返回 1；否则返回 0
isupper	int isupper(int ch)	检查 ch 是否是大写字母。若是，则返回 1；否则返回 0
isxdigit	int isxdigit(int ch)	检查 ch 是否是十六进制数。若是，则返回 1；否则返回 0
strcat	char *strcat(char *str,char *str2)	把字符串 str2 接到 str1 的后面，原 str1 最后的'\0'被取消
strchr	char *strchr(char *str,char ch)	在 str 指向的字符串中找出第一次出现字符 ch 的位置。返回指向该位置的指针；若找不到，则返回空指针
strcmp	int strcmp(char *str1,char *str2)	比较两个字符串，若 str1<str2，则返回负数； str1=str2,则返回 0；若 str1>str2，则返回正数
strcpy	char *strcpy(char *str1,char *str2)	把 str2 指向的字符串复制到 str1 中，返回 str1 的指针
strlen	unsigned int strlen(char *str)	统计字符串 str 中字符的个数（不包括'\0'）。 返回字符个数
strstr	char *strstr(char *str1,char *str2)	找出字符串 str2 在字符串 str1 中第一次出现的位置（不包括 str2 的终止符）。返回该位置的指针；若找不到，则返回空指针
tolower	int tolower(int ch)	将字符 ch 转换为小写字母。返回 ch 所代表的小写字母
toupper	int toupper(int ch)	将字符 ch 转换为大写字母。返回 ch 所代表的大写字母

4. 其他函数（函数原型：stdlib.h）

函数名	函数原型	功能
abs	int abs(num)	返回整数 num 的绝对值
exit	void exit(int status)	终止正在执行的程序，status 为 0 表示正常退出，status 不为 0 表示异常退出
rand	int rand()	产生一系列伪随机数
system	int system(char *str)	把 str 指向的字符串作为一个命令传送到操作系统的命令处理程序中

附录 C　常用 ASCII 字符编码表

ASCII 码	键盘	ASCII 码	键盘	ASCII 码	键盘	ASCII 码	键盘
27	Esc	55	7	79	O	103	g
32	Space	56	8	80	P	104	h
33	!	57	9	81	Q	105	i
34	“	58	:	82	R	106	j
35	#	59	;	83	S	107	k
36	$	60	<	84	T	108	l
37	%	61	=	85	U	109	m
38	&	62	>	86	V	110	n
39	′	63	?	87	W	111	o
40	(	64	@	88	X	112	p
41	)	65	A	89	Y	113	q
42	*	66	B	90	Z	114	r
43	+	67	C	91	[	115	s
44	,	68	D	92	\	116	t
45	—	69	E	93	]	117	u
46	.	70	F	94	^	118	v
47	/	71	G	95	_	119	w
48	0	72	H	96	、	120	x
49	1	73	I	97	a	121	y
50	2	74	J	98	b	122	z
51	3	75	K	99	c	123	{
52	4	76	L	100	d	124	|
53	5	77	M	101	e	125	}
54	6	78	N	102	f	126	~

参考文献

[1] 谭浩强．C 程序设计教程．北京：清华大学出版社，2007.
[2] 向华．C 语言程序设计．北京：清华大学出版社，2008.
[3] 李培金．C 语言程序设计案例教程．西安：西安电子科技大学出版社，2003.
[4] 邱力，万国平．C 语言程序设计．北京：清华大学出版社，2004.
[5] 何光明，杨静宇．C 语言程序设计与应用开发．北京：清华大学出版社，2007.
[6] 王岳斌．C 程序设计案例教程．北京：清华大学出版社，2006.
[7] 张毅坤．C 语言程序设计教程．西安：西安交通大学出版社，2008.